21世纪高等学校规划教材 ｜ 计算机应用

ASP.NET
程序设计及应用

刘苗苗 张永生 编著

U0248376

清华大学出版社

北 京

内 容 简 介

本书采用"任务驱动"和"案例教学"相结合的模式,通过丰富的实例系统地介绍了如何在 Visual Studio 开发平台上进行 ASP.NET Web 应用程序的开发。全书共 10 章,主要内容包括:ASP.NET 程序设计概述、Web 页面制作基础、C#语言基础、ASP.NET 服务器控件、ASP.NET 内置对象、数据验证控件与用户控件、ADO.NET 数据库编程、ASP.NET 数据服务控件、ASP.NET 网页布局与标准化、ASP.NET 程序设计综合实训。

本书内容翔实,案例丰富,结构合理,实用性强。可提供配套的教学 PPT、实例源代码等电子资源,且每章都配有丰富的教学案例和习题供读者学习使用。

本书适用于普通高等院校以及高职高专院校计算机及相关专业的教学,同时也可作为 ASP.NET 初学者以及广大编程爱好者的自学参考书。

图书在版编目(CIP)数据

ASP.NET 程序设计及应用 / 刘苗苗,张永生编著. —北京:清华大学出版社,2018(2020.8重印)
(21 世纪高等学校规划教材·计算机应用)
ISBN 978-7-302-50168-8

Ⅰ. ①A…　Ⅱ. ①刘…　②张…　Ⅲ. ①网页制作工具-程序设计-高等学校-教材　Ⅳ. ①TP393.092.2

中国版本图书馆 CIP 数据核字(2018)第 112343 号

责任编辑:刘向威
封面设计:傅瑞学
责任校对:李建庄
责任印制:宋　林

出版发行:清华大学出版社
　　　　网　　　址:http://www.tup.com.cn, http://www.wqbook.com
　　　　地　　　址:北京清华大学学研大厦 A 座　　　邮　　编:100084
　　　　社 总 机:010-62770175　　　　　　　　　邮　　购:010-62786544
　　　　投稿与读者服务:010-62776969,c-service@tup.tsinghua.edu.cn
　　　　质 量 反 馈:010-62772015,zhiliang@tup.tsinghua.edu.cn
　　　　课 件 下 载:http://www.tup.com.cn,010-83470236
印 装 者:北京鑫海金澳胶印有限公司
经　　销:全国新华书店
开　　本:185mm×260mm　　　　印　　张:19.5　　　　字　　数:472 千字
版　　次:2018 年 8 月第 1 版　　　　　　　　　　　印　　次:2020 年 8 月第 4 次印刷
印　　数:4501~6000
定　　价:59.00 元

产品编号:079534-01

出版说明

随着我国改革开放的进一步深化，高等教育也得到了快速发展，各地高校紧密结合地方经济建设发展需要，科学运用市场调节机制，加大了使用信息科学等现代科学技术提升、改造传统学科专业的投入力度，通过教育改革合理调整和配置了教育资源，优化了传统学科专业，积极为地方经济建设输送人才，为我国经济社会的快速、健康和可持续发展以及高等教育自身的改革发展做出了巨大贡献。但是，高等教育质量还需要进一步提高以适应经济社会发展的需要，不少高校的专业设置和结构不尽合理，教师队伍整体素质亟待提高，人才培养模式、教学内容和方法需要进一步转变，学生的实践能力和创新精神亟待加强。

教育部一直十分重视高等教育质量工作。2007年1月，教育部下发了《关于实施高等学校本科教学质量与教学改革工程的意见》，计划实施"高等学校本科教学质量与教学改革工程（简称'质量工程'）"，通过专业结构调整、课程教材建设、实践教学改革、教学团队建设等多项内容，进一步深化高等学校教学改革，提高人才培养的能力和水平，更好地满足经济社会发展对高素质人才的需要。在贯彻和落实教育部"质量工程"的过程中，各地高校发挥师资力量强、办学经验丰富、教学资源充裕等优势，对其特色专业及特色课程（群）加以规划、整理和总结，更新教学内容、改革课程体系，建设了一大批内容新、体系新、方法新、手段新的特色课程。在此基础上，经教育部相关教学指导委员会专家的指导和建议，清华大学出版社在多个领域精选各高校的特色课程，分别规划出版系列教材，以配合"质量工程"的实施，满足各高校教学质量和教学改革的需要。

为了深入贯彻落实教育部《关于加强高等学校本科教学工作，提高教学质量的若干意见》精神，紧密配合教育部已经启动的"高等学校教学质量与教学改革工程精品课程建设工作"，在有关专家、教授的倡议和有关部门的大力支持下，我们组织并成立了"清华大学出版社教材编审委员会"（以下简称"编委会"），旨在配合教育部制定精品课程教材的出版规划，讨论并实施精品课程教材的编写与出版工作。"编委会"成员皆来自全国各类高等学校教学与科研第一线的骨干教师，其中许多教师为各校相关院、系主管教学的院长或系主任。

按照教育部的要求，"编委会"一致认为，精品课程的建设工作从开始就要坚持高标准、严要求，处于一个比较高的起点上；精品课程教材应该能够反映各高校教学改革与课程建设的需要，要有特色风格、有创新性（新体系、新内容、新手段、新思路，教材的内容体系有较高的科学创新、技术创新和理念创新的含量）、先进性（对原有的学科体系有实质性的改革和发展，顺应并符合21世纪教学发展的规律，代表并引领课程发展的趋势和方向）、示范性（教材所体现的课程体系具有较广泛的辐射性和示范性）和一定的前瞻性。教材由个人申报或各校推荐（通过所在高校的"编委会"成员推荐），经"编委会"认真评审，最后由清华大学出版社审定出版。

目前，针对计算机类和电子信息类相关专业成立了两个"编委会"，即"清华大学出版社计算机教材编审委员会"和"清华大学出版社电子信息教材编审委员会"。推出的特色精品教材包括：

（1）21 世纪高等学校规划教材·计算机应用——高等学校各类专业，特别是非计算机专业的计算机应用类教材。

（2）21 世纪高等学校规划教材·计算机科学与技术——高等学校计算机相关专业的教材。

（3）21 世纪高等学校规划教材·电子信息——高等学校电子信息相关专业的教材。

（4）21 世纪高等学校规划教材·软件工程——高等学校软件工程相关专业的教材。

（5）21 世纪高等学校规划教材·信息管理与信息系统。

（6）21 世纪高等学校规划教材·财经管理与应用。

（7）21 世纪高等学校规划教材·电子商务。

（8）21 世纪高等学校规划教材·物联网。

清华大学出版社经过三十年的努力，在教材尤其是计算机和电子信息类专业教材出版方面树立了权威品牌，为我国的高等教育事业做出了重要贡献。清华版教材形成了技术准确、内容严谨的独特风格，这种风格将延续并反映在特色精品教材的建设中。

清华大学出版社教材编审委员会

联系人：魏江江

E-mail:weijj@tup.tsinghua.edu.cn

前 言

ASP.NET 是微软公司推出的基于.NET Framework 的应用程序开发平台，支持多种语言，具有更高的安全性和良好的伸缩性，使用它能够实现安全和稳健的 Web 开发。

ASP.NET 程序设计是计算机相关专业的专业课，主要学习 Web 程序设计的相关知识。作为 21 世纪高等学校规划教材，为适应当前形势及新时期广大读者的需要，作者在结合多年一线教学研究和实际应用开发经验的基础上编写了此书。

全书共分为 10 章，各章节内容安排如下。

第 1 章 ASP.NET 程序设计概述。主要介绍 Web 开发相关技术、ASP.NET 的特点、Visual Studio 2010 集成开发环境以及 ASP.NET 应用程序的开发步骤。

第 2 章 Web 页面制作基础。主要介绍常用的 HTML 标记、CSS 的使用、JavaScript 基础以及使用 HTML+CSS+JavaScript 进行网页设计的基本方法。

第 3 章 C#语言基础。主要介绍 C#的特点、常用的数据类型、运算符与表达式、程序流程结构以及 C#面向对象基础。

第 4 章 ASP.NET 服务器控件。主要介绍 Web 开发中常用的 HTML 服务器控件以及标准服务器控件的使用方法，如 TextBox、RadioButton、ListBox、Image、FileUpLoad 等。

第 5 章 ASP.NET 内置对象。主要介绍 ASP.NET 中的几个内置对象的使用方法，如 Page、Response、Request、Application、Session、Server 和 Cookie。

第 6 章 数据验证控件与用户控件。主要介绍常用的数据验证控件，如 RequiredFieldValidator、CompareValidator、RangeValidator 等，以及用户控件的创建和使用。

第 7 章 ADO.NET 数据库编程。在简要介绍数据库编程相关知识的基础上，详细介绍了 ADO.NET 数据访问对象的使用，包括 Connection、Command、DataAdapter 等。

第 8 章 ASP.NET 数据服务控件。在介绍数据绑定技术的基础上，通过大量实例介绍了 ASP.NET 中的数据源以及数据绑定控件的使用，如 GridView、DataList、DetailsView 等。

第 9 章 ASP.NET 页面布局与标准化。主要介绍了 DIV+CSS 布局方法、母版页与内容页的使用、主题与外观以及站点地图和导航控件的使用。

第 10 章 ASP.NET 程序设计综合实训。通过注册与登录模块、文件上传模块、留言板三个经典案例的开发，使读者进一步掌握 Web 开发的相关技术。

本书具有以下几个特色。

1．案例驱动与项目实训

本书采用案例驱动法，以 Web 页面设计和控件的使用为主线，以实例为引导，将理论知识的介绍与案例的分析设计融为一体。对于每章的内容，首先明确本章的学习目标与任务，并指出本章的重点内容，以便学生有针对性地学习。其次，在介绍完每一部分的理论知识之后，列举有代表性和实用性的实例作为巩固训练，先给出实例的最终结果，然后在分析实例如何实现的基础上，由浅入深地详细介绍该实例的具体实现过程。在实例的分析与设计中将相关知识点融于其中，使学生能够在掌握理论概念和控件操作方法的基础上学以致用，以便快速掌握 Web 开发技术。最后，每章都配有经典实例和习题，通过课后习题，巩固学生对于理论知识的掌握程度。

2．内容翔实，取舍得当，结构合理

本书凝聚了作者多年的教学和科研经验，受课时等条件的限制，本书精心设计了章节内容，紧紧围绕"任务目标"和"技能应用"两个重点，着重介绍了最基础的知识点、最常用的 Web 组件以及最贴近实际应用的内容，力图明确目标，突出重点，并给读者提供独立思考和自我探索与创新的机会。全书概念准确，语法结构严谨，内容通俗易懂，案例丰富，任务明确，针对性强。从目标和案例入手，内容安排上难度适中，理论适度，侧重应用，深入浅出，使学生在循序渐进的学习中进一步激发其学习 ASP.NET 网站开发的兴趣和热情。

3．案例丰富，对于知识点的"注意""思考""小贴示"等设计，形式新颖独特

本书的每一个理论知识点都配有合适的案例，通过案例激发学生学习兴趣，并透过案例对理论知识点进行巩固学习和拓展。对于每一个案例，先给出其最终结果，然后再给出分析过程、解题思路和代码实现过程，最后还通过"注意""思考"和"小贴示"等方式对相关知识点进行总结和扩展延伸，使学生能够举一反三，真正将所学知识应用于实践中。

4．配备教学资源

本书配备所有案例的源代码及课后习题答案，以方便广大读者学习。所有实例均在 Visual Studio 2010 以及 SQL Server 2005 环境下开发运行，随书附赠的电子资源包中包含了教学课件 PPT 以及书中所有实例源代码。

本书由东北石油大学的刘苗苗、张永生编著。全书的编写分工如下（按章节顺序）：刘苗苗编写第 1、3、4、8、10 章，张永生编写第 2、6、7 章，林琳编写第 5、9 章。全书由刘苗苗负责策划，组织编写，统稿及审校。同时，对支持本书出版的清华大学出版社的相关工作人员表示诚挚的谢意！

由于编者水平有限，书中难免有疏漏和不足之处，敬请有关专家和广大读者批评指正。编者邮箱是 liumiaomiao82@163.com.

编　者

2018 年 5 月

目 录

第 1 章

ASP.NET 程序设计概述

ASP.NET 是微软公司推出的基于.NET Framework 的应用程序开发平台，它为创建安全稳定且可伸缩的 Web 应用程序提供了一种新的编程模型和结构。本章首先介绍 Web 开发相关技术，如 Web 服务器、B/S 结构、动态网页开发技术等；然后重点介绍 ASP.NET 的特性以及 Visual Studio 2010 集成开发环境；最后通过三个简单的小例子阐述了使用 ASP.NET 创建应用程序的基本步骤。通过本章的学习，可使读者对 ASP.NET Web 程序的开发有个初步的认识与了解。

学习目标

- ☑ 了解 Web 开发相关技术，如 B/S 结构、静态网页、动态网页等。
- ☑ 理解 ASP.NET 框架的组成及其特点。
- ☑ 了解 Visual Studio 2010 的安装及 IIS 的配置过程。
- ☑ 熟悉 Visual Studio 2010 集成开发环境的使用。
- ☑ 掌握 ASP.NET 应用程序开发步骤。
- ☑ 会使用 Visual Studio 2010 设计简单的 Web 应用程序。

1.1 Web 开发相关技术

1.1.1 Internet 与 WWW

1. Internet

因特网（Internet）又称国际互联网，是由使用公用语言互相通信的计算机相互连接而形成的全球网络。它将分布于世界各地的、不同结构的计算机网络通过各种传输介质连接起来，以相互交流信息资源为目的，基于一些共同的协议，形成一个信息资源和资源共享的集合。Internet 以超文本传输协议（HyperText Transfer Protocol，HTTP）为基础协议进行数据传输，为用户提供信息查询、电子邮件、文件传输、电子商务等一系列服务。全球化、信息化、网络化是世界经济和社会发展的必然趋势，Internet 正以迅猛的发展趋势影响并制约着人们的工作、学习以及生活方式，目前因特网已广泛应用于教育、科研、社会生活等各个领域。

2. WWW

万维网（World Wide Web，WWW）又称环球信息网，简称为 Web。它建立在客户机/服务器（Client/Server，C/S）模型之上，整理并存储了各种网络资源，以超文本标记语言（HyperText Markup Language，HTML）和超文本传输协议 HTTP 为基础，将客户所需的资料传送到 Windows、UNIX 或 Linux 等平台上。目前，WWW 是 Internet 上最为流行的信息检索服务系统，它能够提供面向 Internet 服务的、一致的用户界面。

1.1.2　Web 浏览器与 Web 服务器

Internet 中的信息资源主要是由大量的 Web 文档构成的。网页是 Web 网站的基本信息单位，是 WWW 的基本文档，它通常使用 HTML 文件格式，由文字、图片、动画、声音等多种媒体信息以及链接组成，通过链接实现与其他网页或网站的关联与跳转。

1. Web 浏览器

浏览器是用来显示网页服务器上的 HTML 文件，并让用户与这些文件互动的一种软件。个人电脑上常见的 Web 浏览器包括微软的 Internet Explorer、Mozilla 的 Firefox、Opera 和 Safari 等。浏览器是常用的客户端程序，它主要通过 HTTP 协议连接网页服务器而取得网页，进而实现书签管理、下载管理、网页内容缓存等功能。

早期的 Web 浏览器只支持简易版本的 HTML，目前大部分浏览器支持许多 HTML 以外的文件格式，例如 JPEG、PNG 和 GIF 图像格式，可扩展标记语言（eXtensible Markup Language，XML）、可扩展的超文本标记语言（eXtensible HTML，XHTML）、动态超文本标记语言（Dynamic HTML，DHTML）以及层叠样式表（Cascading Style Sheet，CSS）等，还可以利用外挂程序来支援更多文件类型。

2. Web 服务器

Web 服务器是可以向发出请求的 Web 浏览器提供文档的程序，具有以下特点。

（1）服务器是一种被动程序，只有当运行在 Internet 上的计算机中的浏览器发出请求时，服务器才会响应。

（2）最常用的 Web 服务器是 Apache 或 Microsoft 的 Internet 信息服务器（Internet Information Services，IIS）。

（3）Internet 上的服务器也称为 Web 服务器，是一台在 Internet 上具有独立 IP 地址的计算机，可以向 Internet 上的客户机提供 WWW、Email 和 FTP（File Transfer Protocol，文件传输协议）等各种 Internet 服务。

（4）Web 服务器一般指网站服务器，是驻留于 Internet 上计算机中的程序。它可以向浏览器等 Web 客户端提供文档，也可以放置网站文件和数据文件，供用户浏览或下载。

当 Web 浏览器（客户端）连接到服务器上并请求文件时，服务器将处理该请求，并将文件反馈到该浏览器上。Web 服务器不仅能够存储信息，还能在用户通过 Web 浏览器提供的信息的基础上运行脚本和程序。Web 浏览器和 Web 服务器的关系如图 1-1 所示。

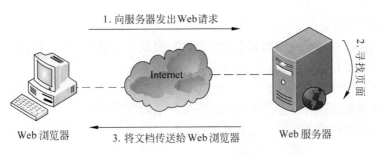

图 1-1　Web 浏览器与 Web 服务器的关系图

　　WWW 由许多互相链接的超文本组成，分为 Web 客户端和 Web 服务器程序。在 WWW
信息服务系统中，资源所在的网页位置由一个全局统一资源定位符（Uniform Resource
Locator，URL）来标识。URL 也被称为网址，一个 URL 包含了 Web 服务器的主机名、端
口号、资源名以及所使用的网络协议。例如，网址 http://www.itcast.cn:80/index.html，其中
http 是超文本传输协议，www.itcast.cn 是请求的服务器的主机名，80 是端口号，index.html
是请求的页面的名称。以 http 开首的网络便是通过 HTTP 协议登录的，很多 Web 浏览器同
时支持其他类型的 URL 及协议，例如文件传送协议 FTP 和以安全套接层加密的 HTTPS。
Web 客户端通过浏览器单击 URL 链接来访问 Web 服务器，WWW 便会通过 HTTP 协议将
各种超文本页面和数据传送给用户。也即，在 HTTP 内容类型和 URL 协议结合下，网页设
计者便可以把文本、图像、动画、音频、视频以及流媒体等包含在网页中，或让人们透过
网页而取得这些多媒体资源。

1.1.3　C/S 结构与 B/S 结构

1．C/S 结构

　　C/S（Client/Server，客户机/服务器）结构，也即客户端与服务器端的交互，其体系结
构如图 1-2 所示。在 C/S 结构的系统中，应用程序分为客户端和服务器端两大部分。客户
端为每个用户所专有，通常负责执行前台功能，如管理用户接口、数据处理和报告请求等。
服务器端主要执行后台服务，如管理共享外设、控制对共享数据库的操作等，通常采用高
性能的 PC、工作站或小型机，并采用大型数据库系统，如 Oracle、Sybase 或 SQL Server
等，由多个用户共享其信息与功能。

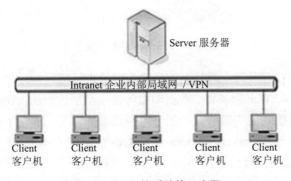

图 1-2　C/S 体系结构示意图

C/S 结构的特点如下。

（1）能够在网络环境完成数据资源的共享，提供了开放的接口，在客户端屏蔽了后端的复杂性，因而使得客户端的开发和使用更加简单容易。

（2）能充分发挥客户端 PC 的处理能力，很多工作可以在客户端处理后再提交给服务器。因而，服务器端运行数据负荷较轻，且客户端响应速度快。

（3）开发与维护成本较高。客户端需要安装专用的客户端软件，且后期的维护与升级成本较高。

（4）系统扩展性及移植性较差。只适用于中小规模的局域网，当用户数量增加时，系统性能明显下降。且不同开发工具开发的应用程序兼容性较差，很难移植到其他平台。例如，对客户端的操作系统一般会有限制，可能适应于 Windows 2000 或 Windows XP，但不能用于 Win7 或 Win10 等新的操作系统，更无法应用于 Linux 或 UNIX 等。

C/S 结构比较适合于在小规模、用户数较少（≤100）、单一数据库且有安全性和快速性保障的局域网环境下运行，由多台计算机构成，它们有机地结合在一起，协同完成整个系统的应用，从而达到软硬件资源最大限度的利用，因而被很多的网站编程人员广泛运用。例如，QQ、酷狗播放器等都属于 C/S 结构的应用程序。然而，随着应用系统的大型化，以及用户对系统性能要求的不断提高，C/S 结构由于存在程序开发量大、系统维护困难、客户机负担过重、成本增加以及系统的安全性难以保障等问题，越来越无法满足用户的需求。

2. B/S 结构

B/S（Browser/Server，浏览器/服务器）结构，也即浏览器与服务器端的交互，是对 C/S 结构的一种改进，其体系结构如图 1-3 所示。

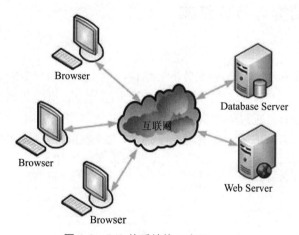

图 1-3　B/S 体系结构示意图

B/S 结构主要是在互联网中通过浏览器输入网址来访问网站，如百度、新浪微博等。该结构由 Web 浏览器、Web 服务器、数据库服务器三个层次组成。Web 浏览器是客户端最主要的应用软件，系统功能实现的核心部分集中到服务器上，简化了系统的开发、维护和使用，服务器上安装 SQL Server、Oracle、MySQL 等数据库。客户机上只要安装一个浏览器，如 Internet Explorer，便可通过 Web 服务器同数据库进行数据交互。浏览器与服务器交互分为三个步骤：用户发送请求、服务器处理请求、服务器响应请求。B/S 结构大大简化了客户端电脑负荷，减轻了系统维护与升级的成本和工作量，降低了用户的总体成本。

B/S 结构的特点如下。

（1）使用简单。用户使用单一的浏览器软件，操作方便，易学易用。

（2）维护方便。应用程序都放在 Web 服务器端，软件的开发、升级与维护只在服务器端进行，减轻了开发与维护的工作量。

（3）对客户端硬件要求低。客户端只需安装一种 Web 浏览器软件。

（4）能充分利用现有资源。采用标准的 TCP/IP 与 HTTP 协议，可以与现有 Internet 网络很好地结合。

（5）可扩展性好，信息资源共享程度高。用户可直接通过 Internet 访问服务器或者系统外的资源。

3．C/S 与 B/S 结构的区别

C/S 与 B/S 结构的主要区别如下。

（1）支撑环境。C/S 结构一般建立在专用的网络上和小范围的网络环境中，局域网之间再通过专门服务器提供连接和数据交换服务。B/S 结构则建立在广域网之上，不必是专门的网络硬件环境，因此有着比 C/S 更强的适应范围，一般只要有操作系统和浏览器就可以。

（2）安全控制。C/S 结构一般面向相对固定的用户群，对信息安全的控制能力很强，一般高度机密的信息系统适宜采用 C/S 结构。B/S 结构建立在广域网之上，对安全的控制能力相对较弱，因而，面向不可知的用户群，可以通过 B/S 发布部分公开信息。

（3）程序架构。C/S 程序可以更加注重流程，对权限进行多层次校验，而对系统运行速度可以较少考虑。B/S 程序对安全以及访问速度需要多重考虑，往往建立在需要更加优化的基础之上，比 C/S 结构有着更高的要求。

（4）软件重用。C/S 程序侧重于整体性考虑，构件的重用性不是很好。B/S 结构一般采用多重结构，要求构件具有相对独立的功能，能够较好地实现重用。

（5）系统维护。C/S 结构的系统维护成本较高，一旦升级可能要求开发一个全新的系统。B/S 程序由构件组成，通过更换个别构件，可以实现系统的无缝升级，可将维护开销减到最小，用户从网上自己下载安装就可以实现升级。

（6）用户接口。C/S 结构大多建立在 Windows 平台上，表现方法有限，对程序员普遍要求较高。B/S 结构建立在浏览器上，有更加丰富和生动的表现方式与用户交流，降低了开发成本。

（7）信息流。C/S 结构一般是典型的集中式的机械式处理，交互性相对较低。B/S 结构的信息流向可以变化。

总之，C/S 结构与 B/S 结构各有优势，在相当长的时期内二者将会共存。

1.1.4　Web 编程概述

Web 是一种典型的分布式应用框架，Web 应用中的每一次信息交换都要涉及客户端和服务端两个层面。因此，Web 编程技术大体上也可分为客户端技术和服务端技术两大类。

1．Web 工作原理

所有的网络资源信息都保存在 Web 站点中，用户通过 Web 浏览器来访问。浏览器的主要功能是解释并显示由 Web 服务器传送过来的 Web 页面。Web 服务器用于管理 Web 页面，并将生成的 Web 页面通过本地网络或 Internet 供客户端浏览器使用。

1）静态 Web 页面工作原理

（1）静态网页。

静态网页是指没有后台数据库、不含程序代码、不与服务器发生数据交互的网页，即网页内容不会变化的页面。具有以下特点。

① 每个网页都有一个固定的 URL，且网页 URL 以.htm、.html、.shtml 等文件格式存储。

② 没有数据库的支持，在网站制作和维护方面工作量较大。

③ 网页内容一经发布到网站服务器上，无论是否有用户访问，每个静态网页的内容都是保存在网站服务器上的，都是一个独立的文件。

④ 内容相对稳定，因此容易被搜索引擎检索。

⑤ 交互性较差，在功能方面有较大的限制。

在 Internet 上浏览静态网页时，Web 服务器不会执行任何程序，而是直接把网页传给客户端的浏览器进行解释。在客户端浏览器中显示时，这些静态页面的内容和外观总是保持不变的，页面的内容在用户请求页面之前已经完全确定，没有任何用户交互或动态响应功能。

（2）静态页面工作原理。

在浏览器中显示静态页面的具体过程如下。

① 编写由纯 HTML 代码组成的 Web 页面，并以.htm 文件格式保存在 Web 服务器上。

② 用户在浏览器中输入请求页面的 URL，并将该请求通过浏览器传送到 Web 服务器。

③ Web 服务器确定所请求的页面文件的位置，将其转换成 HTML 流。

④ 将 HTML 流通过网络传回到浏览器。

⑤ 浏览器处理 HTML 流并显示该页面。

2）动态 Web 页面工作原理

（1）动态网页。

动态网页是指有后台数据库、含有程序、会与服务器发生数据交互的网页，即网页的内容会随着用户的需求而发生改变的页面。动态网页具有以下特点。

① 通常是以.asp、.jsp、.php 和.aspx 等形式为后缀的页面文件。

② 不独立存在于服务器上，只有当用户请求时服务器才返回一个完整的网页。

③ 以数据库技术为基础，可以大大降低网站维护的工作量。

④ 采用动态网页技术的网站可以实现更多的功能，如用户注册与登录、信息查询等。

动态 Web 页面不能在用户请求页面之前通过将页面代码保存到文件这一方法来创建，而是在得到页面请求之后再生成 HTML 文件。它主要包括客户端动态 Web 页面和服务器端动态 Web 页面。

（2）客户端动态 Web 页面工作原理。

在浏览器中显示客户端动态页面的具体过程如下。

① 编程人员编写一套用于创建 HTML 的指令，将其保存到.htm 文件中。也可用其他语言编写一套指令，这些指令可包含在.htm 文件中，也可以放在单独的文件中。

② 用户在浏览器中输入 Web 页面请求，该请求通过浏览器传送到 Web 服务器。

③ Web 服务器确定.htm 页面以及包含指令的文件的位置。

④ 服务器将新创建的 HTML 流与指令通过网络传回浏览器。

⑤ 浏览器端模块处理指令，并将其以 HTML 形式返回。

⑥ 浏览器处理 HTML 并显示 Web 页面。

客户端技术下载义件时所需时间较长，且每　个浏览器都以不同的方式解释客户端脚本代码，无法保证所有浏览器都能理解这些代码。此外，客户端脚本的源代码在浏览器中很容易就可以查看。因此，近年来客户端技术不再受欢迎。

（3）服务器端动态 Web 页面工作原理。

在浏览器中显示服务器端动态页面的具体过程如下。

① 编程人员编写一套用于创建 HTML 的指令，并将这些指令保存到文件中。

② 用户在浏览器中输入 Web 页面请求，该请求通过浏览器传送到 Web 服务器。

③ Web 服务器确定指令文件的位置。

④ Web 服务器根据指令创建 HTML 流。

⑤ Web 服务器将创建的 HTML 流通过网络回传给浏览器。

⑥ 浏览器处理 HTML 并显示 Web 页面。

与客户端模型相比，服务器端模型中页面的初始代码隐藏在服务器中，只有 HTML 代码传回浏览器，因此可保证大多数浏览器能够显示生成的 HTML 页面。

2．动态 Web 开发技术

1）提供动态内容的客户端技术

客户端技术是脚本语言、控件以及功能完善的编程语言的综合，依赖于内置在浏览器中的插件来处理指令，主要技术包括 JavaScript、VBScript、Flash 等。

（1）JavaScript：JavaScript 是 Sun 公司推出的最早的浏览器脚本语言，容易编写，不需要丰富的编程经验。由于 JavaScript 是一种基于对象和事件驱动的脚本语言，且安全性较强，因而目前已经成为制作动态网页必不可少的元素。

（2）VBScript：VBScript 是基于 Visual Basic 的编程语言，就功能而言与 JavaScript 没有太大的区别。其优点是不区分大小写，也不过分注重代码方面的细节。缺点是运行速度慢，效率较低，且只有微软的 IE 浏览器能够支持。

（3）Flash：Flash 是 Adobe 公司推出的 Web 上的动态图形工具，允许开发人员创建动画、交互式的图形和用户界面元素。Flash 的功能和通用性都很强，且提供了自己的脚本语言 ActionScript，因而很快成为提供动态客户端内容的标准方式。Flash 文件可通过 Flash工具添加到 HTML 页面，许多浏览器的标准配置都含有用于浏览 Flash 的插件。

尽管客户端技术的发展给 Web 应用带来了重大变革，但仍然存在隔离性、安全性等问题，从而限制了真正的 Web 需求。

2）提供动态内容的服务器端技术

服务器端技术依赖于添加到服务器的模块，只将客户端脚本以及 HTML 文件通过 Web服务器传递给浏览器，服务器端代码不会传送回浏览器。与客户端技术相比，服务器端技术具有更一致的外观和操作方式，主要包括 CGI、ASP、JSP、PHP、ASP.NET 等。

（1）CGI：CGI（Common Gateway Interface，通用网关接口）是最早出现的能够真正实时产生动态页面的技术，它允许服务器端的应用程序根据客户端的请求，动态生成 HTML 页面。CGI 是添加到 Web 服务器的模块，当服务器接到客户端请求更新数据的要求后，利用该模块启动外部应用程序完成各类计算、处理或访问数据库的工作，之后将处理结果返回 Web 服务器，再返回浏览器。其中，外部程序可采用 C、C++、Java 等编写。对于初学者而言，CGI 技术不易掌握，且它需要许多服务器资源，给服务器端动态 Web 页面的创建增加了许多步骤。然而，由于 CGI 可运行于许多不同的平台，因而在许多大型 Web 站点中非常流行，特别是运行于 UNIX 操作系统上的站点。

（2）ASP：1996 年微软公司发布了 ASP（Active Server Pages，动态服务器页面）技术，它类似于 HTML、Script 与 CGI 的结合体，没有提供自己专门的编程语言，通常依赖于许多已有的脚本语言如 JavaScript 或 VBScript 来创建动态 Web 页面。ASP 是用户附加到 Web 服务器上的模块，它在服务器上处理 JavaScript 或 VBScript 脚本，在发送到浏览器之前将其转换成 HTML。它允许用户在 ASP 页面中使用 Windows 提供的任何功能，如数据存取、图形处理、网络功能等，但缺点是性能非常低下，仅局限于使用脚本语言，不能完成功能完善的语言所做的所有工作。

（3）JSP：即 Java Server Pages，是由 Sun 公司于 1999 年 6 月推出的新技术。它将 HTML 或 XML 文件与 Java 程序段 JavaScript 相结合，形成 JSP 文件（*.jsp），动态生成 Web 页面。JSP 功能非常强大，运行速度比 ASP 快，且代码在不同服务器间具有兼容性，基本可以在所有平台环境中开发及部署。

（4）PHP：PHP（Hypertext Preprocessor，超文本预处理器）起源于 Personal Home Pages，是一种 HTML 内嵌式的语言。它与微软的 ASP 颇有几分相似，都是一种在服务器端执行的嵌入 HTML 文档的脚本语言，语言风格类似于 C。PHP 是开放源代码的，且可以跨平台运行在 Windows、UNIX 和 Apache Web 服务器上，具有较高的速度，因而被广大编程人员采用。其缺点是用户需要单独下载，并通过一系列复杂的步骤才能使它在自己的计算机上工作。

（5）ASP.NET：微软公司于 2000 年发布了 ASP.NET，随后又相继发布了 ASP.NET 2.0、ASP.NET 3.5 和 ASP.NET 4.0。ASP.NET 提供了一种编程模型和结构，它采用效率较高的面向对象的方法来创建动态 Web 程序，可以支持 VB.NET、VC++.NET、C#.NET 等多种编程语言，且独立于浏览器。ASP.NET 不是 ASP 的一个简单升级版本，而是一种建立在通用语言上的程序构架。与原来的 Web 技术相比，ASP.NET 能更快速、更容易地建立灵活、安全和稳定的应用程序。

1.2 ASP.NET 简介

ASP.NET 是对 ASP 3.0 技术的重大升级和更新，它是微软发展.NET 框架的一部分，用于创建 Web 应用程序。ASP.NET 的设计初衷是解决 ASP 程序开发的"复杂""烦琐"等问题，它彻底抛弃了脚本语言，使用编译式语言，为开发者提供更加强有力的编程资源。它允许用服务器端控件取代传统的 HTML 元素，并充分支持基于组件的事件驱动机制，因而大大简化了编程，允许用户使用任何.NET 兼容的语言来编写 ASP.NET 应用程序。

1.2.1　ASP 与 ASP.NET 的区别

ASP 与 ASP.NET 虽然都是微软公司的 Web 技术，但由于它们诞生的时间与背景不同，因此在开发语言、运行机制、运行环境、开发方式等方面存在较大的不同。

（1）诞生的时间不同。1996 年 11 月，Microsoft 推出了 ASP 技术。2000 年 6 月，Microsoft 发布了自己的.NET 框架，并于 2002 年 1 月推出了 ASP.NET 1.0 技术。

（2）开发语言不同。ASP 的开发语言仅局限于使用 non-type 脚本语言，而 ASP.NET 可以使用符合.NET Framework 规范的任何一种功能完善的 strongly-type 编程语言，比如 Visual Basic、C#、J#。

（3）运行机制不同。ASP 是解释型的编程框架，一边解释一边执行，因而页面的执行效率较低。ASP.NET 是编译型的编程框架，服务器上运行的是已经编译好的代码，可以利用早期绑定来实时编译，因而具有较高的执行效率。

（4）运行环境不同。ASP 的运行环境是 Windows 操作系统及 IIS，而 ASP.NET 的运行环境除了 Windows 操作系统以及 IIS 之外，还需要安装.NET Framework。

（5）开发方式不同。ASP 将用户界面层和应用程序逻辑层的代码混合在一起，因此在维护和重用方面比较困难。ASP.NET 将用户界面层和应用程序逻辑层的代码分隔开，程序的复用性和维护性都得到了较大的提高。

1.2.2　ASP.NET 的优势

ASP.NET 是基于.NET Framework 的 Web 开发平台，具备开发网站应用程序的一切解决方案。.NET 框架具有面向对象的开发环境、自动垃圾收集、不同.NET 语言编写的软件模块平台的互操作性、不需要 COM（Component Object Model，组件对象模型）、简化的部署、类型安全性等优点。最初的.NET1.0 构架发行于 2002 年，之后相继推出了.NET2.0、.NET3.5 以及.NET4.0 等高级版本，在可靠性、兼容性、稳定性等方面均得到了大大的改进，具有以下几点优势。

（1）可管理性。ASP.NET 使用基于文本的、分级的配置系统，简化了将设置应用于服务器环境和 Web 应用程序的工作。由于配置信息是存储为纯文本的，因此可以在没有本地管理工具的帮助下应用新的设置，且配置文件的任何变化都可以自动检测到并应用于应用程序。

（2）高效性。使用集成的控件，利用自身框架便可快速进行 Web 应用程序的开发运用。它将页面逻辑与业务逻辑分开，实现了用户页面设计与程序代码的分离，让丰富多彩的网页更容易撰写，同时使程序代码看起来更简洁，提高了程序开发效率，便于重用和维护。此外，ASP.NET 采用速度极快的编译机制运行，通过早期绑定、实时编译等方式运行服务器上已编译好的代码，极大地提高了执行效率。

（3）更高的安全性。ASP.NET 为 Web 应用程序提供了默认的授权和身份验证方案，开发人员可以根据应用程序的需要很容易地添加、删除或替换这些方案。

（4）多语言支持。ASP.NET 支持多种语言，例如 VB、C#、J#等。这些编译类语言执行效率更高，更适合大型 Web 应用程序的开发。

（5）更加丰富的服务器控件。ASP.NET 提供了许多功能强大的服务器控件，大大简化了 Web 页面的创建任务，且允许服务器端代码访问和调用这些控件的属性、方法和事件，使得 Web 应用的开发变得简单、容易。

（6）易于部署。通过简单地将必要的文件复制到服务器上，ASP.NET 应用程序即可部署到该服务器上，在部署或替换运行的已编译代码时不需要重新启动服务器。

（7）良好的扩展性和可用性。ASP.NET 被设计成可扩展的、具有特别专有的功能来提高群集的、多处理器环境的性能。

1.3 ASP.NET 开发与运行环境

运行 ASP.NET 应用程序需要安装并配置其运行环境，其中包括.NET Framework 的安装以及 Internet 信息服务器（Internet Information Services，IIS）的配置。

1.3.1 IIS 的安装与配置

IIS 通常被称之为 Web 服务器，它是 Windows 系统提供的一个功能强大的 Internet 信息服务系统，包括 WWW 服务器、FTP 服务器和 SMTP 服务器，是架设个人网站的首选。其主要功能是响应使用者的请求，将所要浏览的网页内容传输给客户端，管理及维护 Web 站点、FTP 站点、SMTP 虚拟服务器等。

1．IIS 的安装

发布 ASP.NET Web 应用程序之前需要安装并配置 IIS。IIS 内置在 Windows 系统中，不用额外下载。但是大多数情况下，安装操作系统时不会自动安装 IIS，只能手动安装。接下来以 Win 7 操作系统环境为例，介绍 IIS 的安装步骤。

（1）执行"开始|控制面板"命令，打开"控制面板"窗口。

（2）在"控制面板"窗口中单击"程序"，在"程序和功能"下面单击"打开或关闭 Windows 功能"。

（3）进入"Windows 功能"窗口后会看到"Internet 信息服务"节点，展开该节点，选中"FTP 服务器""Web 管理工具"和"万维网服务"3 个选项卡下的所有子项，最后单击"确定"按钮进入系统安装设置，可能需要等待几分钟直到安装成功。

（4）IIS 安装成功之后打开 IE 浏览器，在地址栏中输入 http://localhost/并按 Enter 键，浏览器页面中显示 IIS 的图片则说明 IIS 安装成功。

2．IIS 的配置

IIS 安装成功之后，便可对其进行配置，具体步骤如下。

（1）打开 IIS。在 C 盘根目录下创建一个名为 Itcast 的文件夹，之后执行"开始|控制面板|系统和安全"命令，在打开的窗口中选择左下角的"管理工具"，进入"管理工具"

窗口便可看到安装成功的"Internet 信息服务（IIS）管理器"，双击即可打开 IIS 管理器。

（2）添加虚拟目录。在"Internet 信息服务（IIS）管理器"管理界面依次展开根节点和"网站"节点。在"网站"节点下选中 Default Web Site 并右击，在弹出的菜单中单击"添加虚拟目录"命令。之后在对话框中虚拟目录的别名输入框中输入 Itcast，单击物理路径输入框后的省略号按钮，将物理路径设置为创建的 Itcast 文件夹的路径，之后单击"确定"按钮。

（3）配置运行环境。在"Internet 信息服务（IIS）管理器"窗口的目录树中选中"应用程序池"，右击，执行"添加应用程序池"命令。在弹出的对话框中输入应用程序池的名称 Itcast，在".NET Framework 版本"下拉列表框中选择.NET Framework v4.0，在"托管管道模式"下拉列表框中选择"集成"，最后单击"确定"按钮便完成了 IIS 的配置。

（4）测试 IIS 是否配置成功。将 C:\inetpub\wwwroot 目录下的 iisstart.htm 和 welcome.png 文件复制并粘贴到 C 盘根目录下创建的 Itcast 文件夹，回到"Internet 信息服务（IIS）管理器"窗口，展开 Default Web Site 节点并双击该节点下的 Itcast 节点，在窗口右侧的"管理虚拟目录"面板中单击"浏览*：80（http）"选项即可运行当前网站。此时，浏览器地址栏中会显示网址 http://localhost/Itcast，即为当前配置的 Itcast 目录，若显示了 IIS 图片则表明 IIS 配置成功。

1.3.2　.NET Framework 简介

　　.NET Framework 是微软提供的一个框架结构，也是支持 Web 应用程序运行的关键组件之一。安装完 IIS 以后，为了支持 ASP.NET 脚本，还必须安装.NET Framework。在安装 Microsoft Visual Studio 时，Microsoft .NET Framework SDK 会在更新系统时被自动安装。本书采用了 Visual Studio 2010 集成开发环境进行 ASP.NET 应用程序的开发，它支持.NET Framework 4.0。图 1-4 给出了.NET Framework 的环境结构示意图。

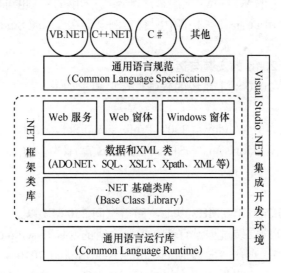

图 1-4　.NET Framework 环境结构示意图

.NET Framework 环境结构的最底层是运行.NET Framework 所需的硬件设施及操作系统，中间层是.NET Framework，最上层是.NET 应用。其中，.NET Framework 是 ASP.NET 的核心部分，它主要包括通用语言运行库（Common Language Runtime，CLR）和基础类库（Base Class Library，BCL）两个最基本的内核。CLR 是. NET Framework 的基础，BCL 位于 CLR 的上层。

（1）通用语言运行库 CLR

通用语言运行库是.NET Framework 运行时的环境，负责管理.NET 应用程序的编译、运行及一些基础服务。它主要提供内存管理、线程管理、自动垃圾回收、远程处理、类型安全及代码准确性认证等核心服务。其主要功能是把.NET 语言编译成与机器无关的中间语言，然后在执行代码时再用即时编译器将中间语言翻译成面向机器的二进制编码，同时负责代码的安全检查，以保证代码正常运行。

（2）基本类库 BCL

.NET 框架基本类库是一个丰富的、综合性的、面向对象的可重用类型集合，是.NET 的各种语言共享的标准类库。它通过各种命名空间为开发者提供所需的各种服务，为所有语言提供了统一的类库支持。

1.3.3　Visual Studio 2010 简介

1．Visual Studio 2010 简介

Visual Studio 2010 是微软推出的集成开发工具，除了可以开发基于 C#的应用程序之外，还可以开发基于 J#、VB.NET 等语言的应用程序，是一个多语言的开发环境。同时，它也集成了代码检查器、代码编译器、代码智能提示、单元测试工具等功能。Microsoft Visual Studio 先后有 2003/2005/2010/2015/2017 等版本，分别用来开发.NET1.0、2.0、3.5、4.0。其中，Visual Studio 2010 功能强大，支持.NET Framework 4.0，使用起来方便快捷，可以用来创建 Windows 平台下的 Windows 应用程序和网络应用程序，也可以用来创建网络服务、智能设备应用程序和 Office 插件。本书中所有实例全部在 Visual Studio 2010 开发环境中运行完成。

2．Visual Studio 2010 的安装与运行

安装 Visual Studio 2010 对于系统的软硬件环境要求如下。

1）软件环境要求

支持的操作系统有：Windows 2000 Professional/Server/Advanced Server、Windows XP+SP3 及更高版本、Windows Vista+SP2、Windows 7。此外，还需要 Internet Explorer 5.5 以上版本浏览器。

2）硬件环境要求

CPU 为 Intel Pentium II 300 MHz 以上，磁盘空间 250 MB 以上。

Visual Studio 2010 的安装过程没有特别需要说明的，打开 setup.exe 安装文件，弹出如图 1-5（a）所示的窗口，单击"安装 Microsoft Visual Studio 2010"，按照安装向导，接受安装协议，连续单击"下一步"按钮（如图 1-5（b）所示），直到完成所有组件的安装。

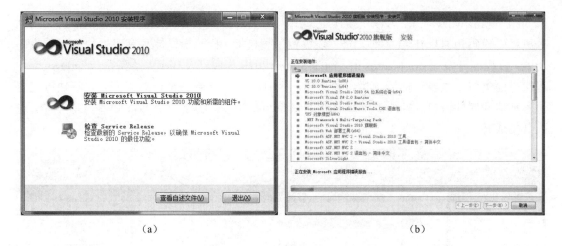

（a）　　　　　　　　　　　　　　　　（b）

图 1-5　Visual Studio 2010 安装过程

需要注意的是，ASP.NET 目前能支持 C#、Visual Basic 和 J#三种语言，本书主要介绍如何使用 Visual Studio 2010 开发基于 C#编程语言的 Web 程序。因此，安装过程中为了节省空间，在语言选择页面可以只选择 Visual C#，而不需要选中 Visual Basic 等复选框。此外，安装完成之后，首次启动程序之前需要设置默认环境。即在图 1-6 所示的界面中选中"Visual C#开发设置"选项，则在接下来使用 Visual Studio 2010 开发应用程序时，默认的编程语言就是 C#。

图 1-6　Visual Studio 2010 默认开发环境设置

1.3.4　Visual Studio 2010 集成开发环境

Microsoft Visual Studio 2010 是一套完整的开发工具集，本身包括运行环境并集成了.NET Framework 4.0，可以实现所见即所得的编辑，能实现拖放控件、自动部署、自动分离程序代码和 HTML 代码等功能，还提供了页模板、代码自动完成和设计时编译等许多功能，以提高开发效率。Microsoft Visual Studio 2010 集成开发环境与一般的 Windows 应用程序界面类似，主要包括标题栏、菜单栏、工具栏、工具箱、设计调试窗口、解决方案资源管理器和属性窗口。启动 Microsoft Visual Studio 2010，创建一个 Windows 应用程序，进入其集成开发环境，如图 1-7 所示。

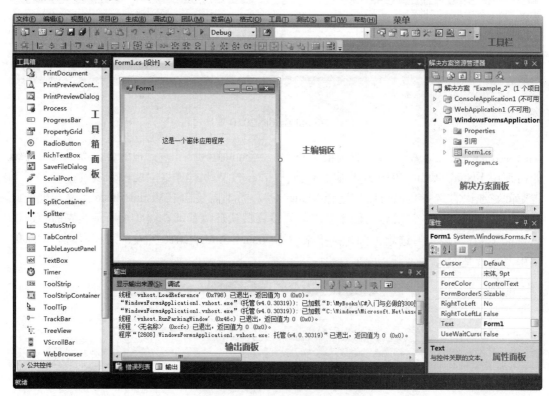

图 1-7   Visual Studio 2010 集成开发环境

从图 1-7 可知，Visual Studio 2010 集成开发环境大致分为以下几个区域。

1．菜单和工具栏

菜单中包含了 Visual Studio 2010 几乎所有的功能，从项目的创建到代码的编译运行。菜单下面是两行工具栏，其中包含了大部分常用的功能，如创建项目和解决方案、保存文件、调试运行代码等，而且还可以通过右击空白处自定义工具栏。

2．工具箱

默认情况下，在主窗口的左侧可以看到折叠的工具箱选项卡，将鼠标指针移动到该选项卡上悬停几秒，工具箱就会展开。Visual Studio 2010 是一款可视化的编程工具，在设计界面时，通过简单的拖动鼠标便可以将工具箱面板上的组件添加至页面中的合适位置，实现可视化的编辑。在工具箱面板中，不仅包括了诸如文本框、列表框、按钮等可视化的控件，还包括了数据库连接等非可视化组件。这些组件按照不同的分类放在了工具箱中，设计界面时，用户可以根据需要展开或折叠某个分类选项卡，找到所需的控件，通过双击或拖动这些组件的图标，便可将其添加至界面中。

3．主编辑区

主编辑区是 Visual Studio 2010 中最主要的区域，包含了代码编辑和界面设计。在主编辑区的下方有三个视图按钮，分别是"设计""拆分"和"源"按钮。当操作界面文件（.aspx）时，这些按钮会自动出现。单击"设计"按钮可以打开页面的设计视图，用户可从工具箱中选择所需的组件添加至设计视图中，在此视图中也可以看到页面运行时的效果。单击"源"按钮将打开当前页面对应的 HTML 源代码视图，在其中可以编辑页面文件的 HTML 代码。单击"拆分"按钮可同时打开设计视图和源视图。

4．解决方案资源管理器

在.NET 框架体系中，解决方案的概念是在项目之上的。解决方案和项目的关系就如同文件夹和文件的关系，也就是说，一个解决方案中可以包含多个相同或不同类型的项目。在解决方案资源管理器中，可以按照树形菜单的方式查看该解决方案下的所有项目以及项目中的所有文件。

5．属性面板

Visual Studio 2010 是一个所见即所得的开发环境，在设计模式下，选择一个控件，就可以通过属性面板来设置该控件的属性，而且可以立刻预览更改后的效果。

6．输出面板

输出面板显示了操作之后的输出信息。例如编译代码后，编译的结果都会显示在输出面板中。

注意：工具箱、解决方案资源管理器、属性面板等窗口若不小心关闭了，或者找不到了，均可以在"视图"菜单下面找到相应的菜单命令项来打开这些窗口。

1.4　创建基于 C#的简单应用程序

1.4.1　ASP.NET 项目开发流程

任何一个项目的总体开发流程都要经历前期、中期和后期三个阶段，如图 1-8 所示。项目前期需要进行需求分析，确定用户的需求、项目的可行性、开发人员的分工等，以确保任务如期完成。项目开发中期要进行应用程序的页面设计和功能代码的编写，同时进行相关测试以保证功能的完整性。项目开发后期要进行项目的部署或将网站发布到服务器上，并对项目进行维护，确保其正常运行。

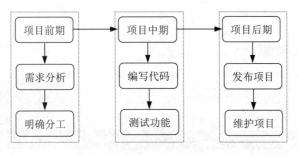

图 1-8　项目总体开发流程

使用 Visual Studio 2010 可以创建控制台应用程序、Windows 应用程序以及 Web 应用程序等，本书中所有实例应用程序均在该环境中使用 C#编程语言设计实现，其具体开发步骤如图 1-9 所示。

图 1-9　ASP.NET 应用程序开发步骤

1.4.2　创建控制台应用程序

所谓控制台应用程序，就是能够在 MS-DOS 环境中运行的程序。控制台应用程序通常没有可视化的界面，只是通过字符串来显示或者监控程序。控制台程序常常被应用在测试、监控等用途，用户往往只关心数据，而不注重界面。

【例 1.1】使用 Visual Studio 2010 创建一个简单的控制台应用程序，输出"Hello World！"。详细代码参见 ex1-1。

创建控制台应用程序的具体步骤如下。

1．新建项目

打开 Visual Studio 2010 开发环境，执行"文件|新建|项目"菜单命令，弹出如图 1-10 所示的"新建项目"对话框。

图 1-10　控制台应用程序的创建界面

  在图 1-10 所示的对话框中，选中左侧"已安装的模板"列表中"Visual C#"下的 Windows，在窗口右侧选择"控制台应用程序"；在对话框下方"名称"输入框中填写项目名称；在位置字段中单击"浏览"按钮，选择项目保存的位置；在"解决方案名称"输入框中填写解决方案的名称；最后，单击"确定"按钮便可创建一个控制台应用程序。

  创建控制台应用程序之后，在集成开发环境的"解决方案资源管理器"面板中系统会自动生成一些文件和代码，如图 1-11 所示。

图 1-11 控制台应用程序文件结构图

  控制台应用程序的文件结构说明如下。

  （1）Properties 项目属性目录。Properties 目录中存放着有关本项目属性的类。AssemblyInfo.cs 文件中保存了项目的详细信息，包括项目名称、项目描述、所属公司、版权信息以及版本号等。

  （2）引用目录。引用目录下列出了该项目中引用的所有类库。

  （3）Program.cs 文件。Program.cs 是系统默认生成的程序开始启动文件，其中包含了程序启动的静态方法 Main()，即入口函数。

2．编写逻辑代码

  在"解决方案资源管理器"面板中双击打开 Program.cs 文件，在入口函数 Main()中添加如下代码。本例 ex1-1 详细代码如下所示。

```
using System;
using System.Collections.Generic;
using System.Linq;
using System.Text;
namespace ex1_1
{
    class Program
```

```
        {
            static void Main(string[] args)
            {
                Console.WriteLine("Hello World!");
                Console.ReadLine();
            }
        }
    }
```

本例代码解析如下：

（1）第 1～4 行代码的含义是指在使用类之前，必须通过 using 关键字来引用.NET 类库中的命名空间。创建一个新类后，系统会默认引用 4 个最常用的命名空间。命名空间是用来组织类的，相关知识将在 3.5 节中有更加详细的介绍。

（2）namespace 关键字表示当前类所属的命名空间。

（3）class 关键字表示开始类的声明。

（4）Main()是程序的入口函数，在程序运行时，将会首先执行 Main()函数中的代码。

（5）Console 是有关控制台的类，WriteLine 方法是将字符串输出到控制台显示，Console.ReadLine 方法用来接收用户的输入。

注意：本例中除了 Console.WriteLine("Hello World!");代码行是编程人员自己添加进去外，其他所有代码框架都是系统自动生成的。在编写代码时，程序员只需要在 Main()函数的{}中加入代码即可，其他自动生成的代码框架不要删除和修改。

说明：在控制台应用程序中，使用 Console.ReadLine();来接收用户的输入，然后把它赋值给一个变量。另外，在 Console 控制台类中，输出字符串的方法有两个，WriteLine()和 Write()方法，WriteLine()方法在输出字符串之后会输出一个换行符，而 Write()方法输出字符串之后不换行。

说明：C#语法中，每行代码均以分号结束，所有的字符串常量放在一对双引号中。

注意：C#程序代码中的空格、括号、分号等必须采用英文半角格式。控制台应用程序最后一行代码是 Console.ReadLine();，执行结果是光标闪烁等待用户输入，目的是让用户能够看到程序的运行结果。若缺少此行代码，程序运行时显示运行结果的屏幕将闪退，用户无法看到实际运行结果。

3. 保存并运行程序

使用快捷键 Ctrl+S 或者执行"文件|全部保存"菜单命令来保存文件。按快捷键 F5 或者执行"调试|启动调试"菜单命令，或者单击工具栏中"启动调试"按钮来编译并执行代码。例 1.1 运行结果如图 1-12 所示。

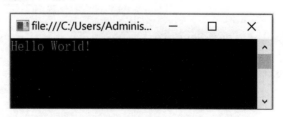

图 1-12　控制台程序例 1.1 运行结果图

注意：在保存项目时，可以选择"文件"菜单下的"保存"或"全部保存"菜单命令，但不要选择"文件"菜单下的"另存为"命令，否则会将文件另存至其他地方。

1.4.3　创建 Windows 窗体应用程序

目前，在微软的 Windows 系统中，使用最多的还是 Windows 窗体应用程序，如记事本、画图、计算器等。这类程序提供了友好的可视化操作界面，使用起来简单方便，容易让用户埋解。

【例 1.2】　使用 Visual Studio 2010 创建一个简单的 Windows 窗体应用程序，在界面中显示"Hello World！"字样。

创建 Windows 窗体应用程序的步骤如下。

1．新建项目

打开 Visual Studio 2010 开发环境，执行"文件|新建|项目"菜单命令，弹出如图 1-13 所示的"新建项目"对话框。

图 1-13　Windows 窗体应用程序的创建界面

在图 1-13 所示的对话框中，选中左侧"已安装的模板"列表中 Visual C#下的 Windows，在窗口右侧列表中选择"Windows 窗体应用程序"；在对话框下方"名称"输入框中填写项目名称；在位置字段中，单击"浏览"按钮，选择项目保存的位置；在"解决方案名称"输入框中填写解决方案的名称；最后，单击"确定"按钮便可创建一个 Windows 窗体应用程序。

创建 Windows 应用程序之后，在开发环境"解决方案资源管理器"面板中系统会自动生成一些文件和代码，如图 1-14 所示。

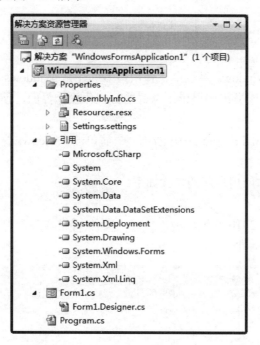

图 1-14　Windows 窗体应用程序文件结构图

Windows 窗体应用程序文件结构说明如下。

（1）Properties 项目属性目录。目录中存放着有关本项目属性的类。AssemblyInfo.cs 文件中保存项目的详细信息，包括项目名称、项目描述、所属公司、版权信息及版本号等；Resources.resx 和 Resources.Designer.cs 是窗体的资源文件；Settings.settings 和 Settings.Designer.cs 是项目属性的配置文件。

（2）引用目录。目录中列出了该项目中引用的所有类库。

（3）Form1.cs 文件。Form1.cs 是窗体文件，其中包括了设计器 Form1.Designer.cs 和窗体资源文件 Form1.resx。

（4）Program.cs 文件。Program.cs 是系统默认生成的程序开始启动文件，其中包含了程序启动的静态方法 Main()，即入口函数。

2．添加新建项

在"解决方案资源管理器"面板中选中项目名称，右击，执行"添加|新建项"命令，在打开的对话框中选择新建项的类型，如类、Windows 窗体等，之后在输入框中输入新建的类或 Windows 窗体的名称，单击"确定"按钮，便可为当前项目添加新的 Windows 页面或类模块等。

3．添加组件并设置组件属性

在"解决方案资源管理器"面板中双击要操作的窗体页面文件（.cs），打开页面文件的设计视图。在"工具箱"面板中展开相应的控件分类列表，在其中选择所需的组件将其拖曳至界面中。之后，在"属性"窗口中设置控件的属性即可。

　　本例中，在"工具箱"的"公共控件"树形列表中找到 Label 控件，双击或拖动 Label 控件图标便可将该控件添加到窗体中，如图 1-15 所示。在"Form1.cs[设计]"窗口中用鼠标选中主窗体 Form1，或者在"属性"面板的对象选择器下拉列表中选择 Form1，之后在属性窗口中找到 Text 属性，将该属性设置为"这是一个 Windows 窗体"。

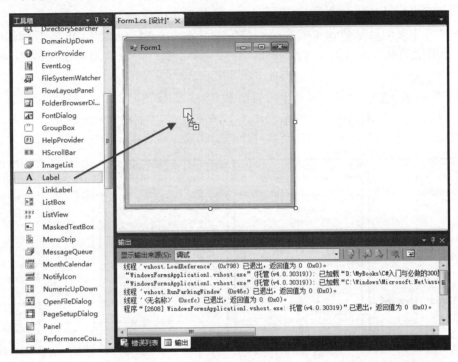

图 1-15　添加组件至 Windows 窗体

　　说明：窗体 Form1 组件的 Text 属性用来设置或获取窗体标题栏中的内容。

　　小贴示："属性"窗口位于 VS.NET 集成开发环境的右下方，该窗口用于显示当前被选中的控件对象的属性信息，并允许修改当前控件的各种属性。该窗口标题栏中显示"属性"字样，标题栏下方是一个对象选择器下拉列表，用于选择控件。每当通过下拉列表选中界面中的某个对象时，在"属性"面板中会列出该对象所有的属性。

　　在"属性"面板中，对象选择器下拉列表的下面有 4 个小工具按钮。将鼠标移动到该位置，分别看到"按分类顺序""字母顺序""属性"和"事件"4 类提示文字。当设置对象属性时，要单击第 3 个小按钮，切换至属性页面。对象属性的排列方式有两种，一种是"按分类顺序"，一种是"字母顺序"。将鼠标移动到属性列表上面的每个小工具按钮上，则会出现相应的提示文字。一般情况下，选中第二种排序方式，即按照 A～Z 的字母顺序显示属性列表。属性选项卡是一个两列的表格，左边一列是属性名称的标题，右边一列是属性值。用户首先要在对象选择器下拉列表中选中要设置属性的组件，然后找到要设置的属性名称，之后便可以在属性值列设置属性。属性值的设置一般分为 4 种。

　　（1）单击属性值，若出现一个输入框，则在编辑框中直接输入要设定的属性值即可。如图 1-16（a）中对于对象 Form1 的 Text 属性的设置，直接在属性值列输入"这是一个 Windows 窗体"即可，此时窗体的标题栏中会显示"这是一个 Windows 窗体"。

（2）单击属性值列，若出现一个下拉列表，则只能从列表中列出的几个选项来选择该属性的值，而不能随意地输入属性值。如图 1-16（b）中对于对象 Form1 的 Enabled 属性的设置，该属性值只能从下拉列表中选择设置为 True 或 False，表示窗体是否可用。

（3）若对象的属性名称的前面有一个"+"，表明该属性是带有子属性的，需要用户单击"+"将属性展开，同时"+"变成了"–"，然后再依次设置每一个子属性的属性值。如图 1-16（c）中对于对象 Form1 的 Size 属性值的设置，该属性包含 Width 和 Height 两个子属性，分别用来设置窗体的宽度和高度。在每一个子属性的属性值列设置相应的子属性即可。

（4）单击属性值列，若出现一个带省略号"…"的按钮，则单击该按钮便可打开一个对话框，通过对话框来设置该属性值。如图 1-16（d）中对于对象 Form1 的 Font 属性值的设置，单击属性值列的"…"按钮可打开字体对话框，设置窗体上字体的大小、样式等。

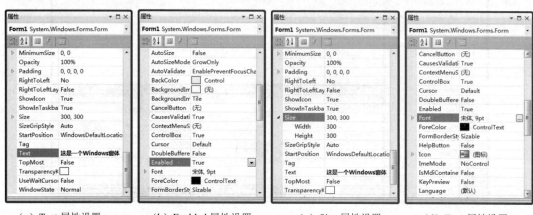

（a）Text 属性设置　　（b）Enabled 属性设置　　（c）Size 属性设置　　（d）Font 属性设置

图 1-16　属性窗口的使用

属性列表上方的第 4 个工具按钮"事件"是个小图标 。选中某对象后，单击该图标，则在"属性"窗口列出该对象的事件列表，如图 1-17 所示。选择某个事件，单击事件列便可进入代码编辑窗口，在自动生成的事件代码框架中添加功能代码即可。

图 1-17　"属性"窗口中对象事件的触发

例如，在"属性"窗口的下拉列表中选中 Form1，单击"事件"小图标，在事件列表中找到 Load 事件，用鼠标单击事件列，则自动进入代码编辑窗口，生成的事件代码框架如下，编程人员只需在一对大括号内添加功能代码即可。

```
private void Form1_Load(object sender, EventArgs e)
{
}
```

4．编写逻辑代码

在"Form1.cs[设计]"窗口中空白的位置双击，便可进入对应的代码编辑窗口 Form1.cs。代码编辑窗口自动生成的代码框架如下所示。

```
using System;
using System.Collections.Generic;
using System.ComponentModel;
using System.Data;
using System.Drawing;
using System.Text;
using System.Windows.Forms;
namespace ex1_2
{
    public partial class Form1 : Form
    {
      public Form1()
      {
          InitializeComponent();
      }
      private void Form1_Load(object sender, EventArgs e)
      {
      }
    }
}
```

注意：以上代码框架是.NET 系统自动生成的，不要删除或修改。

在 Form1 的 Load 事件 Form1_Load 的{}中添加如下代码：

```
label1.Text = "Hello World!";
```

说明：Label1 是一个文本控件，其 Text 属性是个字符串型数据，通过该属性可以定义标签控件上显示的内容。

说明：面向对象编程中对于对象属性和方法的引用，其语法规则为：

对象名称.属性名称；对象名称.方法名称；

例如：label1.Text = "Hello World!";该代码的作用就是将标签对象 label1 的 Text 属性修改为"Hello World!"。

思考：要在 label1 上显示某内容，除了可以在代码中修改其 Text 属性之外，还有什么方法？提示：可以在设计阶段，通过属性窗口的设置来实现。即在 "Form1.cs[设计]" 窗口中用鼠标选中标签控件 label1，或者在 "属性" 面板的下拉列表中选择 label1，然后在属性窗口中找到 Text 属性，将该属性值设置为 "Hello World!"。

5. 保存并运行程序

例 1.2 运行结果如图 1-18 所示。

图 1-18   例 1.2 运行结果图

说明：在.NET Framework 中内置了很多用于 Windows 窗体应用程序的控件，开发者使用这些控件可以很容易地创建 Windows 窗体应用程序。

说明：要打开一个项目，首先启动 Visual Studio 2010，执行 "文件|打开|项目|解决方案" 菜单命令，在打开的对话框中根据项目保存的路径找到解决方案文件（.sln）打开即可。

1.4.4   创建 ASP.NET Web 应用程序

前面介绍了如何使用 Visual Studio 2010 创建控制台应用程序和 Windows 应用程序，更多的情况下，通常使用 Visual Studio 2010 来构建 ASP.NET Web 应用程序，也即网站。

【例 1.3】 使用 Visual Studio 2010 创建一个简单的 ASP.NET Web 应用程序，在页面中输出 "Hello World！" 字样。

创建 ASP.NET Web 应用程序的具体步骤如下。

1. 新建网站

打开 Visual Studio 2010 开发环境，执行 "文件|新建|项目" 菜单命令，弹出如图 1-19 所示的 "新建项目" 对话框。

在图 1-19 所示的对话框中，选中左侧 "已安装的模板" 列表中 "Visual C#" 下的 Web，在右边的模板列表中选择 "ASP.NET Web 应用程序" 选项；在名称字段中，填写网站的名称；在位置字段中，单击 "浏览" 按钮，选择网站文件保存的位置；在解决方案名称字段中，填写解决方案的名称，单击 "确定" 按钮便可以创建一个 ASP.NET Web 应用程序。

创建完 ASP.NET Web 应用程序之后，在 "解决方案资源管理器" 面板中系统会自动生成一些文件和代码，如图 1-20 所示。

图 1-19　ASP.NET Web 应用程序的创建界面

图 1-20　ASP.NET Web 应用程序的文件结构

ASP.NET Web 应用程序的文件结构说明如下。

（1）Properties：Properties 是网站的属性目录，存放着有关本项目属性的类。

（2）引用：该目录下列出了项目中引用的所有类库。

（3）Account：是系统自动生成的有关用户管理的代码和文件，如用户登录、用户注册、修改密码等功能。

（4）App_Data：该目录存储应用程序的本地数据，通常以文件（诸如 Microsoft Access 或 Microsoft SQL Server Express 数据库、XML 文件、文本文件以及应用程序支持的任何其他文件）的形式存储数据。该文件夹内容不由 ASP.NET 处理，只由 ASP.NET 提供程序存储自身数据的默认位置。

（5）Scripts 目录：该文件夹是 Jquery 库的代码，Jquery 是 Ajax 的技术之一。

（6）Styles 目录：该文件夹用来保存站点的样式表文件。

（7）About.aspx：该文件是系统生成的"关于"页面。

（8）Default.aspx：该文件是站点的"默认起始"页面。

（9）Global.asax：该文件记录了站点的全局变量。

（10）Site.Master：该文件是一个母版文件，类似于框架。

（11）Web.config：该文件是项目的配置文件，其中可以存放连接数据库等信息。在一个 ASP.NET 应用程序中，可以出现一个或多个 Web.config，这些文件根据需要存放在应用程序的不同文件夹中。

说明：ASP.NET 中页面显示功能与逻辑代码功能的分离。ASP.NET 使用了代码绑定技术，能够将代码文件（C#代码）和页面显示文件（HTML 代码）分离在不同的文档中，各自独立完成 Web 页面的逻辑功能和显示功能。然后，通过一个机制将两者联系在一起，达到把 C#代码嵌入在 HTML 中的效果。在向一个 ASP.NET 程序中添加一个 Web 页面时，ASP.NET 将自动生成一个相应的 CS 文件。其中，.aspx 文件主要用于实现页面的显示，而 aspx.cs 文件用于完成页面的数据处理和逻辑功能。创建项目之后，在"解决方案资源管理器"窗口会发现每个页面对应两个文件，例如默认的 Web 页面对应 Default.aspx 和 Default.aspx.cs。

2. 添加组件至 Web 页面

在"解决方案资源管理器"面板中选中要操作的 Web 页面，从"工具箱"面板中拖曳所需的组件至当前页面即可。

本例中，从工具箱面板中拖曳一个 Label 控件到 Default.aspx 页面中。

注意：在 Web 应用程序中，每一个 Web 页面都对应两个文件。其中，以.aspx 为后缀的是页面设计文件，用来存放各个控件的 HTML 代码，每当将组件添加至 Web 页面中时，在当前页面的"源"视图中会自动生成该控件对应的 HTML 标记文件，可以通过集成开发环境主编辑区的"设计"或"源"视图界面修改 Web 页面的外观显示。以.aspx.cs 为后缀的是页面代码文件，用来存放当前页面的逻辑功能代码。

3. 设置组件属性

选中页面中的组件，在属性面板中修改相应的属性即可。也可以切换至当前页面的"源"视图，通过 HTML 代码来更改页面的显示风格及内容。

本例 ex1-3 中，将组件 Label1 的 Text 属性修改为 Hello World!，使其显示该字符串。同时，可修改 Label1 的 Font、ForeColor、Height、Width 等属性，以更改标签组件的外观。

思考：本例中，要在页面中显示文字，除了可以通过 Label 组件，修改其 Text 属性来实现之外，还有没有其他办法？

4. 编写代码

ASP.NET 代码编写分为前台代码和后台代码的编写。

1）查看前台的 HTML 代码

ASP.NET 页面布局及内容显示设计，除了可以通过修改组件属性完成之外，还可以借助于 Web 页面对应的"源"视图，通过 HTML 代码实现。具体方法为，选中 Web 页面，单击页面左下方的"源"标签选项卡,则可以切换到页面的源视图,查看对应的 HTML 代码,如图 1-21 所示。在自动生成的 HTML 代码框架中的<div>标记中加入代码即可。

图 1-21　Web 页面的 HTML 代码

本例中,选中 Default.aspx 页面,单击页面左下方的"源"选项卡,则可以切换到页面的源视图。在自动生成的 HTML 代码框架的<div>标记中加入如下代码:

```
<h3>Hello World!</h3>
```

然后,切换到"设计"视图,则页面中会出现以三级标题 h3 格式显示的 Hello World! 字样。常用的 HTML 标记相关知识在第 2 章会做详细介绍,学完相关标记之后,可使用 HTML 来完成页面的布局设计。本例 ex1-3 中,页面对应的 HTML 代码如下:

```
<%@ Page Language="C#" AutoEventWireup="true"  CodeFile="Default.aspx.cs"
Inherits="_Default" %>
<html xmlns="http://www.w3.org/1999/xhtml" >
<head runat="server">
    <title>我的第一个 Web 小程序</title>
</head>
<body>
    <form id="form1" runat="server">
    <div>
    <asp:Label ID="Label1" runat="server" Font-Bold="True" Font-Size="Larger"
    ForeColor="Red" Height="20px" Text="Hello World！" Width="200px">
    </asp:Label>
    <h3>Hello World!<h3></div>
    </form>
</body>
</html>
```

2）查看后台代码

每一个 Web 页面都有一个对应的.aspx.cs 文件，专门负责处理该页面的逻辑事务。进入每个 Web 页面对应的逻辑功能代码编辑页面，添加相应的代码即可。大多数 ASP.NET 网页的代码都在事件处理程序中用来处理 Web 控件事件。在 Visual Studio 中，编程人员可以通过双击"设计"视图中的控件或者从"属性"面板中选择对象的事件，来进入相应的事件处理程序，编写功能代码。

本例中，如果想在页面加载时，在当前页面中显示 Hello World! 字样，可以通过代码实现。具体操作为：在 Default.aspx 页面中空白位置双击鼠标，则会进入代码编辑窗口，自动生成的代码框架如下：

```
using System;
using System.Data;
using System.Configuration;
using System.Web;
using System.Web.Security;
using System.Web.UI;
using System.Web.UI.WebControls;
using System.Web.UI.WebControls.WebParts;
using System.Web.UI.HtmlControls;
public partial class _Default : System.Web.UI.Page
{
    protected void Page_Load(object sender, EventArgs e)
    {
    }
}
```

说明：以上代码是系统自动生成的，要实现程序的功能就必须在特定的事件处理过程中添加代码。本例中，编程人员只需在 Page_Load 事件的{}内添加如下代码行即可。

```
Response.Write("Hello World!");
```

以上代码行调用了 Web 程序设计中的 Response 对象的 Write 方法，在页面中输出相应的内容。

5. 保存并运行程序

单击工具栏中的"全部保存"按钮或者按快捷键 Ctrl+S 保存网站文件，然后单击工具栏中的"启动调试"按钮，或者按 F5 键可运行程序。

本例运行结果如图 1-22 所示。

从图 1-22 可以看出，程序运行时以浏览器的方式显示页面。浏览器的地址栏里显示内容为 http://localhost:5097/ex1-3/Default.aspx，其中，http 是传输网站信息所使用的协议；localhost 指的是本地主机，相对应的 IP 地址为 127.0.0.1；5097 为 IIS 的服务器端口，是随机分配的；ex1-3 为当前请求的 Web 站点的名称；Default.aspx 为当前请求的 Web 页面文件的名称。

图 1-22　例 1.3 运行结果图

在当前页面中共显示了三个 Hello World! 字样，其中第一行文字是通过代码编辑窗口中 Page_Load 事件中的 Response.Write("Hello World!");功能代码实现的。第二行文字是通过设置组件 Label1 的 Text 等属性实现的。第三行文字是通过在页面的"源"视图中添加 <h3>Hello World!</h3>标记实现的。网站制作过程中，经常将 HTML 标记、组件属性设计与功能代码的编写有机结合起来以完成整个网站页面的设计。

说明：在 Visual Studio 2010 中已经内置了一个 IIS 服务器，在运行 ASP.NET 程序同时，会自动启动，服务器的端口也是随机分配的。

1.5　本章小结

本章首先介绍了 Web 开发中的相关概念及主要技术，之后简要介绍了 ASP.NET 的特点、.NET 框架的组成以及 Visual Studio 2010 集成开发环境,最后详细介绍了如何使用 Visual Studio 2010 创建控制台、Windows 窗体以及 Web 三种类型的应用程序。通过本章学习，大家应该对.NET 平台有一个概念上的认识和了解，并能够完成 IIS 的配置以及 VS.NET 的安装，熟悉其开发环境，完成第一个 ASP.NET Web 程序的编写。同时，对 Web 程序的结构及其运行机制有一定的了解。本章学习的重点是客户端技术、服务器技术以及 Visual Studio 2010 开发环境；难点是在理解客户端和服务器端技术的基础上，掌握 Visual Studio 2010 集成开发环境的使用，并能够完成简单应用程序的开发。

习题 1

1. 什么是静态网页？静态网页有哪些特点？
2. 下面（　　　）是静态网页文件的扩展名。
　　A．.net　　　　　　　B．.html　　　　　　　C．.aspx　　　　　　　D．.jsp
3. 什么是 Web 服务器？

4．什么是 C/S 结构？什么是 B/S 结构？两者的区别是什么？

5．举例说明静态网页与动态网页有什么区别。

6．动态网页技术有哪几种？简述各自的特点。

7．简述.NET 框架结构的组成以及 ASP.NET 的特点及优势。

8．IIS 的全称是什么？尝试在自己的电脑上配置 IIS。

9．运行 ASP.NET 程序时，计算机必须安装（   ）。

   A．.NET Framework 和 IIS   B．VS.NET

   C．C#和 VB.NET   D．ASP.NET

10．.NET Framework 是一种（   ）。

   A．编程语言   B．程序运行平台

   C．操作系统   D．数据库管理系统

11．APP_Code 文件夹用来存储（   ）。

   A．数据库文件   B．共享文件   C．代码文件   D．主题文件

12．Web.config 文件不能用于（   ）。

   A．Application 事件定义   B．数据库连接字符串定义

   C．对文件夹访问授权   D．基于角色的安全性控制

13．C/S 架构指的是_____和_____的交互。

14．Visual Studio 2010 集成开发环境包含哪几部分？简述每一部分的功能以及操作方法。

15．简述 ASP.NET 应用程序的开发步骤。

16．使用 Visual Studio 2010 制作一个用户登录界面，当用户输入用户名并单击"确定"按钮后，在网页中显示当前用户的名称。

17．为什么要将页面的前台 HTML 与后台 C#代码分开，它们分别被保存在哪个文件中？

18．创建一个控制台应用程序，实现用户姓名与籍贯的输入与输出显示。程序运行结果如图 1-23 所示。

19．设计一个如图 1-24 所示的登录界面。

图 1-23　运行结果图

图 1-24　登录界面运行结果图

20．创建一个简单的 ASP.NET Web 应用程序，实现姓名的输入与显示，如图 1-25 所示。

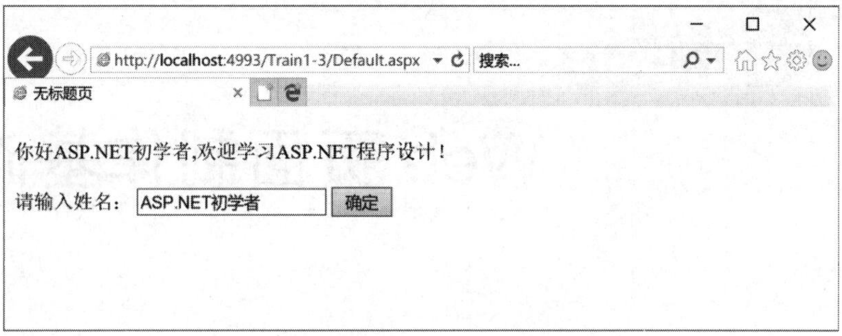

图 1-25　运行结果图

第2章 Web 页面制作基础

学好网页制作的基础知识对于 Web 应用程序的开发非常重要。本章主要介绍在 Web 页面制作过程中常用到的一些技术，如 HTML、JavaScript、CSS，使读者熟练掌握 HTML 中的常用标记，并能够使用 JavaScript 和 CSS 来实现页面的功能及美化效果。最后以一个简单的例子给大家展示使用 HTML+CSS+JavaScript 进行网页制作的基本方法。

学习目标

☑ 熟悉 HTML 文档的基本结构。

☑ 掌握常用的 HTML 标记，并能够制作简单的网页。

☑ 熟悉 CSS 的使用方法。

☑ 了解 JavaScript 基本用法。

☑ 掌握使用 HTML+CSS+JavaScript 进行网页制作的方法

2.1 HTML 基础

在使用 FrontPage、Dreamweaver 等 Web 页面设计工具时，虽然可以不编辑代码而直接进行可视化设计，但最终还是要转换为 HTML 文档格式。这些网页设计工具虽然比较直观，但其格式相对固定，所编写的 Web 页面对屏幕资源的定量利用缺乏一定的灵活性，因此，在编写一些高质量的网页时直接编写 HTML 文本是十分必要的。

HTML 即超文本标记语言，是为创建网页和其他可在浏览器中看到的信息设计的一种标记语言，它利用标记来描述网页的字体、大小、颜色及页面布局等。网页的本质就是超文本标记语言，通过结合使用其他的 Web 技术，如脚本语言、组件等，可以创造出功能强大的网页。因为网页上的文字、图片、音频、视频等信息都是通过 HTML 连接起来的，所以，HTML 是创建 Web 页面的基本框架语言。自 1990 年以来，HTML 就一直被用作 WWW 上的信息表示语言，用于描述网页的格式设计和结构化信息，如标题、段落和列表等，以及与 WWW 上其他网页的链接信息。可以说，HTML 是整个 Web 开发技术的基础。

2.1.1 HTML 文档的基本结构

1. HTML 标签

HTML 使用描述性的标记符，即标签，来指明文档的不同内容。起始标签用角括号将特定字符串括起来表示特定的含义，结束标签还需要在特定字符串前面增加一个斜线 "/"，其余部分和起始标签相同。一个标准的 HTML 页面应该包含几个重要的标签，如<html>和</html>标签、<head>和</head>标签、<body>和</body>标签等。

　　HTML 的格式没有具体要求，但建议写成缩排格式，以便检查。HTML 标签可以分为单标签和双标签两类，其标签不区分大小写。但是，在默认情况下，ASP.NET 中系统提供的 HTML 标签都用小写字母表示。

　　2．HTML 文档的基本结构

　　HTML 文件是由许多叫作标注的元素组成的，可以使用任何能够生成 TXT 类型源文件的文本编辑器来产生，通常以.htm 或.html 为扩展名。这种语言指示了文字、图形等元素在浏览器中的配置、样式以及这些元素实际存放在因特网上的哪个地方（地址），或是单击了某段文字或图形链接后，应该要链接到哪个地址。

　　标准的 HTML 文件都有一个基本的整体结构，即"头"部分（Head）和"主体"部分（Body）。其中，"头"部分提供关于网页的信息，"主体"部分提供网页的具体内容。整个文件以标记符<html>开始，以</html>表示文件的结尾。一个 HTML 文档的基本结构如下：

```
<html>
    <head>
        <title> 标题信息 </title>
    </head>
        <body> 页面内容 </body>
</html>
```

　　其中，<head>是放置<title>和<link>标记的区域，<body>包含网页正文要显示的元素。

　　<head>标记是 HTML 文档的头部标记。在浏览器窗口中，头部信息是不被显示在正文中的，在此标记中可以插入其他标记，用以说明文件的标题和整个文件的一些公共属性。若不需头部信息则可省略此标记，但一般不省略。<title>嵌套在<head>头部标记中，该标记之间的文本是文档的标题，它被显示在浏览器窗口的标题栏中。<body></body>，标记之间的文本是正文，是在浏览器中要显示的页面内容，一般不省略。

　　【例 2.1】　编写 HTML 文档，在页面中显示 Hello World！。

　　操作提示：使用记事本等文本编辑器书写文档，并保存为.htm 或.html 文件，即可使用浏览器查看相应的网页。本例 ex2-1 源代码如下：

```
<html>
    <head>
        <title> 这是我的第一个 HTML 文档 </title>
    </head>
    <body>
        <h1> Hello World! </h1>
    </body>
</html>
```

　　说明：<h1>是 HTML 中的标题标记，用来以一级标题的形式显示文字。相关的 HTML 标记后文中会做详细介绍。

2.1.2 HTML 与 XHTML

1．HTML 的特点

HTML 文档制作较为简单，且功能强大，支持不同数据格式的文件嵌入。因此，成为网页制作中较为盛行的框架语言，其主要特点如下。

（1）简易性。HTML 版本升级采用超集方式，更加灵活方便。

（2）可扩展性。HTML 的广泛应用带来了加强功能、增加标识符等要求，且采取子类元素的方式，为系统扩展带来保证。

（3）平台无关性。HTML 可广泛应用于各种平台上，这也是它盛行于 WWW 的一个原因。

（4）通用性。HTML 是一种简单、通用的标记语言，允许网页制作者建立文本与图片相结合的复杂页面，这些页面可以被网上任何其他人浏览到，无论使用的是什么类型的计算机或浏览器。

浏览器在浏览扩展名为.htm 或.html 的网页时，Web 服务器不会执行任何程序，而是直接把网页传给客户端的浏览器进行解释。为了方便浏览器的开发，万维网联盟 W3C（World Wide Web Consortium）为 HTML 制定了相应的国际标准，常用的版本为 4.01。但这一标准并不严格，且由于历史原因，一些 HTML 网页并不规范。例如，有的网页中起始标签与结束标签并没有严格对应，而且也不区分大小写。由于 HTML 的版本并不统一，所以在解析不同版本的 HTML 网页时，各种浏览器的开发者往往自行其是，从而导致同一网页在不同种类的浏览器，甚至是同一种浏览器的不同版本中显示效果不一样。

2．XHTML 基本规范

为了统一网页的编写规则，在原有 HTML 规范的基础之上，W3C 制定了更为严格的 XHTML（eXtensible HyperText Markup Language，可扩展超文本标记语言）规范，引入了 XML（eXtensible Markup Language，可扩展标记语言）文档的一些特性。

XHTML 基本规范如下。

（1）标签名称必须小写。

（2）属性名称必须小写，属性值用双引号“”括起来。

（3）标签必须严格嵌套。

（4）标签必须严格配对，即使是空元素也要封闭。

（5）XHTML 区分“内容标签”与“结构标签”。

2.1.3 XML 基础

1．XML 概述

XML 是用于标记电子文档，使其具有结构性的标记语言。W3C 组织于 1998 年 2 月发布了 XML 标准，它是标准通用标记语言（Standard Generalized Markup Language，SGML）的一个子集，是一个精简的 SGML。XML 保留了 SGML 的可扩展功能，它不再像 HTML 那样使用固定的标记，而是允许定义数量不限的标记来描述文档中的资料，允许嵌套的信息结构，它的功能远远超过了 HTML。

　　XML 主要用于表达数据，其标签节点都是由自己定义的，可自行根据节点名称来解析，具有较高的灵活性和高效性。Visual Studio.NET 能够直接读写 XML 文档，也可以使用 XML 来描述数据的结构和系统的配置。由于 XML 具有很强的表达能力和高度的灵活性、适用于异构应用系统间的数据共享、具有优越的数据存储机制、强大的数据检索能力并且易于扩展，因此得到了广泛的应用。XML 具有以下 4 个方面的特点。

　　（1）XML 是一种通用标准，而不只是属于某个公司。

　　（2）XML 中的元素标记自行确定，不受限制，因此有很好的可扩展性。

　　（3）XML 文档属于文本文件，语法简单，程序设计者和计算机本身都能理解。

　　（4）XML 非常有利于功能的发布。

2．XML 文档的基本结构

　　XML 必须满足格式良好的要求，如果对 XML 进行验证，还需要满足有效性。格式良好的 XML 应满足以下条件。

　　（1）如果 XML 有声明，则声明必须放在 XML 文件首行首列的位置，格式如下。

```xml
<?xml version="1.0" encoding="utf-8"?>
```

　　（2）一个 XML 文件只能有一个根节点。例如，以下格式是正确的。

```xml
<?xml version="1.0" encoding="utf-8"?>
  <person>
        <name>张三</name>
  </person>
```

如果要处理多条数据，数据要放在根节点中。例如，

```xml
<?xml version="1.0" encoding="utf-8"?>
  <persons>
      <person>
        <name>张三</name>
      </person>
      <person>
        <name>李四</name>
      </person>
  </persons>
```

　　（3）标记必须是封闭的，有开始标记，就必须有结束标记。例如，
<name>张三</name>，而不能写成 <name>张三。

　　（4）标记严格区分大小写，且标记之间不能交叉。

　　（5）空标记的写法如下：
或者是
</br>。

　　（6）属性不能重复，属性值必须用引号括起来。

　　（7）标记名称可以由中文、字母、数字、"-"、"_"和"."组成，不能有空格，且必须以英文字母或者下划线开头。

　　（8）字符"<"和"&"只能用于开始标记和引用实体。

3．XML 与 HTML 的关系

HTML 与 XML 都是基于文本编辑和修改的标记语言，两者关系如下。

（1）HTML 是 Web 显示数据的通用方法，而 XML 提供了一个直接处理 Web 数据的通用方法。

（2）HTML 着重描述 Web 页面的显示格式，而 XML 着重描述 Web 页面的内容。

（3）XML 与 HTML 相比较，具有内容与形式分离、良好的可扩展性等优点。

（4）XML 不是替代 HTML，而是对 HTML 的补充。

HTML 的主要作用是定义文档结构，信息本身使用 XML 表达，而 CSS 则确定了信息的外在表现形式。因此，HTML+XML+CSS 是当代互联网技术的基石。在网站制作过程中，经常综合使用 HTML、XML 和 CSS，以便设计出功能更加强大的网页。

【例 2.2】 编写一个 XML 文档，存储学生档案信息。

操作提示：使用记事本等文本编辑器书写文档，保存为.xml 文件（注意编码方式选择为"utf-8"），并可用浏览器查看相应的网页。本例 ex2-2 源代码如下。

```xml
<?xml version="1.0" encoding="utf-8"?>
<学生档案>
    <student>
      <id>2017010101</id>
      <name>张三</name>
      <age>18</age>
    </student>
    <student>
      <id>2017010102</id>
      <name>李四</name>
      <age>19</age>
    </student>
    <student>
      <id>2017010103</id>
      <name>王五</name>
      <age>19</age>
    </student>
</学生档案>
```

2.2 常用的 HTML 标记

HTML 标记是一些用尖括号括起来的句子，这些标记用来分割和标记文本与元素，以形成文本布局和文字格式等。标记通过指定某块信息为段落或标题等来标识文档的某个部件，属性是标记里的参数的选项。HTML 标记格式如下：

<标记名称 属性 1="属性值 1" 属性 2="属性值 2" …> 内容 </标记名称>

例如：

```
<p align="right">这是一个右对齐的段落</p>
```

其中，<p>为段落标记的名称，align 是段落标记的一个属性，属性取值 right 表示段落内容的对齐方式为右对齐。

注意：输入开始标记时，一定不要在角括号 "<" 与标记名之间输入多余的空格，也不能在中文输入法状态下输入这些标记及属性，否则浏览器将不能正确识别括号中的标记名称，从而无法正确显示信息。

小贴示：一般来讲，大多数属性值不用加双引号，但是包含空格、%和#等特殊字符的属性值必须加双引号。为了养成良好的习惯，建议对属性值全部加双引号。

例如：

```
<font color="#FF0000" face="黑体" size="16">字体的设置</font>
```

HTML 标记主要用于控制网页内容的显示格式，在 HTML 标记中有一系列的标记如文本、段落、列表、表格、表单、图片等，使网页的结构更美观。

2.2.1　文本类标记

文本元素作为 HTML 最常用的元素，具有使用方法简单、参数较少和允许叠加使用等优点，合理使用这些元素能够使页面更为生动和清晰。文本类标记主要包括字体元素、标题字号、页面整体风格控制、分段、换行、注释和特殊字符等。

1. 字体元素

字体元素<font>用来控制字体、字号和颜色等，有 3 个固定的属性 size、color、face，分别用来指定字体大小、颜色和字体名称，见表 2-1。在 CSS 广泛使用的今天，<font>标记使用的机会很少，但是对于定义单个字符的字体和字型而言，它仍然是一种非常实用和有效的工具。

表 2-1　<font>标记的属性

属 性 名 称		说　　明
size	★	设置文本的大小，取值为数值型数据
face	★	设置字体名称，取值为操作系统中安装的字体库 font_family 中的字体名称
color	★	设置字体颜色，取值为 rgb(x,x,x) 或 #xxxxxx 或 colorname

注意：本书中，表格中标注 "★" 符号的为最常用和较重要的属性或方法，需要牢记。

<font>标记语法格式为：<font 属性="属性值">内容</font>

示例：

```
<body>
<font size="12" face="楷体_GB2312" color="#FF0000">这段文字字体大小是 12 号，
字型是楷体_GB2312，字体颜色是红色。</font>
</body>
```

注意：<font>元素的首尾标记必须成对出现，结尾标记不能省略。

小贴示：有 3 种方法可以用于设定所需的颜色：

（1）使用颜色名称，如 white、red、blue 等。

（2）使用 6 位的 16 进制数对色彩进行精确控制，例如#AA33FF。

（3）使用 RGB 值，例如 rgb（20,230,77）。RGB 中三个值的取值范围为 0～255，分别代表红色、绿色和蓝色。

2．标题字号

HTML 文档整体可以看作一篇文章，其中包含有各级别的标题，而各种级别的标题就由\<h1>到\<h6>元素来定义。其中，\<h1>代表最高级别的标题，\<h1>～\<h6>级别和字号依次递减。作为标题，它们的重要性是有区别的，\<h1>的重要性最高，\<h6>最低。

示例：

```
<body>
<h1>这是一级标题</h1>
<h2>这是二级标题</h2>
<h6>这是六级标题</h6>
</body>
```

注意：\<h1>～\<h6>属于块级元素，它们必须首尾成对出现。

3．文本元素

文本元素被广泛用于各种 HTML 页面中，可以显示出各种最基本的格式化效果，例如字号的大小、字型的斜体和粗体等。这些元素使用简单、方便，并且可以相互嵌套使用，以便制作更为复杂的格式化文档。常见的文本元素标记如下。

（1）\<B>\</B>：文字以粗体显示。例如，\<B>中国\</B>。

（2）\<I>\</I>：文字以斜体显示。例如，\<I>计算机科学与技术\</I>。

（3）\<U>\</U>：文字以下划线显示。例如，\<U>百度\</U>。

（4）\<big>\</big>：文字字体加大。例如，\<big>东北石油大学\</big>。

（5）\\：强调文本，通常是斜体加黑体。例如，\重要通知\。

（6）\[\]：文字以上标格式显示。例如，y=x\^{2\}。

（7）_\：文字以下标格式显示。例如，x=x_{1\}+ x_{2\}。

4．页面整体风格控制

对网页的整体风格控制主要通过 body 标记的相关属性来实现，这个标记包含了所有文档主体内容，这些内容是被浏览器显示在屏幕上的，或者是被阅读器读出来的标记。\<body>标记常用属性如下。

（1）\<body background=" ">：设置网页背景图片。

（2）\<body bgsound=" ">：设置网页背景音乐。

（3）\<body bgcolor=" ">：设置网页背景颜色。

（4）\<body text=" ">：设置文本颜色。

（5）\<body link=" ">：设置链接颜色。

（6）\<body vlink=" ">：设置已使用的链接的颜色。

（7）\<body alink=" ">：设置正在被单击的链接的颜色。

（8）<body topmargin=" ">：设置页面上边距。

（9）<body leftmargin=" ">：设置页面左边距。

5．其他常用文本类标记

（1）分段标记<p>：用来开始一个段落，它是一个块级元素。<p>元素中不能包含其他的任何块级元素，它本身也不行。在<p>本身中放入另一个<p>只能导致新开始一个段落。它的起始标记必须有，而结尾标记是可选的。<p>标记有一个 align 属性，用于设置段落的对齐方式，可取值 left、right 或 center。

示例：

```
<p align="left">该段落为左对齐</p>。
```

（2）换行标记
：用来实现换行，是一个单标记，只有开始标记，没有结尾标记。该标记不包含任何属性内容，可以在 HTML 文档的任何位置使用它，其后的内容将显示在下一行。

（3）注释标记<!--注释内容-->：在代码的适当位置插入注释语句是一种非常好的习惯，有助于增强代码的可读性。注释语句中的文本会被浏览器隐藏，不会在页面中显示。

（4）分区标记<div>：该标记类似于段落的一块文本，可用来定义文档中的分区或节。它是一个块级元素，可以把文档分割为独立的、不同的部分，将包含在该标记元素中的文本放置在页面的任何位置。

例如：

```
<div style="color:#00FF00">
     <h3>This is a header</h3>
     <p>This is a paragraph.</p>
</div>
```

（5）水平线标记<hr>：该标记用于在 HTML 页面中创建一条水平线，在视觉上将文档分隔成几个部分。<hr>标记常用的属性有 width 和 size，分别用来设置横线的宽度和厚度（高度）。

6．特殊字符

HTML 的源文件是纯文本结构，而用户看到的内容是经过浏览器解释后所呈现的结果。对于 HTML 源文件而言，有些字符是有特殊含义的。例如：要在浏览器中显示“<你好>”字样是不能被正确显示的，因为在 HTML 文件中符号“<”和“>”是有特殊含义的，不能被正确的解析。因此，这种特殊字符无法正常显示，必须用字符实体来表示。一个特殊字符实体由 3 部分组成，分别为符号“&”、字符名或代号、符号“;”。例如，符号“<”可用字符实体<来表示。

HTML 中常用的字符实体如下。

（1）< 表示特殊字符小于号，即“<”。

（2）> 表示特殊字符大于号，即“>”。

（3） 表示空格字符。

（4）& 表示特殊字符连接符，即“&”。

（5）" 表示特殊字符双引号，即""。

例如：

```
<body>
<!--小白兔儿歌-->
<p>&quot;小白兔&quot;</p>
小白兔 白又白,<br>
两只耳朵竖起来。<br>
爱吃萝卜爱吃菜,<br>
蹦蹦跳跳真可爱!
</body>
```

【**例 2.3**】　常用本文类标记使用示例。详细代码参考 ex2-3。

2.2.2　列表标记

列表是一种规定格式的文字排列方式，常见的有无序列表和有序列表。无序列表的所有列表项目之间没有先后顺序之分，有序列表项目是有先后顺序之分的。

1. 无序列表

无序列表是一种在各列表项前面显示特殊项目符号的缩排列表，可以使用无序列表标记<ul>和列表项标记<li>来创建。其语法格式如下：

```
<ul type= "disc/square/circle">
    <li>列表项 1
    <li>列表项 2
    ......
</ul>
```

其中，<ul>标记的 type 属性用于指定列表项前面显示的项目符号，取值可以是 disc、square 或 circle。在此，disc 为默认值，用实心圆作为项目符号；square 用方块作为项目符号；circle 用空心圆作为项目符号。

例如：

```
<body>
<!--以下是一个无序列表的例子-->
<h4>本学期主要课程有：</h4>
<ul type="disc">
  <li>asp.net 程序设计</li>
  <li>JSP 网站开发</li>
  <li>面向对象基础</li>
</ul>
</body>
```

2. 有序列表

有序列表是在各列表项前面显示数字或字母的缩排列表，可以使用有序列表标记<ol>

和列表项标记<li>来创建，其语法格式如下：

```
<ol>
    <li>列表项 1</li>
    <li>列表项 2</li>
    ……
</ol>
```

其中，<ol>标记有两个常用属性 start 和 type。start 属性用于设置各列表项的起始值，取值为正整数，默认值为 1；type 属性用于设置各列表项的序号样式，取值有以下 5 类。

（1）1：用阿拉伯数字 1、2、3 等表示各列表项序号，此为 type 属性的默认值。

（2）A：用大写字母 A、B、C 等表示各列表项序号。

（3）a：用小写字母 a、b、c 等表示各列表项序号。

（4）I：用大写罗马数字 Ⅰ、Ⅱ、Ⅲ等表示各列表项序号。

（5）i：用小写罗马数字 i 、 ii 、iii等表示各列表项序号。

例如：

```
<body>
  <!--以下是一个有序列表的例子-->
  <h4>本学期主要课程有：</h4>
  <ol type="A" start="1">
    <li>asp.net 程序设计</li>
    <li>JSP 网站开发</li>
    <li>面向对象基础</li>
  </ol>
</body>
```

【例 2.4】　列表标记使用示例。详细代码参考 ex2-4。

2.2.3　图片标记

在 HTML 网页中插入图片需要使用<img>标记，该标记的众多属性可以控制图片的路径、尺寸和替换文字等各种功能，其核心属性是 src 属性，用来定义图片的 URL 路径。<img>标记常用属性见表 2-2。

表 2-2　<img>标记的常用属性

属 性 名 称		说　　明
src	★	设置所显示图片的 URL 路径
alt		图像加载不成功时显示的替代文本
width		设置图像的宽度
height		设置图像的高度
align		设置如何根据周围文本来排列图像，取值为 left、right、top、middle 和 bottom
border		设置图像边框的宽度

【例 2.5】　图片标记<img>使用示例。详细代码参考 ex2-5。

2.2.4　超链接标记

超链接是由源端点到目标端点的一种跳转。源端点可以是网页中的一段文本或一幅图像等；目标端点可以是任意类型的网络资源，如一个网页、一幅图像、一首歌曲、一段动画或一个程序等。在 HTML 中使用标记<a>创建超链接，它分为内部链接和外部链接。

1．内部链接

所谓内部链接，就是网页内部不同位置之间的链接。在内容较多的网页内建立内部链接时，它的链接目标不是其他文档，而是本网页内的其他位置。在使用内部链接之前，需要在网页内确定目标地点的位置，并使用标记<a>的 name 属性来确定目标地点位置名称。内部链接的一般格式为：<a name="#目标锚点">文本</a>。

2．外部链接

外部链接就是本网页和其他类型的网络资源之间的链接。一个超链接通常由以下 3 部分构成：首先是超链接标记<a></a>表示这是一个链接；然后是其属性以及属性值，用来定义超链接所指的目标以及窗口打开方式等；最后是显示在网页上作为链接的提示文字。超链接的一般格式为：<a 属性="属性值">超链接文本</a>。标记<a>的主要属性有以下 3 个。

（1）href 属性：用来指定超链接的目标地址，可以是相对地址，也可以是绝对地址。

- 绝对地址是完整的地址。例如，<a href=http://www.nepu.edu.cn/default.html>东北石油大学</a>。

- 相对地址是引用当前文件夹下的文件或路径。例如，<a href=../index.aspx> 首页</a>。其中，../表示上一级目录。再例如，<a href=images/logo.gif>图标</a>。其中，images/表示当前网站文件夹下的 images 目录。

（2）target 属性：用来指定打开链接的目标窗口，即从什么地方打开链接地址。该属性可以取以下几个值：

- _blank：在新窗口打开链接，是最常见的链接方式。
- _top：在顶层窗口对象中打开，一般用于多层框架嵌套的情况。
- _parent：在父窗口打开，一般用于框架内的窗口改变父窗口页面。
- _self：默认值，即在当前窗口中打开链接。

例如：

```
<p><a href="http://www.nepu.edu.cn/default.html" target="_blank">在新窗口打开校园网主页</a></p>。
```

（3）title 属性：用来设置当鼠标移动到链接上时出现的提示文字。

例如：

```
<a href="http://www.nepu.edu.cn/default.html" target="_blank" title="进入主页">东北石油大学</a>
```

【例 2.6】 超链接标记使用示例。详细代码参考 ex2-6。

2.2.5　表格标记

表格是网页中最重要的元素之一，无论是在网页布局还是内容显示上，它都发挥着重要的作用。随着 Web 2.0 标准的推出，DIV+CSS 应用越来越广泛，表格在网页布局上的优势渐渐淡化，但是在内容显示上它还是有很多优势的，也可以说是不可替代的。

在 HTML 中，使用<table>标记定义表格。一个简单的 HTML 表格由<table>元素以及一个或多个<tr>、<th>或<td>元素组成。其中，<tr>元素定义表格行，<th>元素定义表头，<td>元素定义表格单元。比较复杂的 HTML 表格也可能包括<caption>、<thead>、<tfoot>和<tbody>等元素，分别用来定义表格的标题、表头、脚注和主体等。<table>是一个容器标记，最重要的就是<tr>和<td>两个元素。例如，一个两行两列的简单表格定义如下：

```
<table>
    <tr>
      <th>学号</th>
      <th>姓名</th>
    </tr>
    <tr>
      <td>20170101</td>
      <td>张三</td>
    </tr>
</table>
```

1．<table>标记常用属性

<table>标记常用属性见表 2-3。

表 2-3　<table>标记的常用属性

属 性 名 称		说　明
width	★	表格宽度，可取绝对值（如 200）或相对值（如 80%）
border	★	表格边框厚度
bordercolor		表格边框颜色
align	★	表格的水平摆放位置，可选值为 left、right 和 center
valign	★	表格的垂直摆放位置，可选值为 top、middle 和 bottom
cellspacing		单元格与单元格之间的间距，即表格格线厚度
cellpadding		单元格文字与单元格边框线的距离
background		表格背景图片，与 bgcolor 不要同用
bgcolor		表格背景颜色，与 background 不要同用

例如：

```
<table width="400" border="1" cellspacing="2" align="center" bgcolor= "#0000FF">
```

<tr>标记的常用属性与<table>标记相似。

例如：

```
<tr align="right" valign="middle" bordercolor="#FF00FF" bgcolor="#0000FF">
```

2．<td>标记常用属性

<td>标记常用属性见表 2-4。

表 2-4　<td>标记的常用属性

属 性 名 称		说　　　明
width	★	该单元格的宽度，可取绝对值（如 20）或相对值（如 80%）
height		该单元格的高度
colspan	★	该单元格向右打通的栏数，即所跨列数
rowspan	★	该单元格向下打通的栏数，即所跨行数
align	★	单元格内字画的水平摆放位置，可选值为：left、right 和 center
valign	★	单元格内字画的垂直摆放位置，可选值为：top、middle 和 bottom
bgcolor	★	该单元格的底色
bordercolor		该单元格的边框颜色
background		该单元格的背景图片

【例 2.7】 表格标记示例。详细代码参见 ex2-7。

2.3　使用 CSS 布局网页

2.3.1　CSS 概述

层叠样式表（Cascading Style Sheet，CSS）是一种定义样式的语言，用于控制网页样式，并允许将样式信息与网页内容分离的一种标记性语言。使用 CSS 样式可以非常灵活并更好地控制网页外观，大大减轻了实现精确布局定位、维护特定字体和样式的工作量。

在 ASP.NET Web 程序设计中，设置网页的显示样式有 3 种方式。

（1）在 Web 页面的源视图中修改 HTML 文件来设置样式。

（2）在 Visual Studio 可视化窗口中通过修改控件的属性来设置样式。

（3）创建独立的 CSS 文件，将样式规则放入样式表中，然后所有页面都可以引用这些样式，这样可以保持页面风格的一致性。

1．CSS 与 HTML 的关系

HTML 定义了文档的结构，而 CSS 则决定了浏览器以何种样式显示文档。如果将网页当作一张白纸，HTML 则可以理解为绘制图的轮廓，而 CSS 可理解为填充颜色，如图 2-1 所示。CSS 与 HTML 这种相互配合的关系体现了"信息结构与表现形式相分离"的基本原则。

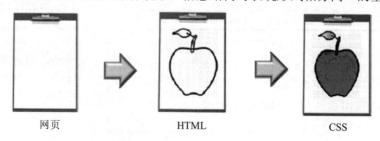

网页　　　　　　　　　　HTML　　　　　　　　　　CSS

图 2-1　CSS 与 HTML 关系示意图

2．CSS 的构成

CSS 用于调整页面显示颜色、位置以及布局等效果，它由 3 部分构成，分别是标签选择符（selector）、属性（property）和属性的取值（value），其基本格式如下：

```
selector {property:value}    即,选择符 {属性: 值}
```

下面是一个简单的 CSS 文件示例：

```
body
{
    background-color: #218b57;
    text-align: center;
    font-weight: bold;
}
```

其中，body 为标签选择符；background-color 为属性名；#218b57 为属性值；多个属性设置之间用分号作为分隔符。

标签选择符可以是多种形式，一般是要定义样式的 HTML 标记，如 body、p 等。可以通过此方法定义它的属性和值，属性和值之间要用冒号隔开。例如：body {color:red;}。

如果需要对一个标签选择符指定多个属性，就要使用分号将所有的属性和值分开。

例如：

```
P {color:red; text-align:left;}
```

此外，可以把相同属性和值的标签选择符组合起来书写，用逗号将选择符分开，这样可以减少样式重复定义。例如：h1,h2,h3,h4 {color:red}。

注意：可以在 CSS 中插入注释来说明代码的意思，注释有利于以后编辑和更改代码时理解代码的含义。在浏览器中，注释是不显示的。CSS 注释以 "/*" 开头，以 "*/" 结尾。

2.3.2　CSS 的使用

1．CSS 的使用方式

1）内联方式

内联方式是将 CSS 样式写到 HTML 标签内部，通过修改指定标签的 style 属性来设置样式。该写法只能控制当前标签的样式效果。

例如：

```
<h1 style="font-size:20px; color:red;"></h1>
< p style="color:#0098FF"></p>
```

2）内嵌方式

内嵌方式是指将 CSS 样式单独放到<head>标签中，通过使用<style>标签来标识样式效果。

例如：

```
<style type="text/css">
  <!--CSS 规则如下-->
  body { background-color: red; }
</style>
```

3）链接外部样式表

链接外部样式表是把 CSS 样式单独保存为一个样式表文件，然后在页面中使用<link>标记将此 CSS 文件与 HTML 文档关联起来，<link>标记必须放在页面的<head>和</head>内。在<head>标签中使用<link>标记的方法如下：

```
<head>
  <link href="要引用的 css 文件的 URL"  type="text/css"  rel="stylesheet"/>
</head>
```

小贴示：链接外部样式表是 Web 标准推荐使用的方式，可以使页面变得简洁，代码编写变得更加灵活。

4）导入外部样式表

导入外部样式表方式是指在<head>标签中使用导入的外部样式表，格式如下：

```
<style type="text/css">
    @import  "要导入的另一样式表的 URL";
</style>
```

注意：千万不要忘记@import 命令后面的分号。

小贴示：@import 是 CSS2.1 提供的一种方式，IE7 及更早的浏览器不支持。

2．在 VS2010 中设置样式

在 VS2010 中设计 CSS 文件非常方便，可以利用集成开发环境中的智能感知功能进行设置，也可以利用可视化对话框快速完成设置。

1）在源视图下设置样式

打开 VS2010 集成开发环境，切换至页面设计器对应的"源"视图下，利用 HTML 代码编辑页面提供的智能提示功能，可以方便地设置各种 HTML 元素的内联式样式。例如，在要设置格式的 HTML 标记内输入 style="，然后按空格键，便会弹出 VS2010 提供的智能感知工具，如图 2-2 所示，编程人员在列表中选择相应的属性，并定义其属性值即可。多个属性之间用分号分隔。

2）在可视化窗口中设置样式

打开 VS2010 集成开发环境，在"设计"或"源"视图中选中某个标记元素，然后单击"属性"窗口中 style 属性后面的省略号（…），或者右击，选择"样式"快捷菜单命令，便会打开"修改样式"对话框，如图 2-3 所示。在对话框中，可以对字体、背景、边框、布局等各个类别下的样式选项进行设置，最后单击"确定"按钮，新的样式定义将自动在"源"视图中生成，同时，在"设计"视图中可以浏览到最新的样式效果。

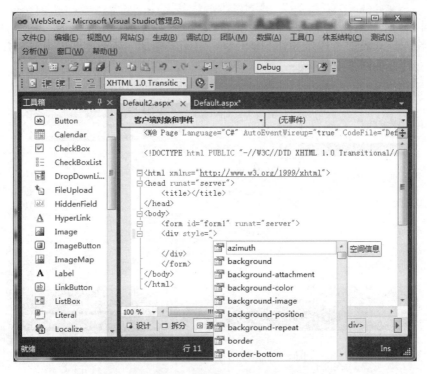

图 2-2　HTML 代码编辑页面的智能提示功能

图 2-3　通过属性窗口的可视化对话框设置样式

3）创建独立的 CSS 文件

使用 CSS 的另一个有效方法是将样式规则放入样式表中，然后所有页面都可以引用这些样式，这样可以使这些页面看起来非常一致。创建样式表的具体步骤如下。

（1）在"解决方案资源管理器"中，右击解决方案的名称，在弹出的快捷菜单中选择

"添加新项"命令。在打开的对话框中,从"模板"列表中选择"样式表"选项,在"名称"文本框中输入样式表的名称如 StyleSheet.css,单击"添加"按钮,即可为应用程序添加一个样式表文件,如图 2-4 所示。

图 2-4　为应用程序添加样式表文件

(2)在"解决方案资源管理器"中双击样式表文件,编辑器中会打开一个包含空 body 样式规则的新样式表。输入属性名,例如 color:,将弹出智能感知工具,利用系统提供的智能提示功能,可以方便地设置各种属性的值。

(3)切换到"设计"视图,执行"格式|附加样式表"菜单命令,在打开的"选择样式表"对话框中选择刚刚创建的样式表文件 StyleSheet.css,单击"确定"按钮。

(4)完成以上操作后,切换到"源"视图中,可以看到在<head>标记中添加了如下代码。

```
<link rel="stylesheet" href="StyleSheet.css" type="text/css">
```

CSS 可以精确控制页面中每一个元素的字体样式、背景、排列方式、区域尺寸、四周边框等,使用 CSS 能够简化网页的格式代码,加快下载显示的速度。外部链接样式可以同时定义多个页面,大大减少了重复劳动的工作量。

2.4　JavaScript 简介

JavaScript 是一种由 Netscape 的 LiveScript 发展而来的脚本语言,是一种轻型的、解释型的程序设计语言,也是一种基于对象的语言。

2.4.1　JavaScript 的特点

JavaScript 由 ECMAScript、文档对象模型(Document Object Model,DOM)和浏览器

对象模型（Browser Object Model，BOM）组成。其中，ECMAScript 是 JavaScript 的核心，描述了语言的基本语法和对象，如类型、操作运算符、语法标准等。文档对象模型描述了作用于网页内容的方法和接口。浏览器对象模型描述了和浏览器交互的方法和接口。JavaScript 可通过该语言编写的代码实现与用户进行简单交互的功能，它具有以下 6 个特点。

（1）JavaScript 是一种脚本语言，采用小程序段的方式进行编程。

（2）JavaScript 是一种功能强大的语言，它可以和 HTML 完美地结合在一起。

（3）JavaScript 是一种基于对象和事件驱动的编程语言。

（4）JavaScript 是一种无类型的语言，其变量不必具有明确的类型。

（5）一个 JavaScript 程序就是一个嵌入到 HTML 文档中的文本文件，任何能编写 HTML 文档的软件都可以开发 JavaScript。

（6）JavaScript 用于客户端，事先在网页中编写好代码，此代码随 HTML 文件一起发送到客户端浏览器上，由浏览器对这些代码进行解释执行，由此减轻了服务器的负担。

2.4.2　JavaScript 的作用

JavaScript 可以弥补 HTML 的缺陷，制作出多种网页特效，其主要作用有以下 6 点。

（1）增加动态效果。HTML 是一种格式化网页内容的标记语言，不具有编程能力，不能实现动态效果，而 JavaScript 可以在网页中显示动态效果。

（2）读写 HTML 元素。JavaScript 可以读取和改变 HTML 元素的内容，可以在网页中动态添加 HTML 控件。

（3）响应事件。JavaScript 是基于事件的语言，可以影响用户或浏览器产生的事件。当事件产生时，相应的 JavaScript 代码会执行，由此完成一定的功能。例如，当用户单击按钮时，触发了某个事件，代码执行后会显示预期的文字或图片等。

（4）验证表单数据。JavaScript 可用来验证表单中的数据。当用户填写的表单完全正确才将数据提交到服务器，由此可减少服务器的负担和网络带宽的压力。

（5）检查浏览器。JavaScript 可检查用户使用的浏览器的情况，根据不同浏览器来载入不同的网页。

（6）创建 Cookies。JavaScript 可以创建和读取 Cookies 对象。因为 Cookies 可以记录用户的状态，所以，通过 JavaScript 可以获得用户的部分操作。例如，可以让曾经登录过的用户在某段时间内不用再次登录。

2.4.3　使用 JavaScript

1．JavaScript 的语法规则

（1）区分大小写。关键字永远小写；内置对象如 Math 和 Date 等以大写字母开头；对象名小写；方法名大小写混合，一般首字母不大写。

（2）变量、对象和函数名由字母、数字及下划线组成，首字符不能是数字，不能与保留字重复，长度没有限制但必须放在一行中。

（3）JavaScript 中有两种类型的变量：局部变量和全局变量，它们是通过作用域来区别的。全局变量的作用域是整个脚本，可在任何地方使用；局部变量的作用域是一个函数，只能在声明它的函数中使用。

（4）JavaScript 中基本的数据类型有数值型（包括整数和浮点小数）、布尔型（有两个值：真或假）、字符串（由一个或多个字符组成）和空值（用关键字 null 表示）。

（5）JavaScript 中基本的操作符有+（连接字符串）、+（加）、–（减）、*（乘）、/（除）、%（取模）、++（递增）、——（递减）等。

（6）注释包括行注释（//注释内容）和块注释（/*注释内容*/）。

2. JavaScript 的编写形式

可以使用任何一种文本编辑器编辑 JavaScript 程序，例如记事本。在 VS.NET 中同样可以编辑 JavaScript 程序，并且支持断点设置。在网页中写入 JavaScript 代码有两种方式，一种是直接将 JavaScript 代码嵌入到网页中，另一种方式是链接外部的.js 文件。

（1）直接把 JavaScript 嵌入网页中。

该方式下 JavaScript 代码可以嵌入到 HTML 的任何标签中，如<head>或<body>标签。例如：

```
<body>
  <script type="text/javascript">
    document.write("Hello World! ");
  </script>
</body>
```

小贴示：document 对象是指当前的 HTML 文档。

注意：如果使用了 Javascript 函数，则函数的定义要放在<head>标签中。

例如：

```
<head>
  <title>Javascript 使用示例 1</title>
  <script type="text/javascript">
    function write()
  { document.write("Hello World! "); }
  </script>
</head>
<body>
  <script type="text/javascript">
    write();
  </script>
</body>
```

小贴示：以上示例代码在<head>标签中定义了 Javascript 函数 write()，之后在<body>标签中调用了该函数。需要注意的是，嵌入 HTML 文档中的 JavaScript 函数只能在当前页面中调用。

（2）使用单独的.js 文件。

出于代码隔离的考虑，可以创建以.js 为扩展名的文件，将 javaScript 代码放到这个独立的文件中，之后在 HTML 文档中使用 src 属性指明该文件的具体位置，便可以调用该文件。

例如，首先创建一个名为 JScript.js 的文件，代码如下。

```
function write()
{ document.write("Hello World! "); }
```

之后，在 HTML 文档中调用该文件。代码如下。

```
<head>
  <title>javascript 使用示例 2</title>
  <script type="text/javascript" src="JScript.js">
  </script>
</head>
<body>
  <script type="text/javascript">
    write();
  </script>
</body>
```

小贴示：使用单独的.js 文件这种方式可以实现代码共享。函数只需要编写一次，便可以被多个页面调用。在修改函数时也只需要修改一次。因此，这种方法可以有效减轻代码编辑的工作量。

注意：在引用.js 文件时，可以使用相对路径或 URL 地址。上面的例子中 src 属性使用的是.js 文件的相对路径，src 属性中也可以使用文件的 URL 地址。例如：<script src=http://127.0.0.1/myweb/js/JScript.js">。此外，注意源文件必须以.js 为后缀名，且不能包含任何 HTML 标签。

2.5 ASP.NET 网页设计入门

2.5.1　页面与表单

1．ASP.NET 网页

ASP.NET 是创建动态网页的新技术，继承了微软公司的 ASP 和.NET 两项主要技术。它不但可以生成动态 Web 页面，而且提供了大量易用、可复用的预定义控件，使开发变得更加快捷。在 Web 应用中，存在静态和动态两种页面。其中，动态页面又分为客户端动态 Web 页面和服务器端动态 Web 页面。ASP.NET 就是将静态页面（.htm 和.html）和动态页面（.php、.jps、.asp、.aspx 等）相结合的一种技术，其开发出来的网页具有以下特点。

（1）使用服务器端代码实现应用程序逻辑，并在浏览器或客户端设备中向用户提供信息。

（2）自动为样式、布局等功能呈现正确的、符合浏览器的 HTML，兼容所有浏览器或移动设备，也可以将 ASP.NET 网页设计为只在特定浏览器上运行，并使用该浏览器的某种特定功能。

（3）兼容 ASP.NET 公共语言运行库所支持的任何语言，其中包括 Microsoft Visual Basic、Microsoft Visual C#、Microsoft J#和 Microsoft JScript .NET。

（4）以 Microsoft .NET Framework 为基础，继承了 Framework 的所有优点，包括托管环境、类型安全性和继承等。

（5）具有灵活性，可以添加用户创建的控件和第三方控件。

小贴示：ASP.NET 中常用文件及扩展名见表 2-5。

表 2-5　ASP.NET 网页中常用文件及扩展名

文　　件	扩　展　名
可视化界面设计	.aspx
接口逻辑代码	.aspx.cs
Web 用户控件	.ascx
HTML 页	.html
XML 页	.xml
母版页	.master
Web 配置文件	.config
全局应用程序类	.asax
Web 服务	.asmx

2．表单的概念

在 ASP.NET 中，一个网页或窗口被看成是一个 Web Form（网页表单）。Web Form 把 Web 应用程序的用户界面分割成两部分：可视化用户组件界面部分和接口逻辑部分。界面部分指包含 HTML 标记及服务器端控件声明的部分，也就是浏览器中看到的部分，这部分就好像是一个大容器，开发者可以在其中放入各种 ASP.NET 控件。接口逻辑是指由开发者编写的用于与网页表单交互的代码。如果使用普通的文本编辑器进行设计，则上述两个部分放在同一个文件中，并以 aspx 作为后缀。如果使用的是 Visual Studio.NET 进行设计，则可视化组件（.aspx）与接口逻辑（.aspx.cs）将分别处于不同的文件中。当用户请求包含服务器端控件的 Web 网页时，被请求的网页首先在服务器端执行，在生成 HTML 后才送至客户端，浏览器再将结果显示给用户。

3．网页的回发和往返行程

ASP.NET 本身并非一种编程语言，而是一种创建动态页面的技术，用于把编程语言（Visual Basic.NET、C#、JavaScript）代码段嵌入到页面的 HTML 中，二者混合在一起，构成了 aspx 页面。把编程语言代码嵌入 HTML 是指利用 HTML 标记，编程语言代码可以同 HTML 混为一体，并由 Web 服务器将其从 HTML 中识别出来，交给 ASP.NET 模块编译执行，完成一定功能，最后将执行结果以 HTML 形式返回浏览器。ASP.NET 网页的回发往返过程如下。

（1）用户请求页面。用户使用 HTTP GET 方法请求页面，页面第一次运行，执行初步处理。

（2）页面将标记动态呈现到浏览器，用户看到的网页类似于其他网页。

（3）用户输入信息或从可用选项中进行选择，然后单击确认按钮。如果用户单击链接而不是按钮，页面可能仅仅定位到另一页，而第一页不会被进一步处理。

（4）页面发送到 Web 服务器。

（5）在 Web 服务器上，该页再次运行，并且可在该页上使用用户输入或选择的信息。

（6）页面执行通过编程所要实行的操作，并将其自身呈现给浏览器。

4．页面生存期

ASP.NET 网页与桌面应用程序中的窗体不同，ASP.NET 网页在用户使用该 Web 页面时不会启动或运行，仅当用户单击"关闭"按钮时才会卸载，这是由于 Web 具有断开连接的特性。浏览器从 Web 服务器请求页面时，浏览器和服务器相连的时间仅够处理请求，Web 服务器将页面呈现到浏览器之后，连接即终止。如果浏览器对同一 Web 服务器发出另一个请求，即使是对同一个页面发出的，该请求仍会作为新请求来处理。用户请求 ASP.NET 网页时，将创建该页的新实例。该页执行其处理，将标记呈现到浏览器，然后该页被丢弃。如果用户单击按钮以执行回发操作，将创建该页的新实例，该页执行其处理，然后再次被丢弃。这样，每个回发和往返行程都会导致生成该页的一个新实例。正因为如此，网页如同人一样有了"生存期"，它始于服务器对其进行的解释，随着解释的完毕，生存期也就结束，即当在浏览器上看到 ASP.NET 网页时它的生存期已经结束了。

2.5.2　HTML+CSS+JavaScript

开发一个网站主要包括两部分：一部分是网站后台的开发，即编写程序的逻辑和数据处理代码；另一部分是网站前台的开发，即编写前端代码实现页面显示效果，此时就需要用到一些做前端效果的技术或语言，如 HTML、CSS 以及 JavaScript 等。接下来以一个小例子为大家展示使用 HTML+CSS+JavaScript 来实现简单的网页制作。

【例 2.8】　使用 HTML+CSS+JavaScript 创建一个简单的登录页面，如图 2-5 所示。具体代码参见 ex2-8。

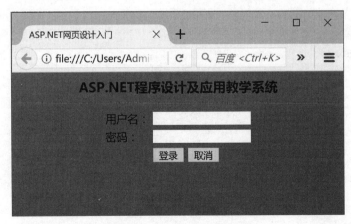

图 2-5　例 2.8 运行结果图

操作提示：

1．创建 HTML 代码

创建名为 login 的文本文档，在文档中写入如下内容。

```
<html>
  <head>
        <title>ASP.NET 网页设计入门</title>
  </head>
  <body>
    <h3>ASP.NET 程序设计及应用教学系统</h3>
  </body>
</html>
```

将 login.txt 文件后缀名修改为 html，可使用浏览器打开预览网页效果。

2．添加 CSS 样式

HTML 代码是将内容在网页上展现出来，但是为了实现大量文字和图片等内容更为合理的布局，可以在 HTML 文档中使用 CSS 来设置页面的样式和布局，以达到更好的显示效果。本例中，在上一步完成的 login.html 文件中加入 CSS 样式，具体代码如下。

```
<html>
<head>
    <title>ASP.NET 网页设计入门</title>
  <style>
  body {
        background-color: #218b57;
        text-align: center;
        font-weight: bold
      }
  </style>
</head>
<body>
  <h3>ASP.NET 程序设计及应用教学系统</h3>
  <center>
      <table>
        <tr>
          <td>用户名：</td>
          <td><input type="text" name="text1" /></td>
        </tr>
        <tr>
          <td>密码：</td>
          <td><input type="password" name="password1" /></td>
        </tr>
        <tr>
          <td></td>
```

```
            <td>
    <input type="button" name="button1" value="登录" onclick="Login_onclick()"/>
    <input type="button" name="button2" value="取消" />
            </td>
        </tr>
        </table>
    </center>
</body>
</html>
```

说明： 上述代码中在<head>标签中编写了 CSS 代码，用于设置 body 的样式。该代码中还包括了大量本章介绍过的 HTML 标签，如<table>标签用于布局表格。

小贴示： 上述代码中使用了 HTML 中的<input>标记，用于生成表单控件。其中，type 属性用于设置表单控件的类型，取值为 text 表示文本输入框，取值为 password 表示密码框，取值为 button 表示按钮；name 属性用于设置表单控件的名称；value 属性用于设置控件上显示的文本信息。例如，<input type="button" name="button1" value="登录" onclick="Login_onclick()" />代码用于生成一个"登录"按钮。用户单击按钮时，通过触发其 onclick 属性关联的方法来实现与页面的简单交互。由于 VS.NET2010 是可视化开发环境，集成了丰富的组件，在网页制作过程中，只需通过鼠标拖动便可将工具箱中的文本框、按钮、图片框等组件添加至页面中，在"源"视图中会自动生成这些控件对应的 HTML 标记，而无须用户自己书写。因此，本章并未对这些表单标记做详细介绍。第 8 章会详细介绍 ASP.NET服务器控件的使用方法，以帮助大家高效地完成页面的设计。

3. 添加 JavaScript 脚本

在 HTML 文档中使用了 CSS 之后，页面的样式就变得更加美观了。最后，在<head>标签中添加 JavaScript 代码，实现与页面的交互功能。具体代码段如下：

```
<script>
function Login_onclick()
{
  var username = document.getElementsByName('text1')[0];
  var pwd = document.getElementsByName('password1')[0];
  if (username.value=='admin' && pwd.value=='123456')
  { alert("登录成功！");}
  else
  { alert("用户名或密码错误，请重新输入！");}
}
</script>
```

说明： 上述程序段使用 function 保留字定义了一个名为 Login_onclick()的函数，在该函数中获取了用户在 text1 和 password1 中输入的用户名和密码，与合法的用户名 admin 和密码 123456 进行了对比，并通过系统函数 alert()弹出对话框显示登录结果。

小贴示： JavaScript 代码段中定义的 Login_onclick()函数名要与"登录"按钮 button1

的 onclick 属性值一致。当用户单击"登录"按钮时，将调用与 onclick 属性值相同的 Login_onclick()函数中的代码，弹出相应的对话框。

注意：本例中，直接把 JavaScript 嵌入到了网页中，由于 JavaScript 代码段中包含函数的定义，因此需放置在<head>标签中。

2.6 本章小结

本章主要介绍了 Web 页面制作中的 HTML、CSS 和 JavaScript 的基本知识，重点是掌握常用 HTML 标记的格式及属性。HTML 是网页制作的基础，必须牢记常用的 HTML 标记。网页制作过程中使用 CSS 可以轻松地控制页面外观，实现精确布局等，因而应掌握 CSS 的基本使用方法，以便在网页设计中达到更好的视觉效果。此外，在网页制作过程中，也可综合使用 JavaScript 实现一些动态特效。通过本章的学习，读者应该能够制作出简单的网页，为后续综合使用服务器控件和.NET 对象来制作更加精美的网站打下坚实的基础。

习题 2

1．简述 HTML 文档的基本结构。
2．下列关于 html 的描述正确的是（　　）。
　　A．html 是一种编程语言　　　　　　　B．html 是一种标记语言
　　C．html 是用于存储数据　　　　　　　D．以上答案都不对
3．下列关于 html 中的注释描述错误的是（　　）。
　　A．html 中的注释用于注销代码　　　　B．html 中的注释用//来表示
　　C．html 中的注释用<!-- -->来表示　　D．html 中的注释用/*····*/来表示
4．下列关于 CSS 的作用，描述错误的是（　　）。
　　A．CSS 样式可以用来改变页面的显示颜色
　　B．CSS 样式可以用来改变页面的显示位置
　　C．CSS 样式可以用来改变页面显示的布局效果
　　D．CSS 样式可以替代 html
5．下列关于 JavaScript 的描述错误的是（　　）。
　　A．JavaScript 代码可以嵌入在 html 中
　　B．JavaScript 可以用来代替 html
　　C．JavaScript 是一种具有逻辑的编程语言
　　D．在网页中 JavaScript 代码需要写在<Script></Script>标签中
6．列举常用的文本类 HTML 标记。
7．在网页中使用 CSS 的方法有哪几种？

8．如何使用 CSS 样式设置文本的背景色、前景色、背景图片以及字体？

9．在 HTML 中使用 JavaScript 的方法有哪些？

10．在 HTML 中，以下关于 CSS 样式中文本属性的说法，错误的是（　　）。

    A．font-size 用来设置文本的字体大小　　B. font-family 用来设置文本的字体类型

    C．color 用来设置文本的颜色　　　　　　D．text-align 用来设置文本的字体形状

11．使用 html 实现一个简单的用户登录界面。

第3章 C#语言基础

C#是一种面向对象的编程语言，为 ASP.NET 提供了强有力的支持。在微软的 Visual Studio 2010 中，C#与 ASP.NET 很好地结合在一起，使网页设计者可以更快捷、更高效地完成 Web 应用程序开发工作。因此，掌握 C#语言也成为掌握 Web 应用程序开发的基本要求之一。本章将带领读者走进 C#，开启学习 C#编程语言的大门。本章重点介绍 C#语法基础知识，包括 C#语法规则、基本数据类型、运算符、程序控制流程、C#面向对象基础等。语法是编程的基础，因此一定要深刻理解并掌握 C#的语法定义和规则，为后续程序的编写打下良好的基础。

学习目标

☑ 了解 C#的特点。

☑ 掌握 C#中保留字、标识符、常量及变量的使用方法。

☑ 掌握值类型和引用类型。

☑ 掌握 C#中常用的运算符。

☑ 掌握选择与循环两类程序控制语句。

☑ 了解 C#面向对象程序设计中类与对象等基本概念。

3.1 C#基本语法

计算机程序设计语言的发展，经历了从机器语言、汇编语言、高级语言到面向对象程序设计语言的历程。目前，应用较为广泛的高级语言（面向对象程序设计语言）有 C、C#、Java 等。C#是运行在.NET 平台上的一种面向对象的语言，它属于编译解释型语言，其原始代码经过编译成为被.NET 框架识别的编码，并运行在.NET 平台上。

3.1.1 C#特点及语法规则

1. C#的特点

C#是一种完全的面向对象编程语言，其语法和特性借鉴了 C++、Java 等语言的优点，并摒弃了这些语言的劣势。目前来说，C#是对面向对象特性支持最好的语言之一，它是专门为.NET 应用而开发的语言，与.NET 框架完美结合。在.NET 类库的支持下，C#能够全面地表现.NET Framework 的各种优点。总的来说，C#具有以下突出的优点。

（1）语法简洁、自由。

（2）保留了 C++的强大功能，彻底的面向对象设计。

（3）丰富的 Web 服务器控件，与 Web 应用紧密结合。

（4）强大的安全性机制。

（5）完善的错误、异常处理机制。

（6）灵活的版本处理技术。

（7）支持跨平台，兼容性强。

注意：C#虽不能脱离.NET 平台而单独运行，但它本身并不是.NET 平台体系中的一部分。.NET 是一个跨语言的平台，除了支持 C#外，还支持 VB、C++等语言。

2．C#的语法规则

C#中的程序代码都必须放在一个类中。定义类时使用 class 关键字，格式如下。

```
[修饰符] class 类名
{ 程序代码 }
```

说明：

（1）程序代码分为结构定义语句和功能执行语句。结构定义语句用于声明类或方法，功能执行语句用于实现具体功能，每条功能执行语句必须用分号结束。

例如：

```
Console.WriteLine("这是第一个 C#程序！");
```

（2）C#语言严格区分大小写。不能将 class 写成 Class，Computer 和 computer 是两个完全不同的标识符。

（3）为增强程序可读性，应注意代码整齐美观、层次清晰。

3.1.2　关键字与标识符

1．关键字

关键字是事先定义好并赋予了特殊含义的单词。C#中的关键字有：abstract、as、bool、byte、case、class、if 等。每一个关键字都是对编译器具有特殊意义的预定义保留标识符。例如，void 关键字用于指定方法不返回值；class 是声明类时使用的关键字；static 是声明静态的类、字段、方法等使用的关键字。关键字不能在程序中用作标识符，除非它们有一个@前缀。例如，@if 是有效的标识符，但 if 不是，因为 if 是关键字。

注意：C#中所有关键字都是小写的。

2．标识符

标识符是用来标记类名、方法名、参数名、变量名等的符号，它由字母、数字、下划线和@符号组成，不能以数字开头，而且不能是关键字。例如：username、username123、user_name 和_userName 都是合法的标识符，而 123username、class、98.3、Hello World 都是非法的标识符。

定义标识符时建议遵循以下规则。

（1）类名、方法名、属性名首字母大写，称为大驼峰命名法或帕斯卡命名法。例如：ArrayList、LineNumber、Age。

（2）字段名、变量名首字母小写，之后每个单词首字母大写，称为小驼峰命名法。例如：age、userName。

（3）常量名所有字母都大写，单词间用下划线连接。例如：DAY_OF_MONTH。

（4）尽量使用有意义的英文单词定义标识符。例如：用 userName 表示用户名，passWord 表示密码。

3.1.3　常量与变量

1．常量

常量是指程序执行过程中其值不变的数据，可分为直接常量和符号常量。同变量一样，常量也用来存储数据。它们的区别在于，常量一旦初始化就不再发生变化，也可以理解为符号化的常数。使用常量可以使程序变得更加灵活易读。常量的声明和变量类似，需要指定其数据类型、常量名以及初始值，并需要使用 const 关键字。常量的类型可以是任何一种 C#的数据类型，常量的声明格式如下。

访问修饰符 const 常量数据类型 常量名=常量值;

例如：

[public] const double PI=3.1415; 该语句声明了一个 double（双精度）型的常量 PI

小贴示：常量的定义中访问修饰符可以省略，默认为 public。常量名一般采用大写字母组成。

C#中的常量有整型常量、浮点数常量、布尔常量、字符常量等，需要注意以下几点。

（1）字符常量表示一个字符，用一对单引号(')引起来，可以是字母、数字、标点符号以及由转义序列表示的特殊字符。例如，'a'、'1'、'\u0000'等。C#采用 Unicode 字符集，因此字符以\u 开头。例如，'\u0000'表示空白字符。

（2）字符串常量表示由一个或多个字符组成的字符串，用一对双引号("")引起来。例如，"Hello"。

（3）布尔常量有两个，分别为 true 和 false，表示关系运算或逻辑运算的结果，用于区分事物的真假。

（4）null 常量表示对象的引用为空。

2．变量

变量是存放临时数据的内存单元，变量名是内存单元的标识符，而变量值是内存单元中存储的数据。实际上变量就是程序运行过程中其值可以改变的量。在 C#中，变量必须先定义，后使用。且定义变量时必须声明其类型，赋值时必须赋予和变量同一类型的值。C#中变量名的命名规范如下。

（1）必须以字母或下画线开头。

（2）只能由字母、数字、下画线组成，不能包含空格、标点符号、运算符以及其他符号。

（3）不能与 C#关键字和库函数同名，如 class、new 等。

（4）可以使用@开始。

小贴示：在 C#中，变量一定会被定义在某对大括号中，该大括号所包含的代码区域便是该变量的作用域。

3.1.4 注释语句

为增强可读性，可用注释对程序中的功能代码进行解释说明。C#中的注释有三种：单行注释、多行注释、文档注释。

1．单行注释

对某行代码进行解释，用符号"//"表示。

例如：

```
int a=6;   //定义了一个 int 型变量
```

2．多行注释

注释内容为多行，以符号"/*"开头，以符号"*/"结尾。

例如：

```
/*  int c = 10;
int x = 5; */
```

3．文档注释

对类或方法进行说明和描述。在类或方法前输入 3 个"/"，手动填写描述信息，生成文档注释。

注意：注释不会被编译，多行注释中可以嵌套单行注释，但多行注释不能相互嵌套。

3.2 C#的数据类型

数据类型表示了数据在内存中的存储方式，在声明变量或者常量之前，需要首先定义其数据类型。由于.NET Framework 是一种跨语言的框架，为了在各种语言之间交互操作，部分.NET Framework 指定了类型中最基础的部分，称为通用类型系统（Common Type System，CTS）。.NET 将不同编程语言的数据类型进行抽象，编译后都转换为 CTS 类型，以便不同语言的变量相互交换信息。如 VB.NET 中 integer 类型和 C#中 int 类型都被转换为 System.Int32。

C#支持 CTS，其数据类型包括基本类型，即类型中最基础的部分，如 int、char、float 等，也包括比较复杂的类型，如 string、decimal 等。作为完全面向对象的语言，C#中的所有数据类型都是一个真正的类，具有格式化、系列化以及类型转换等方法。根据在内存中存储位置的不同，C#中的数据类型可分为值类型和引用类型两类。值类型就好比书架上的书籍，看的时候，直接拿过来就可以了。而引用类型就相当于存储在计算机系统中的书目或索引，查到的只是某一本书的索引和信息，而不是真正书架上的书。如果想要获取这本书，就需要根据书的索引信息，找到书架上的位置，然后去取。在 C#中，值类型的数据长度固定，存放于栈内；引用类型的数据长度可变，存放于堆内。

3.2.1　值类型

C#内置的值类型包括所有简单数据类型、结构类型和枚举类型。值类型的变量直接包含它们的数据。将一个值类型变量赋给另一个值类型时，只复制它包含的值，一个值类型的变化不会引起另一个变量的变化。

值类型变量的声明语法如下。

类型名称　　变量列表；

例如：

char a,b,c;　int i,j;

注意：C#中，变量在使用前需要对其初始化。例如：a=new char(); i=1;

1. 简单数据类型

C#支持的简单数据类型有整型、浮点型、小数型、字符型和布尔型，各类型的名称、说明以及取值范围等详见表 3-1。

表 3-1　C#中简单数据类型

类　型	名　　称	CTS 类型	说　　明	取 值 范 围
整型	byte	System.Byte	8 位无符号整数	0～255
	sbyte	System.SByte	8 位有符号整数	-128～127
	short	System.Int16	16 位有符号整数	-32768～32767
	ushort	System.UInt16	16 位无符号整数	0～65535
	int	System.Int32	32 位有符号整数	-2^{31}～$2^{31}-1$
	uint	System.UInt32	32 位无符号整数	0～$2^{32}-1$
	long	System.Int64	64 位有符号整数	-2^{63}～$2^{63}-1$
	ulong	System.UInt64	64 位无符号整数	0～$2^{64}-1$
浮点型	float	System.Single	32 位浮点值，7 位精度	$\pm1.5\times10^{-45}$～$\pm3.4\times10^{38}$
	double	System.Double	64 位浮点值，15～16 位精度	$\pm5.0\times10^{-324}$～$\pm1.7\times10^{308}$
小数型	decimal	System.Decimal	128 位数据，28～29 位精度	$\pm1.0\times10^{-28}$～$\pm7.9\times10^{28}$
字符型	char	System.Char	16 位 Unicode 字符	U+0000～U+ffff
布尔型	bool	System.Boolean	8 位空间，1 位数据	true 或 false

2. 结构类型

结构类型（struct）是包含多个基本类型或复合类型的统一体，在 C#中可以使用 struct 关键字创建结构。结构类型的声明格式如下。

```
[attributes] [modifiers] struct identifier [:interfaces] body [;]
```

例如，一个学生信息结构声明如下。

```
public struct Student
{
    public long id;              //学号
    public string name;          //姓名
    public double score;         //成绩
}
```

小贴示：本书语法声明格式中，放在万括号[]内的均为可选项，可以省略。

3. 枚举类型

枚举类型（enum）是值类型的一种特殊形式，它从 System.Enum 继承而来，是一组指定常量的集合，可以通过枚举来实现常用变量与值的一种映射关系。枚举类型由名称、基础类型和一组字段组成，每种枚举类型均有一种基础类型，该基础类型可以是除 char 类型以外的任何整型。枚举类型的声明格式如下：

```
[attributes] [modifiers] enum identifier [:base-type] {enumerator-list} [;]
```

例如：

```
public enum Month {Jan, Feb, March, April, May, Jun, July, Sep, Oct, Nov, Dec};
```

枚举类型实际上是一个整数类型，用于定义一组基本整数数据，并可以给每个整数指定一个便于记忆的名字。例如，以下代码声明了一个关于星期的枚举类型。

```
public enum Week {Sat, Sun, Mon, Tue, Wed, Thu, Fri};
```

3.2.2　引用类型

C#不允许在安全代码中使用指针，因此要处理堆中的数据就需要使用引用数据类型。和值类型相比，引用类型不存储它们所代表的实际数据，而是存储对实际数据地址的引用。引用类型的变量又称为对象，当多个变量引用同一个对象时，对一个变量的操作可以影响到其他变量。引用类型变量的声明格式和初始化与值类型相似，同时使用 new 关键字实例化引用数据类型的对象，并指向堆中的对象数据。

声明引用类型变量的语法结构为：类型名 变量列表;

例如：

```
object obj=new object();
```

在 C#中，引用类型包括对象类型、类类型、字符串类型、接口、数组等。本节主要介绍内置对象类型、字符串类型和数组，有关类的相关知识将在 3.5 节面向对象部分做详细讲解。

1. 对象类型

对象类型 object 在.NET 框架中是 System.Object 的别名，它是其他类型的基类。在 C#的统一类型系统中，所有类型（预定义类型、用户定义类型、引用类型和值类型）都是直接或间接从 object 继承的。可以将任何类型的值赋给 object 类型的变量。

例如：

```
object obj=12;  //将整型值赋予对象类型的变量 obj
```

2．字符串类型

字符串类型 string 是 C#中定义的一个专门用于对字符串进行操作的类，更常见的做法是使用 string 关键字来声明一个字符串变量。string 关键字是 System.String 类的别名，编译时 C#中的 string 类型会被编译成.NET Framework 的 String 类型。可通过使用 String 类的构造函数或使用字符串串联运算符（+）来创建一个 string 对象。

例如：

```
string a="hello"; string b="h"; b=b+"ello";
```

String 类有许多属性和方法用于 string 对象的操作。例如，Length 属性返回当前 string 对象中的字符数，Concat(string str1, string str2)方法用于连接两个 string 对象。

3．数组

数组是一组相同类型的数据组成的集合，每个数组有固定的大小，并且其中的数组元素的类型必须保持一致。

1）数组的定义

数组可以有多个维度。常用的一维数组的维数为 1，二维数组的维数为 2。每个数组的下标始于 0。

定义一维数组的语法为：

方法 1：类型[] 数组名=new 类型[] {元素 1, 元素 2, …};

方法 2：类型[] 数组名={元素 1, 元素 2, …};

例如：

```
int[] arr=new int[10];  //定义长度为 10 的整型数组，元素默认初值都为 0
string[] myArray = {"sun", "bin", "zhou"};//定义长度为 3 的 string 型数组同时赋初值
```

定义二维数组的语法为：

方法 1：类型[,] 数组名=new 类型[长度 1,长度 2];

方法 2：类型[,] 数组名={{元素 1},{元素 2},…};

例如：

```
int[,] myArray=new int[3,4];  //定义一个 3×4 的二维数组，初值都为 0
int[,] numArray = {{0,1}, {2,3}, {4,5}};//定义一个 3×2 的二维数组，同时赋初值
```

注意：数组可以存储整数、字符串或任何一种用户提出的对象，但同一个数组中的各个元素变量必须是同一类型。

2）数组的访问

访问数组的元素包括读取或设置某个元素的值。最基本的方法是通过下标定位元素。数组的下标范围为 0～Length-1，其中 Length 代表数组的长度。访问数组时下标不能超

范围。

一维数组使用示例：

```
int[] arr = { 1, 2, 3, 4, 5 };          //定义一维数组
for (int i = 0; i < arr.Length; i++)    //使用 for 循环遍历数组的元素
{ Console.WriteLine(arr[i]); }          //通过数组下标访问元素
```

二维数组使用示例：

```
int[,] arr = new int[3, 4] { { 1, 2, 3, 4 }, { 2, 3, 3, 4 }, { 3, 4, 3, 4 } };
int sum = 0;
for (int i = 0; i < arr.GetLength(0); i++) //遍历数组元素
 { int groupSum = 0;
   for (int j = 0; j < arr.GetLength(1); j++)
     { groupSum = groupSum + arr[i, j]; }    //求数组中每一行元素的和
       sum = sum + groupSum; }               //求数组中所有元素的和
```

小贴示：数组对象的 GetLength(0)属性返回二维数组中第一维的长度，GetLength(1)属性返回二维数组第二维的长度。

3）Arraylist 的使用

ArrayList 是一种较为复杂的数组，它能实现可变大小的一维数组。由于数组本身需要固定长度，所以往往不是很灵活。ArrayList 则可以动态增加或者减少内部集合所存储的数据对象个数。ArrayList 的默认初始容量为 0，容量会根据需要通过重新分配自动增加。ArrayList 与数组的最大不同在于声明 ArrayList 对象的时候可以不需要指定集合的长度，而在后续使用中动态进行添加。

可以使用 ArrayList 的构造函数来创建一个新的列表，常用的形式有以下两种。

```
public ArrayList();
public ArrayList(int capacity);
```

其中，参数 capacity 可以指定所创建列表的初始容量。如果不指定，则初始容量为.NET 的默认值 16。

例如：

```
ArrayList arr1=new ArrayList();  ArrayList arr2=new ArrayList(100);
```

可以通过 ArrayList 的 Add 和 AddRange 方法向列表中添加数据。两者的区别在于：Add 一次只能添加一个元素，而 AddRange 一次可以添加多个元素，这多个元素原来同样需要放在一个集合或数组中。

例如：

```
ArrayList aList1 = new ArrayList();
aList1.Add("a");  aList1.Add("b");  //aList1 中为"ab"
ArrayList aList2 = new ArrayList();
for (int i = 0; i < 10; i++) { aList2.Add(i.ToString()); } //aList2 中为"0123456789"
aList2.AddRange(aList1);  //将 aList1 插入到 aList2 末尾，结果为"0123456789ab"
```

```
foreach(string p in aList2) {Response.Write(p);}  //输出 aList2 的内容
```

注意：使用 ArrayList 时，需在代码段引入命名空间的位置加上 using System.Collections; 引入相应的命名空间。

3.2.3　数据类型转换

在高级语言中，只有具有相同数据类型的对象才能够互相操作。很多时候，为了进行不同类型数据的运算（如整数和浮点数的运算），需要把数据从一种类型转换为另一种类型，即进行类型转换。C#有两种数据类型的转换方式：隐式转换和显式转换。

1. 隐式转换

隐式转换又称自动类型转换。当两个不同类型的操作数进行运算时，编译器会试图对其进行自动类型转换，使两者变为同一类型。进行自动类型转换要同时满足两个条件。

（1）源操作数和目标操作数的两种数据类型彼此兼容。

（2）目标类型的取值范围大于源类型的取值范围。

例如：

```
int a=123456; float b=a;
```

以上代码中，系统自动进行了隐式转换，将 int 型变量 a 转换为 float 型并赋值给变量 b。在 C#中，允许将以下源数据类型隐式转换为目标数据类型，详见表 3-2。

表 3-2　C#中支持的隐式转换

源数据类型	目标数据类型
sbyte	short、int、long、float、double、decimal
byte	short、ushort、int、uint、ulong、float、double、decimal
short	int、long、float、double、decimal
ushort	int、uint、long、ulong、float、double、decimal
int	long、float、double、decimal
uint	long、ulong、float、double、decimal
long、ulong	float、double、decimal
float	double
char	ushort、int、uint、long、ulong、float、double、decimal

2. 显示转换

然而，不同的数据类型具有不同的存储空间，如果试图将一个需要较大存储空间的数据隐式转换为存储空间较小的数据，就会出现错误。

例如，int a=4; short b=a; 当试图执行上述代码时将会发生错误，原因是源操作数为 int 型，其范围大于目标操作数的 short 型。也即，当两种类型彼此不兼容，或目标类型取值范围小于源类型时，无法进行隐式转换，此时需采用显示转换。显示转换又称强制类型转换，其语法结构为：

```
目标类型 目标变量 = (目标类型) 源操作数
```

例如：

```
double  a=3.14;  int b=(int) a;
```

小贴示：取值范围较大的数据向取值范围较小的数据强制转换时，易丢失精度。

3.2.4　装箱与拆箱

隐式转换和显示转换属于不同值类型之间的转换，而如果要在值类型和引用类型之间转换，则需要了解装箱和拆箱的操作。确切地说，装箱和拆箱的过程就是值类型与 object 类型之间的转换。

1．装箱

装箱是把值类型转换为 object 类型。

例如：

```
int a=3;  object b=(object) a;  //装箱过程
```

2．拆箱

拆箱是把 object 类型转换为值类型。

例如：

```
object a=3;  int b=(int) a;  //拆箱过程
```

3.2.5　数据类型检查

为了避免在数据类型转换时出现异常，有必要在类型转换之前进行类型检查。C#中提供了两个有关类型检查的运算符：is 和 as。is 运算符是类型转换前的兼容性检查，而 as 运算符则是在兼容的引用类型之间执行转换。

1．is 运算符

is 运算符用来检查对象是否与给定的类型兼容或一致，若兼容则返回 true，否则返回 false。is 运算符的语法格式如下所示。

```
变量 is 数据类型
```

例如，下面的代码用来检查变量 i 是否是整数类型。

```
int i = 10;      //声明变量
if (i is int) {执行操作};      //类型检查
```

2．as 运算符

as 运算符的作用是执行显式类型转换，但是与前面介绍的类型转换不同，as 运算符首先会检查类型是否兼容，如果兼容则开始执行类型转换，如果不兼容则返回 null，而不会像强制类型转换一样抛出异常。所以，使用 as 运算符可以进行安全的类型转换，而不会在运行时因为异常而终止程序的运行。

as 运算符的语法格式同 is 运算符相同，as 关键字的前面是变量，后面是类型，其语法格式如下所示。

```
变量 as 数据类型
```

例如：

```
object obj = "hello";
string str = obj as string; //类型兼容，转换成功，str 变量的值为字符串"hello"
int i = obj as int;           //类型不兼容，返回 null
```

3.3 运算符与表达式

C#中提供了大量的运算符，运算符是指定在表达式中执行什么操作的符号。表达式是可以计算且结果为单个值的代码片段，表达式可以包含文本值、方法调用、运算符及其操作数。运算符通常是编译器定义的，每种语言的编译器不同，所以不同语言的运算符写法也可能不同。C#中常用的运算符有赋值运算符、算术运算符、关系运算符、逻辑运算符等。

3.3.1 赋值运算符

赋值运算符是最常用的运算符，其作用是将赋值符号右边变量的值赋给左边的变量。在 C#中，最基本的赋值运算符是等号。除此之外，为了应对比较复杂的情况，C#中还定义了其他的赋值运算符，详见表 3-3。

表 3-3 赋值运算符及其含义

赋值运算符	含　义	示　例	结　果
=	赋值	a=3; b=2	a=3; b=2;
+=	加等于	a=3; b=2; a+=b;	a=5; b=2;
-=	减等于	a=3; b=2; a-=b;	a=1; b=2;
*=	乘等于	a=3; b=2; a*=b;	a=6; b=2;
/=	除等于	a=3; b=2; a/=b;	a=1; b=2;
%=	模等于	a=3; b=2; a%=b;	a=1; b=2;

以下是几个简单的赋值语句的例子。

```
int i=5; char char1='S'; boolean flag=false;
```

在赋值运算符中，除了"="之外，其他的都是特殊的赋值运算符。例如，a+=b 相当于 a+b=b，先进行加法运算，再赋值。同理，-=、*=、/=、%=赋值操作符的使用依此类推。

注意：C#中可通过一条赋值语句对多个变量进行赋值。

例如：

```
int x, y, z;  x = y = z = 5;     //同时为三个变量赋值
```

3.3.2 算术运算符

算术运算符作用于整型或浮点型数据的运算，包括了加、减、乘、除等比较熟悉的四则运算方式。除此之外，还包括了累加和递减的运算。C#中定义的算术运算符及其含义见表3-4。

表 3-4 算术运算符及其含义

算术运算符	含 义	示 例	结 果
+	加法运算/正号	5+5	10
–	减法/取负运算	6-4	2
*	乘法运算	5*5	25
/	除法运算	7/5	1
%	取余数	7%5	2
++	自增（前）	a=2; b=++a;	a=3; b=3;
++	自增（后）	a=2; b=a++;	a=3; b=2;
--	自减（前）	a=2; b=--a;	a=1; b=1;
--	自减（后）	a=2; b=a--;	a=1; b=2;

使用算术运算符时要注意以下几点。

（1）自增和自减运算符（++或--），放在操作数之前则先自增或自减，再进行其他运算；放在操作数之后则先进行其他运算，再完成自增或自减运算。

（2）除法运算（/）中，除数和被除数都为整数，则结果为整数；若其中一个为小数，则运算结果为小数。

（3）取模（%）运算中，运算结果的正负取决于被模数（%左边的数）的符号，与模数（%右边的数）符号无关。例如：(-5)%3=-2，而 5%(-3)=2。

3.3.3 关系运算符

关系运算符用来比较两个值，它返回布尔类型的值 true 或 false。常用的关系运算符及其含义见表3-5。

表 3-5 关系运算符及其含义

关系运算符	含 义	示 例	结 果
<	小于	5<3	false
>	大于	5>3	true
<=	小于等于	5<=3	false
>=	大于等于	5>=3	true
==	等于	5==3	false
!=	不等于	5!=3	true

注意：不能将关系运算符"=="误写成赋值运算符"="。

3.3.4　逻辑运算符

逻辑运算符用于对布尔型数据进行操作，结果仍是布尔型。常用的逻辑运算符及其含义见表 3-6。

表 3-6　逻辑运算符及其含义

逻辑运算符	含　义	示　例	结　果
&	与运算	a&b	当 a 和 b 都为 true 时返回 true，否则返回 false
|	或运算	a|b	当 a 和 b 都为 false 时返回 false，否则返回 true
!	非（取反）	!a	a 为 true，返回 false；a 为 false，返回 true
^	异或	a^b	当 a 和 b 不相同时返回 true，否则返回 false
&&	短路与运算	a&&b	结果与 a&b 相同。 只是当 a 为 false 时，b 不再参与运算
||	短路或运算	a||b	结果与 a|b 相同。 只是当 a 为 true 时，b 不再参与运算

使用逻辑运算符时需注意以下几点。

（1）逻辑运算符可以对布尔型表达式进行运算。例如：(x >3) & (y!=0)。

（2）"&" 和 "&&" 都表示与操作，当且仅当操作符两边的操作数都为 true，结果才为 true。两者的区别在于，逻辑与运算 "&" 无论操作符左边的表达式为 true 还是 false，操作符右边的表达式都会进行运算；而短路与运算 "&&" 当操作符左边为 false 时，操作符右边的表达式不进行运算，而直接返回结果 false，故称 "短路与"。

（3）"|" 和 "||" 都表示或操作，任何一边的操作数为 true，其结果就为 true。和短路与运算相似，短路或运算 "||" 中，当左边操作数为 true 时，右边表达式不再进行运算，直接返回结果 true。

3.3.5　其他常用运算符

除赋值运算符、算术运算符、关系运算符和逻辑运算符之外，C#中还有几个常用的运算符，如创建新对象时使用的运算符 new。

1．创建对象运算符 new

在面向对象编程中，创建一个类的实例时使用 new 运算符，语法格式为：

```
类名 对象名=new 类名();
```

例如：

```
Person p=new Person(); //创建了 Person 类的一个实例对象，名称为 p
```

2．限定运算符 .

在面向对象编程中，获取对象的方法或属性时需要使用限定运算符 "."，语法格式为：

```
对象名称.属性名称
```

或

对象名称.方法名称;

例如:

p.name="张三" ; p.age=18; //将对象 p 的 name 属性设为张三，将 age 属性设为 18

例如:

button1.Text="确定"; //将按钮 button1 对象的文本属性 Text 设置为"确定"

例如:

button1.Hide(); //调用按钮 button1 对象的 Hide()方法，隐藏该对象

3. 条件运算符 ?:

条件运算符可以实现一个双分支的 if 语句，其语法格式为:

(expr1) ? (expr2) : (expr3);

其含义为，若表达式 expr1 为真，则执行 expr2 中的运算，整个表达式返回 expr2 的值；若表达式 expr1 为假，则执行 expr3 中的运算，整个表达式返回 expr3 的值。

例如:

max=(a>b) ? a : b ; //若 a>b，则 max=a，否则 max=b

3.3.6　运算符的优先级

运算符的优先级是指在表达式中哪一个运算符应该首先计算。算术四则运算时"先乘除，后加减"便是运算符优先级的体现。C#根据运算符的优先级确定表达式的求值顺序，优先级高的运算先做，优先级低的操作后做，相同优先级的操作从左到右依次做，同时用小括号控制运算顺序，任何在小括号内的运算都最先进行。C#中运算符的优先级别见表 3-7。

表 3-7　C#中运算符的优先级别

级　　别	运　算　符
1	. [] () new
2	++ --
3	* / %
4	+ -
5	< <= > >=
6	== !=
7	&
8	^
9	|
10	&&
11	||
12	?:

3.4　程序控制结构

同其他高级语言类似，在处理事物之间逻辑关系的时候，都需要使用程序控制结构。C#中的程序控制结构除了顺序、选择以及循环结构之外，还支持跳转语句。

3.4.1　顺序结构

顺序结构是最简单的程序控制结构，该结构是按照从上到下的顺序执行程序中的每一条语句。

【例 3.1】 编写控制台应用程序，完成圆的面积的计算。程序运行结果如图 3-1 所示，详细代码参见 ex3-1。

图 3-1　例 3.1 运行结果图---顺序结构示例

核心代码如下：

```
double r, s;
Console.WriteLine("请输入圆的半径：");
r = Convert.ToDouble(Console.ReadLine());
s = 3.14 * r * r;
Console.WriteLine("圆的面积为：" + s);
Console.ReadKey();
```

小贴示：本例中使用了 Convert.ToDouble()函数，作用是将控制台中使用 ReadLine()方法读取到的数据强制转换为 Double 型数据，再进行运算。

3.4.2　选择结构

选择结构又称为条件分支结构，其作用是根据条件表达式的不同取值做出判断，在程序中传递控制权。C#中的选择结构语句主要有 if 语句和 switch 语句，当对同一个变量的不同值做条件判断时，使用 switch 语句效率会更高一些。

1．if 语句

if 语句是最常用的条件语句，通过判断布尔表达式的值，选择执行后面的内嵌语句。

if 语句有三种格式，即单分支的 if 语句、双分支的 if 语句以及多分支的 if 语句。

1）单分支的 if 语句

语法结构为：

```
if (条件表达式)
{
    语句块;
}
```

在此结构中，当"条件表达式"的值为真时，执行大括号内语句块的内容；当"条件表达式"的值为假时，跳过此结构执行后面的语句。

单分支 if 语句示例如下：

```
int i=5;
if (i<10) {i++;} //代码执行结束之后，i 的值为 6
```

2）双分支的 if 语句

语法结构为：

```
if (条件表达式)
{
    语句块 1;
}
else
{
    语句块 2;
}
```

在此结构中，如果"条件表达式"为真，则执行语句块 1，否则执行语句块 2。

双分支的 if 语句示例如下：

```
int i=10;
if (i % 2==0)
{ Console.WriteLine("此数是偶数" ); }
else
{ Console.WriteLine("此数是奇数" ); }
```

3）多分支的 if 语句

语法结构为：

```
if (条件表达式 1)
{
    语句块 1
}
else if (条件表达式 2)
{
    语句块 2
}
```

```
else
{
    ...
}
```

在此结构中，程序从上往下依次判断每一个条件表达式，如果哪个为真，则执行它对应的语句块，如果没有一个条件为真，就执行最后一个 else 中的语句块。

多分支的 if 语句示例如下：

```
int grade = 75;
    if (grade >= 90)
    { Console.WriteLine("该成绩等级为优秀！"); }
     else if (grade >= 80)
       { Console.WriteLine("该成绩等级为良好！"); }
        else if (grade >= 70)
          { Console.WriteLine("该成绩等级为中等！"); }
           else if (grade >= 60)
            { Console.WriteLine("该成绩等级为及格！"); }
              else
              { Console.WriteLine("该成绩等级为差！"); }
```

【例 3.2】 创建一个控制台程序，根据用户输入的成绩，判断该成绩的等级。程序运行结果如图 3-2 所示，详细代码参见 ex3-2。

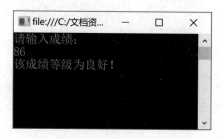

图 3-2   例 3.2 运行结果图——多分支选择结构示例

2．switch 语句

当程序面临的分支较多，或者对同一个表达式的值进行判断时，可以使用 switch 语句代替多分支的 if 语句，以使得分支结构更加清晰。上例中，当对一个学生的成绩等级进行评估时，会有多个选择：60 分以下、60～69 分、70～79 分、80～89 分、90～100 分，需要根据分数给予不同的等级评定，这时就可以使用 switch 语句进行分支。

switch 语句的语法结构为：

```
switch (表达式)
{
  case 目标值1：
     语句块1；
     break；
  case 目标值2：
```

```
        语句块 2；
        break；
    …
    default：
        语句块 0；
        break；
}
```

在上述结构中，使用 switch 关键字描述表达式，使用 case 关键字描述目标值 value，当表达式的值和某个目标值匹配时，执行其 case 后对应的语句块。例如，表达式的值为目标值 1 时，执行语句块 1；表达式的值为目标值 2 时，执行语句块 2；依此类推。若表达式的值与目标值 1 到目标值 n 都不相同，则执行 default 关键字之后的语句块 0。

switch 语句使用示例如下：

```
int week = 2；
    switch (week)
    {
        case 1：
        case 2：
        case 3：
        case 4：
        case 5：    //当 week 满足值 1～5 中任意一个时，处理方式相同
        Console.WriteLine("今天是工作日")；
        break；
        case 6：
        case 7：    //当 week 满足值 6、7 中任意一个时，处理方式相同
        Console.WriteLine("今天是休息日")；
        break；
    }
```

注意：case 之后取多个目标值时，若执行同样的语句，则只需在最后一个目标值之后书写一次需要执行的语句块。且在 switch 语句中，每个要执行的语句块之后都有一个 break 语句，当 switch 之后的表达式满足 case 中的某个目标值时，则执行其后的代码块，然后执行 break 语句，退出 switch 结构。

【例 3.3】创建控制台程序，输入一个年份和一个月份，判断该年是否是闰年？这个月属于哪个季节？有多少天？程序运行结果如图 3-3 所示，详细代码参见 ex3-3。

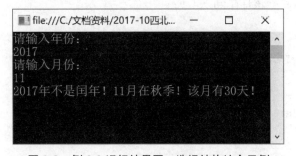

图 3-3　例 3.3 运行结果图---选择结构综合示例

核心代码如下：

```
static void Main(string[] args)
{
 int year, month;
 string stryear, strmonth, strday;
 bool flag;
 stryear = strday = strmonth = "";
 Console.WriteLine("请输入年份：");
 year = Convert.ToInt32(Console.ReadLine());
 Console.WriteLine("请输入月份：");
 month = Convert.ToInt32(Console.ReadLine());
 if (((year % 4 == 0) & (year % 100 != 0)) | (year % 400 == 0))
   { flag = true;  stryear ="是闰年！";}
 else { flag = false; stryear ="不是闰年！";}
 switch (month)
  {
     case 1:
     case 3:
     case 5:
     case 7:
     case 8:
     case 10:
     case 12:
       strday = "该月有 31 天！";
       break;
     case 4:
     case 6:
     case 9:
     case 11:
       strday ="该月有 30 天！";
       break;
     case 2:
       if (flag==true)
        {strday ="该月有 29 天！";}
       else
        {strday ="该月有 28 天！";}
       break;
     default:
       strday ="您输入的月份无效！";
       break;
  }
  switch (month)
  { case 3:
     case 4:
```

```
      case 5:
        strmonth ="在春季! ";
        break;
      case 6:
      case 7:
      case 8:
        strmonth ="在夏季! ";
        break;
      case 9:
      case 10:
      case 11:
        strmonth ="在秋季! ";
        break;
      case 12:
      case 1:
      case 2:
        strmonth ="在冬季! ";
        break;
      default:
        strmonth ="月份无效! ";
        break;
   }
 Console.WriteLine(year+"年"+stryear+month+"月"+strmonth+strday);
 Console.ReadKey();
 }
```

3.4.3　循环结构

循环语句是一种重要的程序控制结构,其特点是:在给定条件成立时,反复执行某程序段,直到条件不成立为止。给定的条件称为循环条件,反复执行的程序段称为循环体。在 C#中,循环语句分别是: for 语句、while 语句、do-while 语句和 foreach 语句。

1. for 语句

通常用在循环次数已知的情况下。语法结构为:

```
for (循环变量初始化表达式; 循环条件表达式; 步长操作表达式)
{
    //重复执行的循环体语句块;
}
```

for 语句的执行过程为:首先对循环变量赋初值,判断循环条件表达式是否为真;如果为真则执行循环体,否则跳出循环;执行完一次循环体之后,对循环变量增加一个步长,再进行循环条件判断,如果为真则执行,否则跳出循环;依次执行,直到循环条件表达式为假。

for 语句使用示例如下:

```
int sum = 0;    //定义变量 sum，用于存储累加所得的和
for (int i = 1; i <= 10; i++)  //i 的值会在 1~10 之间变化
{ sum += i; }  //实现 1~10 这十个数累加，结果存至 sum 中
```

注意：循环体放在一对大括号{}中。

2．while 语句

当循环次数未知，而程序需要重复执行某种功能，直到达到某种条件才停止，可以使用 while 循环结构。while 循环用来在指定的条件内，不断地重复指定的动作。语法结构如下：

```
while (条件表达式)
{
      //要重复执行的语句块
}
```

语句执行时，反复进行条件判断，只要条件表达式成立，则执行循环体{}内的语句，直到条件不成立，while 循环结束。

while 语句使用示例如下：

```
int sum, i;     //定义变量
sum=0; i=1;     //变量赋初值
while (i<=10)
{ sum+=i; i+=1;}
```

3．do-while 语句

与 while 语句功能类似，其语法结构为：

```
do
{
      //重复执行的语句块;
}
while (条件表达式)
```

do-while 语句使用示例：

```
int sum, i;  //定义变量
sum=0; i=0;
do {sum+=i; i+=1;}
while (i<=10)
```

与 while 语句示例相似，以上代码通过 do-while 语句同样完成了 1~10 这十个数求和。

小贴示：do-while 语句与 while 语句可以相互转化。两者的不同之处在于，while 语句是先判断循环条件是否满足，若满足则执行循环体，若不满足则直接退出循环。而 do-while 语句执行时先执行一次循环体语句块，再判断 while 后的条件是否成立，若为真则再次执行循环体，否则退出。因此，do-while 语句中的循环体，无论条件表达式是否满足都至少被执行一次。

思考：至少执行一次循环体的循环语句是什么？已知循环次数的循环语句是哪个？

4. foreach 语句

foreach 循环是 C#语言提供的一种新的循环结构，该语句主要用于循环访问数组或集合中的元素，其语法结构如下：

```
foreach (集合子项 in 集合)
{
        //对子项处理的语句块;
}
```

foreach 是对一个集合变量进行循环，依次取出集合中的一项对其操作，循环的执行次数为此集合中的子项的数目。使用此语句可以方便快捷地完成对集合对象的循环操作。

foreach 语句使用示例如下：

```
int[] myarr={11,22,33,44,55,66,77,88,99};
int sum=0;
foreach (int i in myarr)
sum+=i;
```

注意：上述代码首先将 1～10 这十个数存放至一维数组 myarr 中，之后通过 foreach 语句实现集合中 10 个元素相加。foreach 语句中的 i 表示数组 myarr 中的每一个元素，它不同于 for 以及 while 语句中的循环变量 i。

小贴示：循环语句可以相互嵌套，即一个循环体中可以嵌套另一个循环结构。while、do-while 和 for 循环语句都可以自身嵌套或相互嵌套。

【例 3.4】 创建控制台程序，输出九九乘法表，如图 3-4 所示。详细代码参见 ex3-4。

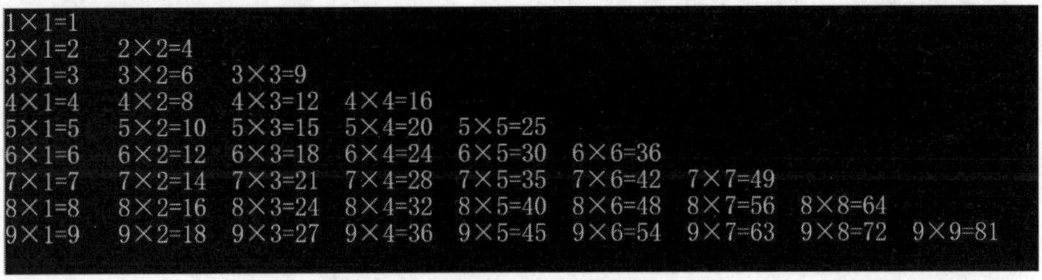

```
1×1=1
2×1=2    2×2=4
3×1=3    3×2=6    3×3=9
4×1=4    4×2=8    4×3=12   4×4=16
5×1=5    5×2=10   5×3=15   5×4=20   5×5=25
6×1=6    6×2=12   6×3=18   6×4=24   6×5=30   6×6=36
7×1=7    7×2=14   7×3=21   7×4=28   7×5=35   7×6=42   7×7=49
8×1=8    8×2=16   8×3=24   8×4=32   8×5=40   8×6=48   8×7=56   8×8=64
9×1=9    9×2=18   9×3=27   9×4=36   9×5=45   9×6=54   9×7=63   9×8=72   9×9=81
```

图 3-4　例 3.4 运行结果图

核心代码如下：

```
string s="";
for (int i = 1; i <= 9; i++)
{
   for (int j = 1; j <= i; j++)
   {
   s = s+i + "×" + j + "=" + (i * j);  //得到每一个乘式
   if (i * j < 10)
     { s = s + "   "; }   //每个乘式后面加空格分隔，以保证对齐
     else
```

```
        { s = s + "  "; }
    }
    Console.WriteLine(s);    //输出乘法表中的每一行
    s = "";
}
```

3.4.4 跳转语句

跳转语句提供了程序之间跳转执行的功能。在某些条件和需求下，跳转语句可以使得代码的编辑更加灵活、方便和有效。C#中的跳转语句包括 break、continue、goto 和 return 等。

1. break 语句

break 语句常常用于以下两种情况。

（1）用在 switch 条件语句中，可以终止其所在的 case 条件，并跳出当前 switch 语句。

（2）用在循环语句中，可以终止并跳出当前所在的循环语句，执行循环语句之后的代码。

break 语句使用示例如下：

计算 1+2+3+…+i+…+200，当和大于 3000 时结束求和操作，输出和小于 3000 的最大的 i 值。核心代码如下：

```
int sum = 0;
    for (int i = 1; i <= 200; i++)
    {
      sum = sum + i;
      if (sum > 3000)
      { Console.WriteLine(i-1);
        break;  //结束整个循环
      }
    }
```

2. continue 语句

continue 语句经常配合循环语句一起使用，其作用是终止当前循环，而继续下一次循环。与 break 语句不同的是，continue 语句不是跳出整个循环语句，只是终止当前的这一次循环，继而执行下一次的循环。

continue 语句使用示例：

计算 3+6+9+…+198，即对 1～200 范围内 3 的倍数的数求和。核心代码如下：

```
int sum = 0;
    for (int i = 1; i <= 200; i++)
    {
     if (i % 3 == 0)
       sum = sum + i;
```

```
        else
           continue; //结束本次循环,开始下一次循环
      }
   Console.WriteLine("1～200 范围内 3 的倍数的数之和为" + sum);
```

3. goto 语句

goto 语句将程序控制直接传递给标记语句,可以嵌入到任何的代码块中,通常用在 switch 语句或深嵌套循环中,其作用是可以根据情况的不同,执行指定的代码。

goto 语句使用示例:

```
int i = 0;
   goto cc;
    i = 9;
cc: Console.Write(i);
```

说明:上述代码中 cc 为标签,标签后面跟一个冒号。使用 goto 语句可以将程序控制权跳转至任意标签处。

4. return 语句

return 语句一般应用在方法中,终止方法体中 return 语句行下面的代码,并将控制返回给调用方法。return 语句还可以返回一个可选值,如果没有返回值,则调用方法为 void 类型。

return 语句使用示例:

```
double r,area;
r=3;
area=r*r*3.14;
return area;
```

说明:上述代码中使用 return 语句以 double 型返回 area 变量的值。

3.5 C#面向对象基础

3.5.1 面向对象概述

早期的软件开发采用的是结构化的程序设计方法。程序设计人员把一个有待求解的问题按照自顶向下的原则进行分解,以便形成一个个相对简单独立的子问题,然后利用子程序或函数来解决这些子问题,用子程序或函数之间的数据通信来模拟这些子问题间的联系,最后把这些子程序或函数装配起来以形成解决问题的完整程序。

面对日趋复杂的应用系统,结构化的程序设计方法逐渐暴露了一些弱点,于是面向对象的程序设计方法应运而生。在面向对象的程序设计方法中,程序设计人员不是完全按照过程对求解问题进行分解的,而是按照面向对象的观点来描述并分解问题,最后选择一种

支持面向对象方法的程序语言来解决问题。在这种方法中，设计人员直接用一种称之为"对象"的程序构件来描述客观问题中的"实体"，并用"对象"间的消息来模拟实体间的联系，用"类"来模拟这些实体的共性。

面向对象的程序设计方法将问题抽象为多个独立对象，以对象为基础来构建代码或者项目，通过调用对象方法来解决问题，成为当今软件开发方法的主流。面向对象的编程方法具有 4 个基本特征。

1. 抽象

抽象就是忽略一个主题中与当前目标无关的那些方面，以便更充分地注意与当前目标有关的方面。抽象并不打算了解全部问题，而只是选择其中的一部分，暂时不用部分细节。例如为设计一个学生成绩管理系统而考查学生这个对象时，只要关心学生的班级、学号、成绩等，而不用去关心学生的身高、体重这些信息。抽象包括两个方面，一是过程抽象，二是数据抽象。过程抽象是指任何一个明确定义功能的操作都可被使用者当作单个的实体看待，尽管这个操作实际上可能由一系列更低级的操作来完成。数据抽象定义了数据类型和施加于该类型对象上的操作，并限定了对象的值只能通过调用这些操作来修改和观察。

2. 封装

封装是面向对象的特征之一，是对象和类概念的主要特性。封装是把过程和数据包裹起来，使对数据的访问只能通过已定义的界面来进行。面向对象计算始于这个基本概念，即现实世界可以被描绘成一系列完全自治、封装的对象，这些对象通过一个受保护的接口访问其他对象。一旦定义了一个对象的特性，则有必要决定这些特性的可见性，即哪些特性对外部世界是可见的，哪些特性用于表示内部状态。在这个阶段定义对象的接口，通常，应禁止直接访问一个对象的实际表示，而应通过操作接口访问对象，这称为信息隐藏。事实上，信息隐藏是用户对封装性的认识，封装则为信息隐藏提供支持。封装保证了模块具有较好的独立性，使得程序维护修改较为容易。对应用程序的修改仅限于类的内部，因而可以将应用程序修改带来的影响减少到最低限度。

3. 继承

继承是一种联结类的层次模型，并且允许和鼓励类的重用，它提供了一种明确表述共性的方法。对象的一个新类可以从现有的类中派生，这个过程称为类继承。新类继承了原始类的特性，新类称为原始类的派生类（子类），而原始类称为新类的基类（父类）。派生类可以从它的基类那里继承方法和实例变量，并且派生类可以修改或增加新的方法使之更适合特殊的需要。这也体现了大自然中一般与特殊的关系。继承性很好地解决了软件的可重用性问题。比如说，所有的 Windows 应用程序都有一个窗口，它们可以看作都是从一个窗口类派生出来的。但是有的应用程序用于文字处理，有的应用程序用于绘图，这是由于派生出了不同的子类，各个子类添加了不同的特性。

4. 多态性

多态性是指允许不同类的对象对同一消息作出响应。比如同样的加法，把两个时间加在一起和把两个整数加在一起肯定完全不同。又比如，同样的粘贴操作，在字处理程序和绘图程序中有不同的效果。多态性语言具有灵活、抽象、行为共享、代码共享的优势，很好地解决了应用程序中的函数同名问题。

　　由于面向对象的程序设计采用抽象、继承、封装和多态等方法，因此在程序开发方面具有许多优点，如开发时间短，效率高，可靠性高，更强壮，更易于维护升级等。

3.5.2　类与对象

1. 类

　　类是具有相同属性和行为的同一类对象的抽象描述，是面向对象思想中最为核心的概念之一。同时，类也是 C#中最强大的数据类型，它可以包含数据成员、函数成员（方法、属性、事件、索引器、构造函数和析构函数等）以及嵌套类型。类中可以定义字段和方法，字段用于描述对象的特征，方法用于描述对象的行为。在 C#中，使用关键字 class 来定义类，其语法结构如下。

```
class 类名
{
    //添加字段、属性、方法、事件等的声明
}
```

　　类的主要成员是特性和行为，即属性和方法。

　　（1）属性。属性封装了类的内部数据，类的特性可以通过成员变量体现出来。如果成员变量的修饰符是 public，则在创建类的实例时，就可以直接访问。如果修饰符是 private，该成员变量只能在类的内部访问，通常这种情况是为类中的方法服务的。属性是类中字段和方法的结合体，通过属性的定义，调用该类的时候，可以直接对该类的属性进行读写操作。属性的定义通过 get 和 set 关键字来实现，get 关键字用来定义读取该属性时的操作，而 set 关键字用来定义设置该属性时的操作。声明属性的语法结构如下所示。

```
public [数据类型] [属性名]
{
    get { //Property get code}
    set { //Property set code}
}
```

　　（2）方法。通过方法可以封装一段功能完整的代码，这样有利于代码的复用性。例如，可以把计算圆形面积的代码封装到一个方法中，在调用时，只需要传递不同的半径参数即可。通过设置半径参数的数值，就可以获取不同的面积。创建方法的语法格式如下所示。

```
[作用域] 返回类型 方法名(参数列表)
{
    //方法体
}
```

　　类的定义示例如下：

```
public class Person      //定义 Person 类,public 为访问修饰符
{
  public string name;    //定义 string 类型的字段 name,描述 Person 类的姓名属性
  public int age;        //定义 int 类型的字段 age,描述 Person 类的年龄属性
  public void Speak()    //定义 Speak()方法,描述 Person 类的行为
  { Console.WriteLine("大家好,我叫" + name + ",我今年" + age + "岁!"); }
}
```

2. 对象

对象是类实例化的产物,它把类的描述具体化。C#中使用 new 关键字创建类的对象,语法格式为:

类名 对象名称=new 类名();

例如:

Person p=new Person(); //创建 Person 类的实例对象 p

创建对象后,可通过对象访问该类对象所有的成员。
语法格式为:

对象名称.成员名称

例如:

p.name="张三"; p.age=18; p.Speak();

3.5.3　命名空间

命名空间(namespace)是用来组织对象类型的。通过命名空间,可以把相同功能的类型组织在一起,便于管理。与文件夹的概念不同,命名空间是一个逻辑组合,并不是物理组合。C#中包含有 80 多个命名空间,每个命名空间中又有上千个类。

通过 using 关键字可以引入命名空间,这样在调用该命名空间下的某个类时就无须在类名前加命名空间的名字了。

例如:

System.Console.WriteLine("Hello World!");

上述代码使用了 System 命名空间中定义的类 Console。如果在 VS.NET 代码编辑窗口中引入命名空间的位置加入了 using System 代码行,则表明已经引入了 System 命名空间,此时,调用 WriteLine 方法时可直接写 Console.WriteLine("Hello World!");即可,无须在 Console 前加上 System。

也可以使用 namespace 关键字自定义命名空间。命名空间是在对象类型之上的概念,所以即使是不同的类文件,也可以在同一个命名空间中定义。此外,在操作系统中,文件夹是可以嵌套的,也就是说一个文件夹里还有一个子文件夹。而命名空间也可以像文件夹那样嵌套,也就是说在一个命名空间内部可以再定义一个命名空间。例如:

```
namespace N1    //定义命名空间 N1
{
  namespace N2    //定义命名空间 N2
  {
    class C   //定义类 C
    {
        //类 C 的声明代码段
    }
  }
}
```

3.6　本章小结

　　C#语法是学习 ASP.NET 编程的基础，要想在代码编写过程中得心应手，必须首先熟练掌握该编程语言的语法基础。本章重点介绍了 C#编程语言的语法基础，让读者能够学习并掌握基本数据类型、常量和变量的定义、运算符和表达式以及 C#面向对象编程中的一些基本概念。本章的重点是在理解.NET 和 C#之间的关系的基础上，熟练掌握 C#语法知识。这些语法的理论知识虽然较为枯燥，但是大部分语言虽语法格式各不相同，但其编程中的程序设计思想却是相通的。所以，在实际的操作练习中，应该多注意不同语言在语法定义方面的异同点，灵活运用。

习题 3

1. 简述 C#的特点。
2. C#中变量名的命名规范有哪些？
3. 下列哪些可以作为 C#中用户自定义的标识符？
   （1）Student　　　（2）class　　　（3）if　　　　（4）_3sum　　　（5）3ab
   （6）x-yz　　　　（7）X + y　　　（8）Hello!　　（9）'Hoo'　　　（10）sqr
4. C#中的数据类型包括（　　）和（　　）。
5. 在 C#统一类型系统中，所有类型都是直接或间接地从（　　）继承。
6. 下列数据类型属于值类型的是（　　）。
   A. struct　　　　B. class　　　　C. interface　　　　D. delegate
7. 下列数据类型属于引用类型的是（　　）。
   A. bool　　　　B. char　　　　C. string　　　　D. enum
8. 下列数据哪些是变量？哪些是常量？是什么类型的常量？
   （1）name　　　（2）"name"　　（3）false　　　（4）"120"　　　（5）100
   （6）12.345　　　（7）num

9．什么是装箱？什么是拆箱？

10．用于引用命名空间的关键字是什么？定义命名空间的关键字是什么？

11．如何交换两个变量 x 和 y 的值？请写下相应的赋值语句。

12．编写控制台应用程序，输入圆的半径，计算并输出圆的周长和面积。

13．编写控制台应用程序，输入长方形的长、宽、高，计算并输出其表面积和体积。

14．编写控制台应用程序，计算并输出 100 以内所有奇数的和以及偶数的和。

15．简述面向对象中类与对象的概念。

第 4 章

ASP.NET 服务器控件

使用 ASP.NET 开发 Web 程序之所以方便、快捷，是因为它有一组强大的控件库，包括 HTML 服务器控件、标准 Web 服务器控件、数据验证控件、用户控件等。在网站开发过程中，使用 ASP.NET 控件可以大大提高界面设计与开发效率。本章重点介绍 HTML 服务器控件以及 Web 标准服务器控件的常用属性和方法，以便使读者掌握此类控件并能够使用它们设计出更加美观、功能强大的 Web 页面。有关数据验证控件以及用户控件的使用方法在本书第 6 章会做详细介绍。

学习目标
- ☑ 了解 ASP.NET 服务器控件的特点。
- ☑ 掌握 HtmlInputText 等常用的 HTML 服务器控件的使用方法。
- ☑ 掌握 TextBox、RadioButton、DropDownList 等常用 Web 标准服务器控件的使用方法。
- ☑ 熟悉 FileUpLoad、Calendar、Table 等服务器控件的使用方法。
- ☑ 了解 Js 版日历插件的使用方法。
- ☑ 能够综合使用 HTML 服务器控件以及标准服务器控件进行 Web 应用程序的开发。

4.1 服务器控件概述

ASP.NET Web 程序设计采用了面向对象的编程思想，服务器控件即为一系列的类，例如 Button 控件类、TextBox 控件类等。每一个具体的服务器控件便是某个类的一个具体实例，称之为对象，例如在页面上新创建的按钮对象 Button1 便是 Button 类的一个对象。ASP.NET 服务器控件在服务器上执行程序逻辑，常常具有一定的用户界面。服务器控件包含在 ASP.NET 页面中，当运行页面时，用户与控件发生交互行为，当页面被提交时，控件可在服务器端引发事件，服务器端则会根据相关事件处理程序来进行事件处理。ASP.NET 服务器控件除了可以展示界面的效果之外，还可以很好地与后台程序进行交互。

4.1.1 服务器控件的分类

ASP.NET 提供了多种服务器控件，根据定义方式可分为两大类。

（1）HTML 服务器控件。ASP.NET 提供了许多 HTML 服务器控件，它们由普通的 HTML

控件转换而来，外观上基本与普通 HTML 控件一致。普通的 HTML 控件位于开发环境"工具箱"窗口的"HTML"子面板下，可将这些普通的 HTML 控件添加至页面中，再转换为 HTML 服务器控件。

（2）Web 标准服务器控件。ASP.NET 也提供了很多 Web 标准服务器控件，这些控件位于"工具箱"窗口的"标准"子面板下。这些标准的 Web 服务器控件比 HTML 服务器控件具有更多内置功能，可以说这些控件是构建 ASP.NET Web 应用程序的主力军。常用的标准服务器控件见表 4-1。

表 4-1　常用的标准 Web 服务器控件

控 件 类 型	作　　用
Label	用于在页面上显示文本
TextBox	用于在页面上创建一个可输入的文本框，可以为单行、多行或密码框形式
Button	用于在页面上显示一个按钮
RadioButton	用于在页面上显示一个单选按钮
RadioButtonList	用于在页面上显示一个单选按钮组
CheckBox	用于在页面上显示一个复选框
CheckBoxList	用于在页面上显示一个复选列表框
DropDownList	用于在页面上创建一个单选的下拉列表并且支持数据绑定
ListBox	用于在页面上创建一个多选的下拉列表并且支持数据绑定
Image	用于在页面上创建一个图片框
Calendar	用于在页面上创建一个日历控件
FileUpload	用于在页面上创建一个文件上传框

注意：HTML 控件运行在客户端，由原始的 html 标签生成，直接被客户端浏览器解释。Web 控件运行在服务器端，是在服务器端运行后生成静态代码，然后传给客户端浏览器。

小贴示：HTML 服务器控件与标准 Web 服务器控件适用场合：当需要使用现有的 HTML 页，或需要添加 ASP.NET Web 窗体的功能，或要求控件同时与服务器和客户端代码交互时，或需要节省网络带宽时，可选择 HTML 服务器控件；当需要编写能兼容各种浏览器的 Web 页面时，或者需要一些特殊功能时，如日历、广告轮转等，或者不需要考虑带宽时，多选择标准 Web 服务器控件。

4.1.2　服务器控件的创建

在 ASP.NET 网页中创建服务器控件有以下两种方法。

1. 从"工具箱"中通过鼠标拖动创建控件

在"工具箱"窗口中选择需要的控件后，通过鼠标左键拖曳到页面上或直接双击控件图标，便可在页面上创建相应的控件。当用户从工具箱中将一个控件拖曳至 Web 页面时，在.aspx 页面对应的"设计"视图中会生成一个该控件的对象，以 ID 属性来标识，用于在.aspx.cs 文件中调用该对象的属性及方法。同时，在.aspx 页面对应的"源"视图中会自动生成该控件对应的 HTML 标记。

例如，从工具箱的 HTML 面板中选择 Input（Button）控件拖曳至页面中，则在页面中会生成一个 button 对象，同时在"源"视图中会自动生成如下代码：

```
<input id="Button1" type="button" value="button" />
```

说明：HTML 中的<input>标记用于生成相应的输入控件，id 是控件的唯一标识；type 用于指出该控件的类型，取值为 button 表明是按钮类控件；value 属性标识该控件上显示的文本内容。

注意：普通的 HTML 控件运行在客户端，若想将其转换为 HTML 服务器控件，则在"设计"视图中选中该控件，右击，执行"作为服务器控件运行"快捷菜单命令，即可将普通的 HTML 控件转换为 HTML 服务器控件。此外，在"源"视图中普通 HTML 控件对应的代码声明中加入 runat="server"属性，同样也可以将控件转换为 HTML 服务器控件。

再例如，从工具箱的"标准"面板中选择 Label 控件拖曳至页面中，则可在页面中创建一个标签控件，同时，在"源"视图中自动生成如下代码：

```
<asp:Label ID="Label1" runat="server" Text="Label"></asp:Label>
```

说明：ASP.NET 中的标准服务器控件以 asp：为标识，该标识后面的 Label 表示控件的类型，ID 表示控件的唯一标识，runat="server"表示用于标识服务器控件的属性，Text 属性表示该控件上显示的文本内容。

2. 在"源"视图中编辑 HTML 代码创建控件

选中要创建控件的.aspx 页面，切换到"源"视图，在其中添加 HTML 代码即可创建相应的控件。例如，在"源"视图<body>标记的<div>中加入代码<asp:Button ID="Button1" runat="server" Text="确定" />，便可在当前页面中创建一个"确定"按钮。

与 HTML 中的控件不同，服务器控件的特点是拥有 Runat="Server"属性。当 ASP.NET 网页执行时，.NET 会检查页面上的标签有无 Runat="Server"属性，如果没有就会被直接发送到客户端的浏览器进行解析，如果有则表示这个控件可以被.NET 程序所控制，需要等到程序执行完毕，再将 HTML 控件的执行结果发送到客户端浏览器。

对于页面上声明的控件，可以通过在控件的标记中设置属性将事件绑定到方法。例如，下面的代码将 Button1 控件的单击（Click）事件绑定到名为 Button1_Click 的方法上。

```
<asp:Button ID="Button1" runat="server" OnClick="Button1_Click" Text="Button"/>
```

在运行时，当按钮 Button1 受到单击动作时，ASP.NET 将查找名为 Button1_Click 的方法。创建事件处理程序的步骤如下。

（1）在"设计"视图中选中要添加事件处理过程的控件。

（2）在"属性"窗口中单击"事件"按钮（🗲图标），窗口中将显示所选控件的事件列表。

（3）在事件名称列表中选择所需的事件，在旁边的单元格中双击鼠标，即可进入事件处理过程，在代码编辑窗口对应的事件处理过程中加入代码即可。也可单击事件处理过程单元格，从下拉列表中选择已有的事件处理程序名称，便可将当前事件处理过程与已有的事件处理过程关联起来。

一个 Web 页面的实现基本上只需要两步：第一，从工具箱面板中选择所需的控件添加到页面中，并在属性窗口中设置相应的属性，完成.aspx 页面显示效果设计。第二，在.aspx.cs 文件的事件处理过程中编写逻辑代码，实现后台功能。

4.2 HTML 服务器控件

4.2.1 HTML 服务器控件简介

传统的 HTML 控件不能被 ASP.NET 服务器端直接使用，但是通过将这些 HTML 控件的功能进行服务器端的封装，开发人员就可以在服务器端使用这些 HTML 控件。HTML 服务器控件由标准的 HTML 标记衍生而来，在 HTML 标记中加入 runat="server" 及 id="xxx" 属性，即可将 HTML 标记转化为 HTML 服务器控件。在 Visual Studio 2010 集成开发环境中，选中 HTML 普通控件，右击，选择"作为服务器控件运行"命令，也可将普通的 HTML 控件转换为 HTML 服务器控件。

1．HTML 服务器控件的优点

HTML 服务器控件运行在服务器上，是.NET 程序可以操作的页面对象。使用 HTML 服务器端控件具有以下优点。

（1）页面显示代码和页面控制代码分离，便于页面的编写和维护。HTML 控件将 HTML 标记对象化，可以让程序直接控制并设定其属性，这样一来便可将程序代码与 HTML 控件分开，程序的架构就不会显得杂乱无章而不好管理。

（2）具有"回送"功能。浏览器把整个页面发送到服务器端，服务器处理之后转化为统一的 HTML 并发送给客户端执行，这样页面从客户端回传到服务器端或者从服务器端下载到客户端的过程中都可以保存。

（3）既支持服务器端事件，又支持客户端事件。HTML 控件支持以事件触发方式来编写程序，使得网页编程变得更加简单。

2．HTML 服务器控件的通用属性

1）Attributes 属性

作用：获取或设置 HTML 服务器控件的所有属性值。

语法格式：

```
对象名称.Attributes("属性名")=值; 对象名称.Attributes.Add("属性名","值");
```

说明：属性名称是依据控件所支持的属性名称而定，不同控件可能含有不同的属性名称。

示例：

```
Body.Attributes("bgcolor")="#FF0000";
var input=document.getElementById("li1"); input.setAttribute("title",
"Hello World!");
```

2）Style 属性

作用：获取或设置 HTML 服务器控件的 CSS 样式属性值。

语法格式：

对象名称.Style("CSS 属性")=值；对象名称.Style.Add("CSS 属性","值");

说明：CSS 属性由该控件所支持的 CSS 属性名称而定。

示例：

```
Text1.Style.Add("Color","Red"); Text1.Style("font-size")="20pt";
```

3）Parent 属性

作用：引用在执行期间的父对象来源，也可以指向父对象。

语法格式：

```
对象名称.Parent
```

说明：在 Web Form 网页中设计 HTML 控件时，采用容器（Container）架构来创建对象，所以在 HTML 服务器控件的引用过程中可以引用父对象。这样既可扩展程序的处理能力，又可在执行期间删除对象。

示例：

```
Response.Write(button1.Parent);
```

4）Disabled 属性

作用：启用或停用 HTML 服务器控件。

语法格式：

```
对象名称.Disabled=True | False
```

说明：Disabled 属性设为 True 时，HTML 服务器控件为停用状态，否则可用。

示例：

```
<Input type="button" value="确定" ID="Button1">; Button1.Disabled=false;
```

5）Visible 属性

作用：设定是否显示 HTML 服务器控件。

语法格式：

```
对象名称. Visible=True | False
```

说明：Visible 属性设为 True 时，HTML 服务器控件处于可见状态，否则不可见。

示例：

```
<A id="Anchor1" href="http://www.baidu.com">百度</A>; Anchor1.Visible=false;
```

6）HTML 服务器输入控件的共有属性 Value 与 Type

作用：Value 属性获取或设置与输入控件关联的值，Type 属性获取输入控件的类型。

示例：

```
<Input type=button value="确定" name="Button1" Runat="Server">
```

7）HTML 服务器容器控件的共有属性 InnerHtml 和 InnerText

作用：InnerHtml 属性用 HTML 格式来显示标记间的内容，InnerText 属性用纯文本来显示标记间的内容。

语法格式：

对象名称.InnerHtml=字符串；　对象名称.InnerText=字符串

示例：

```
<Span Id="Sp1" />; Sp1.InnerHtml="<h4>祖国</h4>";
Table1.Rows[2].Cells[3].InnerText = "祖国";
```

4.2.2　常用的 HTML 服务器控件

在 HTML 服务器控件中，HTML 输入控件是用户使用最为广泛的，常见的应用如输入信息以及上传文件功能等。HTML 输入服务器控件的创建方法有以下两种。

（1）在"源"视图中，通过 HTML 代码创建。

（2）在工具箱的 HTML 子面板中，选中相应的 HtmlInput 控件，如 Input(Button)控件，添加到页面中，右击该控件，选择"作为服务器控件运行"命令，可将该控件转换为 HTML 服务器控件。

HtmlInput 控件共有 7 个，均由<input>标签衍生而来，彼此的差别也仅在于其 Type 属性，这与普通的 HTML 中的<input>标签是一样的。

1．按钮控件 Input(Button)

Input(Button)控件用于在页面中创建一个按钮对象。

（1）代码创建示例：

```
<input id="Button1" type="button" value="确定" runat="server" />
```

（2）常用属性与事件：

- type 属性：取值为 button，表明是一个按钮。
- name 属性：控件的唯一标识符名。
- value 属性：控件上显示的文字。
- ServerClick 事件：单击控件时触发该事件。

小贴士：所有 HtmlInput 控件的 id 属性和 value 属性含义均相同，分别用来表示控件的唯一标识名以及控件上显示的文本信息，后文中对这两个属性不再重复赘述。

小贴士：编程人员可在"源"视图中修改控件的属性，也可以在"设计"视图中，通过属性窗口修改相应的属性值。

2．单行文本框 Input(Text)

Input(Text)控件用于在页面中创建一个单行文本输入框。

（1）代码创建示例：

```
<input id="Text1" runat="server" type="text" />
```

（2）常用属性与事件：

- type 属性：取值为 text，表明是一个输入框。
- maxlength 属性：文本框中允许输入的最大字符数。

- size 属性：文本框的宽度。
- ServerChange 事件：更改文本框中内容时触发该事件。

3．密码框 Input(Password)

Input(Password)控件用于在页面中创建一个单行密码输入框，其使用方法与单行文本框 Input(Text)完全相同，唯一的区别就是 type 属性不同，密码框控件的 type 属性为password。

代码创建示例：

```
<input id="Password1" runat="server" type="password" maxlength="6" />
```

4．单选按钮 Input(Radio)

Input(Radio)控件用于在页面中创建一个单选按钮控件。

（1）代码创建示例：

```
<input id="Radio1" runat="server" type="radio" value="男" />
```

（2）常用属性与事件：

- type 属性：取值为 radio，表明是一个单选按钮。
- checked 属性：表示单选按钮是否被选中，取值为 true 或 false。

注意：单选按钮通过其 name 属性进行分组，具有相同 name 属性的多个单选按钮成为一组，只能选中其中一个。因此，界面中若多个单选按钮想成为一组，需要将这些单选按钮的 name 属性设置为同一个值。例如，下面的代码生成两个单选按钮，用于选择性别，两个单选按钮的 name 属性都设为 r1，程序运行时两个单选按钮只能选择其中一个。

```
<input id="Radio1" runat="server" type="radio" value="男" name="r1" />
<input id="Radio2" runat="server" type="radio" value=" 女 " name="r1"
checked="true" />
```

5．复选框 Input(Checkbox)

Input(Checkbox)控件用于在页面中创建一个复选框控件。

（1）代码创建示例：

```
<input id="Checkbox1" runat="server" type="checkbox" />
```

（2）常用属性：

- type 属性：取值为 checkbox，表明是一个复选框。
- checked 属性：表示复选框是否被选中，取值为 true 或 false。

6．文件上传框 Input(File)

Input(File)控件用于在页面中创建一个文件上传框，从浏览器向服务器上传文件。

（1）代码创建示例：

```
<input id="File1" runat="server" type="file" />
```

（2）常用属性及方法：

- PostedFile.FileName 属性：返回上传的文件所在的路径。
- PostedFile.SaveAs 方法：将文件上传并保存到指定目录下。

（3）使用示例：

```
Response.Write("当前文件路径: "+File1.PostedFile.FileName);
File1.PostedFile.SaveAs("C:\\工作\\test.docx");
```

7. 多行文本框 TextArea

TextArea 控件用于在页面中创建一个多行文本输入框，使用方法与 Input（Text）基本相同。

（1）代码创建示例：

```
<textarea id="TextArea1" runat="server" cols="20" rows="2"></textarea>
```

（2）常用属性：

- Cols 属性：获取或设置控件的宽度（列数）。
- Rows 属性：获取或设置控件的高度（行数）。

8. 表格控件 Table

Table 用于在页面中创建一个表格，默认是 3 行 3 列的。Table 控件属于容器控件，其内部可以包含 table 控件以及其他内容的控件。网页元素的布局是非常重要的工作，为了将各个控件和图片等合理放置，常常需要使用 HTML Table 控件。每一个 Table 控件都具有行 tr 和单元格列 td，每一个单元格中可以放置其他控件。

（1）代码创建示例：

```
<table style="width: 737px; height: 448px" id="TABLE1" runat="server">
  <tr><th>用户名</th><th>密码</th></tr>
  <tr><td>admin</td><td>123456</td></tr>
  <tr><td colspan=2></td></tr>
</table>
```

（2）常用属性：

- Align：对齐方式，取值为 left、right 或 center。
- Border：边框宽度（以像素为单位）。
- CellPadding：单元格边框与单元格内容的间距。
- CellSpacing：相邻单元格边框之间的间距。
- Height / Width：表格高度/表格宽度。
- Visible：表格边框是否可见。

4.3　Web 标准服务器控件

4.3.1　标准服务器控件概述

1. 标准服务器控件的特点

标准 Web 服务器控件是指，这类服务器控件内置于 ASP.NET 框架中，是预先定义好的。它提供了比 HTML 服务器控件种类更多、功能更强大的控件集合，它们位于

System.Web.UI.WebControls 命名空间中，是从 WebControls 基类中直接或间接派生出来的，包括传统的表单控件以及一些更高级更抽象的控件。

微软官方文件指出：就 ASP.NET 网页应用而言，HTML 服务器控件足以满足要求；但 Web 服务器控件提供了更为强大的功能，拥有类似 XML 的语法。所有的 Web 服务器控件都继承了 WebControl 和 System.Web.UI.Control 类的所有属性，包括了控件的外观、行为、布局和可访问性等方面。外观属性如背景色 BackColor、前景色 ForeColor、边框属性 Border 和字体属性 Font 等；行为属性如 Enabled 属性设置禁用还是启用控件、Visible 属性决定控件是否被显示；布局属性如 IIcight 和 Width 属性，用于设置控件的高度与宽度。

思考： 在使用 Web 控件时，如何让控件变得不可用？

标准 Web 服务器控件的特点如下。

（1）内置于 ASP.NET 框架中，是预先定义好的，丰富一致的对象模型实现了所有控件通用的大量属性，包括 Font、Enabled、Forecolor 和 Backcolor 等。属性名称和方法名称是挑选过的，以提高在整个框架和该组件中的一致性，有助于减少编程错误。

（2）能够自动检测浏览器，根据客户端浏览器类型创建适用于浏览器的输出。

（3）强大的数据绑定功能。

2．标准 Web 服务器控件的分类

标准 Web 服务器控件根据其功能可大概分为下面几类。

（1）标准控件。位于工具箱窗口的"标准"子面板下，主要指传统的 Web 窗体控件，如 TextBox、Button 和 ListBox 等。这类控件一般可以对应到标准的 HTML 标签，如 Label 对应<Span>和 Panel 对应<Div>等。

（2）数据绑定控件。位于工具箱窗口的"数据"子面板下，用于产生清单式数据来源，如 Gridview 和 DataList 等。这些控件可以绑定到数据源上，通过数据源获得数据并显示。

（3）验证控件。位于工具箱窗口的"验证"子面板下，用于对用户在输入控件中输入的信息进行验证，如 RequiredFieldValidator 等。这些控件可以对必须输入的内容进行检查（必填验证）、可以将输入的内容与指定表达式进行对比，验证其格式是否正确（正则验证）、还可以检验输入内容是否在限定的范围之内（范围验证）等。

（4）站点导航控件。位于工具箱窗口的"导航"子面板下，用于实现站点导航功能，如 SiteMapPath 控件。

（5）登录控件。位于工具箱窗口的"登录"子面板下，可快速实现用户登录及相关功能，如 LoginView 和 PasswordRecovery 控件等。

本章重点介绍 ASP.NET 服务器控件中的标准控件，如标签控件 Label、按钮控件 Button、文本框控件 TextBox、图像控件 Image、复选框 CheckBox、单选按钮 RadioButton、列表控件 DropDownList 和 ListBox 等。

4.3.2　Label 控件

1．Label 控件常用属性

Label 控件用于在页面上显示静态的文字，一般不用于触发事件。它不能获得输入焦点，一般用来显示用户不能改变的文字（即只读的信息）或给一些没有标题属性的组件（如

TextBox）充当标题。Label 控件常用属性见表 4-2。

表 4-2　Label 控件的常用属性

属 性 名 称		说　明
Text	★	设置或获取标签上显示的静态文本，是 string 类型的数据
BackColor	★	标签的背景色
BorderStyle		标签边框的样式
Font	★	标签上字体的格式
ForeColor	★	标签上字体的颜色
Visible	★	标签是否可见，可取值 true 或 false
Width		标签的宽度
Height		标签的高度

2．Label 控件使用示例

使用示例：

```
Label1.Text = "Hello World!";
```

小贴示：用户可通过属性窗口设置控件的属性，也可编写代码更改对象的属性。建议通过属性窗口设置对象的属性，该方法简单快捷。若程序运行中属性发生变化，则需要通过代码编辑来实现。像 Text、BorderStyle、Font、ForeColor、BackColor、Width 和 Height 等属性是大多数文本类服务器控件的通用属性，后文中不再赘述。

4.3.3　Button 控件

1．Button 控件常用属性

Button 控件也称按钮控件，是 Web 页面上最常用的控件之一，用户通过单击按钮来完成提交和确认等功能。Button 控件常用属性见表 4-3。

表 4-3　Button 控件的常用属性

属 性 名 称		说　明
Text	★	设置或获取按钮上的文本
PostBackUrl		单击 Button 控件时从当前页将要跳转到的目标网页的 URL
CommandName		按钮的命令名称
CommandArgument		按钮的命令参数

思考：使用 Button 按钮时，如何让按钮显示为 3D 凹陷的边框？

Button 控件最常用的事件是 Click 事件，在"设计"视图中双击按钮，则进入该控件对应的 Click 事件，用户可在其中书写代码。程序运行时，当用户单击按钮控件时，触发其 Click 事件，驱动代码执行实现功能。

使用示例：

```
protected void Button1_Click(object sender, EventArgs e)
{
    Label1.Visible = false;    //单击 Button1 时，隐藏 Label1 对象
}
```

注意：除 Click 事件外，Button 控件还有一个常用的事件 Command。该事件在单击按

钮时触发，可关联 CommandName 属性，调用方法，并通过 CommandArgument 属性传递参数。

说明：Click 事件与 Command 事件虽然都能响应单击事件，但并不相同。在开发时，双击 Button 控件，即可打开 Click 事件代码编辑窗口。Command 事件相对于 Click 事件具有更为强大的功能，它通过关联按钮的 CommandName 属性，使按钮可以自动寻找并调用特定的方法，还可以通过 CommandArgument 属性向该方法传递参数。如果页面上放置多个 Button 按钮，分别完成多个任务，而这些任务非常相似，就不必为每一个 Button 按钮单独实现 Click 事件，而可通过一个公共的处理方法结合各个按钮的 Command 事件来完成，可将多个按钮的 Command 事件关联到一个 Button_Command 方法，以简化代码。

2．LinkButton 和 ImageButton 控件

除 Button 控件外，LinkButton 和 ImageButton 控件也能实现按钮的功能。

（1）LinkButton 控件是 Button 控件与 HyperLink 控件的结合，实现具有超级链接样式的按钮。在功能上 LinkButton 与 Button 控件非常相似，定义方法也相同。需要注意的是，LinkButton 在客户端浏览器上表现为 JavaScript，因此只有当客户端浏览器启用 JavaScript 后才能正常运行。

（2）ImageButton 控件在外观上与 Image 控件相似，具有 ImageUrl、ImageAlign 和 AlternateText 属性。在功能上 ImageButton 与 Button 控件非常相似，具有 CommandName 和 CommandArgument 属性以及 Click 和 Command 事件。

4.3.4 TextBox 控件

1．TextBox 控件常用属性

TextBox 控件是程序开发中比较常用的服务器控件，通常用来接收用户的输入信息，如文本、数字和日期等。默认情况下，TextBox 控件是一个单行的文本框，只能输入一行内容。但可以通过修改该控件的属性，将文本框改为允许输入多行文本或密码形式。TextBox 控件常用属性见表 4-4。

表 4-4 TextBox 控件的常用属性

属 性 名 称		说 明
Text	★	设置或获取文本框中的文本内容
TextMode	★	文本框的类型，可取 Single(单行文本框)、Multiline(多行文本框)和 Password(密码框)
Maxlength	★	控件最多可容纳的字符数
ReadOnly	★	控件中文本内容的只读性，可取值 true 或 false
Rows		文本框为多行时，该属性用于设置控件的高度，以行为单位 (即行数)
Columns		控件的宽度，以字符为单位
AutoPostBack		是否将内容自动回传给服务器，而无须单击"提交"按钮

TextBox 控件通常配合按钮来应用，用户输入完成后单击按钮，向服务器提交数据。该控件最常用的事件为 TextChanged 事件，当控件中内容更改时触发该事件。

小贴示：若不想让控件中输入的内容自动回传给服务器，而需要在单击提交按钮之后再回传，则只需将控件的 AutoPostBack 属性设置为 false。若在 TextBox 控件中输入内容并当焦点离开 TextBox 控件时能触发 TextChanged 事件，则应将 AutoPostBack 属性设置为 true。

　　思考：怎样使文本框中的信息不允许编辑？

　　思考：怎样限定文本框中可以输入 50 行文本，每行只能输入 20 个字符？

2．TextBox 控件使用示例

　　【例 4.1】 制作一个简单的登录系统，用户输入用户名、密码及个人简历信息，单击"确定"按钮，可将信息显示在页面中。单击"重置"按钮，可清空页面中组件内的文本信息。程序运行结果如图 4-1 所示，控件属性设置及详细代码参见 ex4-1。

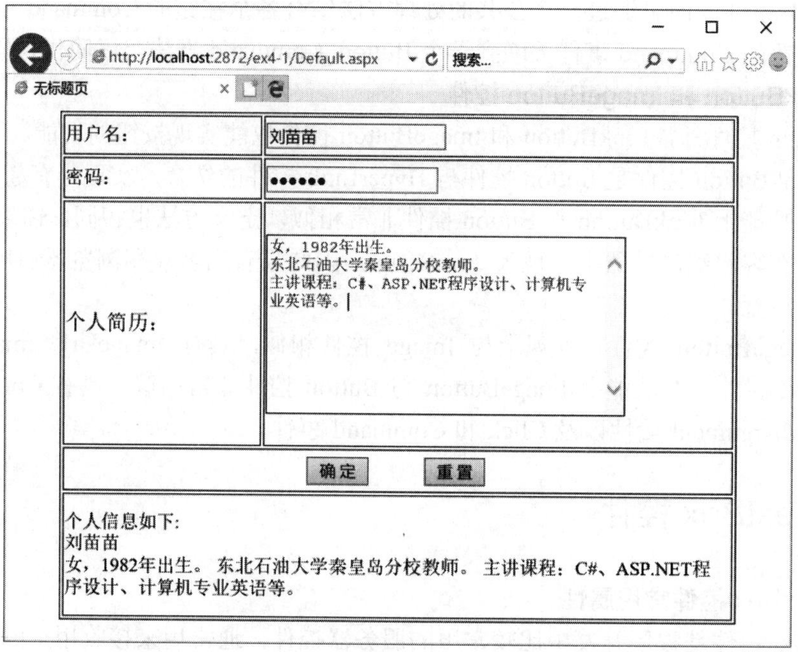

图 4-1　例 4.1 运行结果图

　　操作提示：新建网站，向页面中添加 HTML Table 控件，设置其属性，将其更改为 5 行的表格。向 Table 控件中的每个单元格中依次添加 Label、TextBox 以及 Button 控件，设置各组件属性。其中，输入用户名、密码和个人简历的文本框分别设置为单行、密码框以及多行格式。

　　核心代码如下：

```
protected void Button1_Click(object sender, EventArgs e)
{  //"确定"按钮的 Click 事件
  Lblmessage.Text = "个人信息如下:<br>" + Txt_name.Text + "<br>" + Txt_info.Text;
}
protected void Button2_Click(object sender, EventArgs e)
{  //"重置"按钮的 Click 事件
  Txt_name.Text = "";    Txt_pwd.Text = "";    Txt_info.Text = "";
}
```

　　小贴示：修改 TextBox 的 TextMode 属性，可将文本框设为单行、多行或密码格式。设置 HTML 文件中标记的 style 属性，可更改控件的外观。更改 Table 标记中<tr>和<td>的

属性，可以合并单元格、更改表格边框属性等。

4.3.5　RadioButton 与 RadioButtonList 控件

1．RadioButton 控件

RadioButton 控件用于在页面上创建一个单选按钮，其常用属性见表 4-5。

表 4-5　RadioButton 控件的常用属性

属 性 名 称	说　　明
AutoPostBack	是否将内容自动回传给服务器并刷新页面，取值为 true 或 false
Checked　★	单选按钮是否被选中，取值为 true 或 false
GroupName　★	设置要成为一组的多个单选按钮的组名
Enabled	控件是否可用，可取值 true 或 false

说明：用户可在页面中添加多个 RadioButton 控件，形成一组具有单选功能的单选按钮组。该功能可以通过将多个单选按钮的 GroupName 属性设置为相同的值来实现，这样具有相同 GroupName 属性的单选按钮便成为一组，同组的单选按钮中只能有一个被选中。

RadioButton 控件的主要事件是 CheckedChanged，当控件的选中状态发生改变时引发该事件。

2．RadioButtonList 控件

把一组 RadioButton 放在一起使用，为其分配一个相同的 GroupName 属性即可形成一个单选按钮列表。VS.NET 2010 提供了一个单选按钮列表控件 RadioButtonList，通过设置该控件的 Items 属性可为用户提供一组选项列表，供用户从中进行单项选择。RadioButtonList 控件的作用与 RadioButton 控件类似，但其功能更为强大，如支持以数据连接方式建立列表等。RadioButtonList 控件常用属性见表 4-6。

表 4-6　RadioButtonList 控件的常用属性

属 性 名 称	说　　明
Items　★	设置或获取控件中列表项的集合
SelectedIndex　★	获取控件中被选中的项的序号索引，从 0 开始
SelectedItem　★	获取控件中被选中的项
SelectedValue	获取控件中被选定的项的值
RepeatColumns	获取或设置控件中列表项显示的列数
RepeatDirection	表示控件是水平显示还是垂直显示，可取值 Vertical 或 Horizontal

说明：列表型控件的 Items 属性用来设置控件中列表项的内容，在属性窗口中找到 Items 属性，单击属性值列的省略号按钮，可打开图 4-2 所示的对话框。在对话框的左侧可添加或移除列表项，在右侧可设置每个列表项的属性，如 Selected、Text 和 Value 等。

小贴示：列表型控件如 RadioButtonList 以及后文中要介绍的 CheckBoxList、ListBox 和 DropDownList 都有 Items 属性，用于设置控件的列表项集合。该属性的每一个列表项都属于 ListItem 类型，每一个 ListItem 对象都是带有属性的单独对象，常用的属性有 Text、Value、Selected。其中，Text 属性用于指定列表中显示的文本。Value 属性包含与某个项相关联的值，设置此属性可使该值与特定的项关联而不显示该值。例如，可以将 Text 属性设

置为我国某个省的名称，而将 Value 属性设置为该省的简称或阿拉伯数字编码等，目的是使每一个列表项的 Text 属性和 Value 属性一一对应关联，方便编程。Selected 属性则通过一个布尔值指示该项是否被选中。

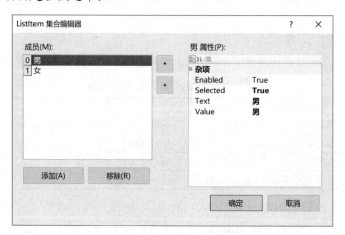

图 4-2　列表型组件 Items 属性的设置

RadioButtonList 控件最主要的事件是 SelectedIndexChanged 事件，当控件中被选中的项发生变化时触发该事件。

3．RadioButton 与 RadioButtonList 组件使用示例

【例 4.2】 设计一个网页，分别使用 RadioButton 与 RadioButtonList 组件实现用户性别以及政治面貌的选择。程序运行结果如图 4-3 所示，详细代码参见 ex4-2。

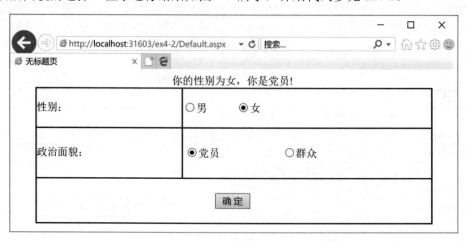

图 4-3　例 4.2 运行结果图

操作提示：新建网站，在页面中加入 HTML Table 控件，设置为 3 行 2 列。在选择性别的单元格中添加两个 RadioButton 控件，设置其 Text、GroupName 和 Checked 等属性。在选择政治面貌的单元格中添加 1 个 RadioButtonList 控件，设置其 Items 属性及每个 ListItem 项的 Text 和 Selected 等属性。核心代码如下：

```
protected void Button1_Click(object sender,EventArgs e)//"确定"按钮的Click事件
```

```
{ string sex;
 if (RadioButton1.Checked)
    sex=RadioButton1.Text;
 else
    sex=RadioButton2.Text;
Response.Write("你的性别为" +sex + "，你是" + RadioButtonList1.SelectedItem
.Text + "!");
}
```

注意：选择性别的两个单选按钮必须将 GroupName 属性设置为同一个值，否则无法实现单选功能。此外，无论是使用 RadioButton 或是 RadioButtonList 控件，一般初始化时都将某个选项设定为选中状态，以避免用户没有做出任何选项选择时的异常情况。

4.3.6　CheckBox 与 CheckBoxList 控件

1．CheckBox 控件

CheckBox 控件用于在网页中创建复选框，将多个复选框放置在页面中，可以为用户提供多项选择，实现多选功能。CheckBox 控件常用属性见表 4-7。

表 4-7　CheckBox 控件的常用属性

属 性 名 称	说　明
AutoPostBack	表示是否将内容自动回传给服务器并刷新页面，取值为 true 或 false
Checked　★	表示复选框是否被选中，取值为 true 或 false
Enabled	控件是否可用，取值为 true 或 false

CheckBox 控件的主要事件为 CheckedChanged，当控件选中状态发生改变时引发该事件。

2．CheckBoxList 控件

实际应用中，经常需要把多个 CheckBox 控件放在一起使用，形成复选框组，用户可在多个选项中选择其中的一项或者多项。VS.NET 提供了一个功能更为强大的复选框列表控件 CheckBoxList，通过设置该控件的 Items 属性可提供一组选项列表，供用户进行多项选择。CheckBoxList 控件的功能与多个 CheckBox 组成的复选框组类似，但是 CheckBoxList 更为强大，能支持以数据连接方式建立列表。CheckBoxList 控件的常用属性和事件与 RadioButtonList 控件类似，区别在于一个用于实现单选，一个用于实现多选，相关属性此处不再赘述。

CheckBoxList 控件常用操作如下。（以下假设复选列表框对象名称为 CheckBoxList1）

（1）添加列表项：CheckBoxList1.Items.Add（"要添加的选项内容"）；

（2）判断第 i 项是否选中，选中为 true，否则为 false：CheckBoxList1.Items[i-1].Selected；

（3）设置第 i 项被选中或不被选中：CheckBoxList1.Items[i-1].Selected = true|false；

（4）获取被选中的项的内容：CheckBoxList1.SelectedItem.Text；

（5）获取被选中的项的索引：CheckBoxList1.SelectedIndex；

（6）获取控件中第 i 项的内容：CheckBoxList1.Items[i-1].Text；

（7）清空所有列表项：CheckBoxList1.Items.Clear();

（8）获取列表项的项数：CheckBoxList1.Items.Count；

小贴士：列表型控件的列表项索引 i 是从 0 开始的，因此 Items[i]代表第 i+1 项。

3. CheckBox 与 CheckBoxList 控件使用示例

【例 4.3】 分别使用 CheckBox 和 CheckBoxList 控件统计用户的个人爱好和喜欢的城市。程序运行结果如图 4-4 所示，详细代码参见 ex4-3。

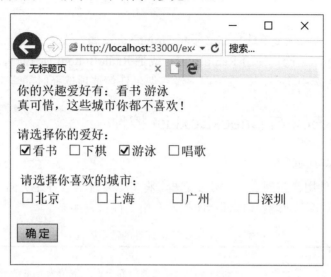

图 4-4   例 4.3 运行结果图

操作提示：新建网站，向页面中添加 4 个 CheckBox 控件和 1 个 CheckBoxList 控件，设置 CheckBox 控件的 Text 属性以及 CheckBoxList 控件的 Items 属性。核心代码如下：

```
protected void Button1_Click(object sender,EventArgs e)//"确定"按钮的单击事件
    {
        string hobby;   hobby = "";    //定义存储爱好的字符串，并初始化
        if (CheckBox1.Checked) hobby = hobby + CheckBox1.Text + " ";
        if (CheckBox2.Checked) hobby = hobby + CheckBox2.Text + " ";
        if (CheckBox3.Checked) hobby = hobby + CheckBox3.Text + " ";
        if (CheckBox4.Checked) hobby = hobby + CheckBox4.Text + " ";
        if (hobby == "")
            Response.Write("真可惜，你没有任何爱好！");
        else
            Response.Write("你的兴趣爱好有：" + hobby);
        Response.Write("<br>");   //输出一个空行
        string city;   city = "";    //定义存储城市的字符串，并初始化
        for (int i = 0; i < CheckBoxList1.Items.Count; i++)
        {   //循环判断复选列表框中被选中的列表项，并取列表项的内容
            if (CheckBoxList1.Items[i].Selected)
                city = city + CheckBoxList1.Items[i].Text + "  ";
        }
        if (city == "")
```

```
        Response.Write("真可惜，这些城市你都不喜欢！");
    else
        Response.Write("你喜欢的城市有： " + city);
}
```

注意：变量在使用之前一定要赋初值。

思考：本例中，当复选框 CheckBox1 被选中时，取复选框对应的文本信息为什么要使用 hobby = hobby + CheckBox1.Text，而不是 hobby = CheckBox1.Text？

4.3.7　ListBox 与 DropDownList 控件

1．ListBox 控件

ListBox 控件用于显示一组列表项，用户可以从中选择一项或多项，在列表框中通过按 Shift 键或 Ctrl 键可以进行多选。ListBox 控件常用属性见表 4-8。

表 4-8　ListBox 控件的常用属性

属 性 名 称		说　　明
Items	★	设置或获取控件中列表项的集合
SelectedIndex	★	获取控件中被选中的项的序号索引，从 0 开始
SelectedItem	★	获取控件中被选中的项
SelectedValue		获取控件中被选定的项的值
SelectionMode		获取控件列表项的选择方式，可取值 Single（单选）或 Multiple（多选）

ListBox 控件的常用操作方法与 CheckListBox 类似，如使用 ListBox1.Items.Add()方法添加列表项内容，使用 ListBox1.Items[i].Text 获取第 i+1 项的内容等，此处不再赘述。

2．DropDownList 控件

DropDownList 控件又称下拉列表框控件，它与 ListBox 控件的常用属性及使用方法类似，两个控件的主要区别如下：

（1）ListBox 控件用于建立可单选或多选的下拉列表；而 DropDownList 控件只允许用户从列表项中选择一项，它没有 SelectionMode 属性，只能实现单选功能。

（2）从外观上讲，ListBox 控件列表项的内容不折叠，用户在选择之前便可看到所有列表项，并可进行多项选择；而 DropDownList 控件列表项的内容是折叠起来的，它允许用户从多个选项中选择一项，并且在选择前用户只能看到第一个选项，其余的选项都将隐藏起来，程序运行时只有被选中的项才显示在列表框中。因此，在界面设计中占用的空间较小。

此外，DropDownList 控件可以使用 DataSource 属性关联全数据表中的某个字段，并使用 DataBind()方法绑定到数据源，有关数据绑定技术在 8.1 节会做详细介绍。

DropDownList 控件的常用事件是 SelectedIndexChanged，当 DropDownList 控件中被选中的项发生改变时触发该事件。

3．ListBox 与 DropDownList 控件使用示例

【例 4.4】　通过 ListBox 和 DropDownList 控件选择学生所在专业以及所学专业课，并输出显示到页面上。程序运行结果如图 4-5 所示，详细代码参见 ex4-4。

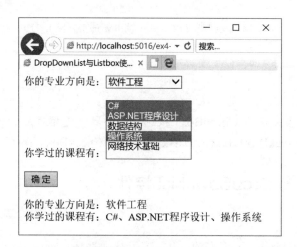

图 4-5　例 4.4 运行结果图

操作提示：新建网站，添加 DropDownList 和 ListBox 控件，设置其 Items 属性，将 ListBox 控件的 SelectionMode 属性设置为 Multiple 以实现多选。核心代码如下：

```
protected void Button1_Click(object sender, EventArgs e)  //"确定"按钮
{
    string myspec, mycourse;  //定义存储专业和课程的变量
    mycourse="";
    myspec = DropDownList1.SelectedItem.Text;  //获取专业信息
    for (int i = 0; i < ListBox1.Items.Count; i++)
    {
      if (ListBox1.Items[i].Selected)  //获取所选的课程信息
      mycourse = mycourse + ListBox1.Items[i].Text+"、";
    }
    if (mycourse != "")
    mycourse = mycourse.Substring(0, mycourse.Length - 1);//去掉最后一个顿号
    Lbl_message.Text="你的专业方向是: " + myspec + "<br>你学过的课程有: " + mycourse;
}
```

　　小贴示：该程序中在所选的每门课程名称的后面加上了顿号进行分隔，因此最后显示课程信息字符串 mycourse 时需要把最后一个顿号去掉。此处，使用了 Substring()方法截取字符串，该方法的语法格式为：str.Substring(i,j)，含义为从字符串对象 str 的第 i+1 位开始截取字符串，截取长度为 j。此外，字符串对象的 Length 属性返回该字符串的长度。

　　小贴示：应用程序设计中，类似于性别、政治面貌这种单选列表，可使用 RadioButtonList 控件或 DropDownList 控件实现；类似于个人爱好这种多选列表，可使用 CheckBoxList 控件或 ListBox 控件实现。

4.3.8　Image 控件

　　Image 控件用于在网页中显示图片，因为它本身不具有将网页回传至服务器的能力，

所以它没有任何用户可触发的事件。使用 Image 控件可以在设计或运行时以编程方式为 Image 对象指定图片，还可以将该控件的 ImageUrl 属性绑定到一个数据源，根据数据库信息显示图形。Image 控件常用属性见表 4-9。

表 4-9 Image 控件的常用属性

属 性 名 称		说 明
AlternateText	★	图像无法显示时显示的替换文字
ImageUrl	★	获取或设置 Image 控件中显示的图像存储位置
ImageAlign		获取或设置 Image 控件相对于网页上其他元素的对齐方式
BorderColor		设置 Image 控件边框的颜色
BorderStyle		设置 Image 控件边框的样式，可取 Solid、Dotted 等值
BorderWidth		设置 Image 控件边框的宽度

注意：使用 Image 控件显示图片时，所需的图片素材必须保存在当前网站项目文件的根目录之下。一般来讲，为便于管理网站文件，常常在项目文件根目录下创建文件夹，可命名为 Pictures 或 Pic 等，在该文件夹中保存该项目所需图片素材。

使用 Image 控件显示图片时，只需在"属性"窗口中设置控件的 ImageUrl 属性即可。也可通过以下代码实现：（假设图像控件的对象名为 Image1）

```
Image1.ImageUrl = "./Pictures/Sunset.jpg";
```

以上代码在 Image1 中显示了当前网站文件根目录下 Pictures 文件夹中的 Sunset.jpg 图片。

【例 4.5】 设计一个简单的图片浏览器。程序运行结果如图 4-6 所示，详细代码参见 ex4-5。

图 4-6 例 4.5 运行结果图

核心代码如下：

```
public partial class _Default : System.Web.UI.Page
```

```
{
  static  int i = 1;  //定义静态全局变量，记录图片名称编号
  protected void Page_Load(object sender, EventArgs e)
  {
    Image1.ImageUrl = "./Pictures/1.jpg";        //初始化显示第一张图片
    ImageButton1.Enabled = false;                // "上一张" 按钮不可用
  }
  // "上一张" 按钮的 Click 事件
  protected void ImageButton1_Click(object sender, ImageClickEventArgs e)
  {
    i=i-1;      //每次单击该按钮时，图片名称的编号减 1
    Image1.ImageUrl = "./Pictures/" +i + ".jpg";    //加载图片
    if (i == 1)  //如果是第一张图片，则 "上一张" 按钮不可用
      { ImageButton1.Enabled = false;  ImageButton2.Enabled = true; }
    else
      { ImageButton1.Enabled = true;  ImageButton2.Enabled = true; }
  }
  // "下一张" 按钮的 Click 事件
  protected void ImageButton2_Click(object sender, ImageClickEventArgs e)
  {
    i = i+1;  //每次单击该按钮时，图片名称的编号加 1
    Image1.ImageUrl = "./Pictures/" + i+ ".jpg";  //加载图片
    if (i == 10)  //如果是最后一张图片，则 "下一张" 按钮不可用
      { ImageButton2.Enabled = false;  ImageButton1.Enabled = true; }
    else
      { ImageButton1.Enabled = true;  ImageButton2.Enabled = true; }
  }
}
```

小贴示：本例中使用了 ImageButton 控件，通过设置其 ImageUrl 属性实现了图片按钮上图片的显示，以美化网页。

小贴示：本例中仅包含了 10 张图片，定义静态全局变量 i 充当计数器的作用，实现图片轮换加载，且根据 i 的值判断两个按钮在什么状态下禁用或启用。

4.3.9　FileUpLoad 控件

FileUpload 控件用于显示一个文本框控件和一个浏览按钮，使用户可以选择客户端上的文件并将它上传到 Web 服务器。FileUpload 控件本身不会自动上传文件到服务器或保存文件，需要用户在该控件的文本框中输入本地计算机上文件的完整路径来指定要上传的文件，也可以通过单击 "浏览" 按钮选择需要上传的文件，保存指定文件时需要调用 SaveAs() 方法。FileUpload 控件常用属性见表 4-10。

表 4-10　FileUpload 控件的常用属性

属 性 名 称		说　　　明
FileName	★	获取要上传的文件在客户端的文件名称，数据类型为 String
HasFile	★	表示 FileUpLoad 控件是否已经包含一个要上传的文件，数据类型为 bool
PostedFile	★	获取一个与上传文件相关的 HttpPostedFile，使用该对象可获取上传文件的相关属性，数据类型为 HttpPostedFile
FileBytes		获取上传文件的字节数组，数据类型为 byte[]

说明：FileUpLoad 控件的 PostedFile 属性的子属性可以获取被上传的文件的相关属性，例如：（以下假设文件上传控件的对象名为 FileUpLoad1）

（1）FileUpLoad1.PostedFile.FileName 属性返回被上传的文件完整的路径。

（2）FileUpLoad1.PostedFile.ContentLength 属性返回被上传的文件的大小，以字节为单位。

（3）FileUpLoad1.PostedFile.ContentType 属性返回被上传的文件的类型。

注意：FileUpload1.PostedFile.FileName 返回的是被上传的文件在客户端的完整路径；而 FileUpload1.FileName 返回的是被上传的文件在客户端的文件的名称。两者返回结果不同。

FileUpload 控件最常用的方法是 SaveAs(String filename)，参数 filename 表示要上传至服务器上的文件的绝对路径。一般而言，在调用 SaveAs()方法之前，首先使用 HasFile 属性确认要上传的文件是否存在，若存在，则调用 SaveAs()方法实现文件上传。

例如，有一文件上传控件的对象名为 FileUpload1，下面的代码可将所选文件上传至服务器上，并在页面中输出要上传的文件的名称，同时将上传的文件保存在本机桌面上，命名为 test.docx。

```
Response.Write(FileUpload1.PostedFile.FileName);    //输出原文件的路径
Response.Write(FileUpload1.FileName);               //输出原文件的名称
FileUpload1.SaveAs("C:\\Users\\Administrator\\Desktop\\test.docx");
                                                    //保存上传的文件
```

然而，实际应用中上传的文件保存的路径以及名称都不是固定的，接下来的实例会详细展示 FileUpload 控件的使用方法。

【例 4.6】 使用 FileUpload 控件上传文件，并输出文件的相关信息。程序运行结果如图 4-7 所示，详细代码参见 ex4-6。

图 4-7　例 4.6 运行结果图

操作提示：新建网站，在页面中添加 FileUpload 控件和 Button 控件，核心代码如下：

```
// "上传" 按钮的 Click 事件
protected void Button1_Click(object sender, EventArgs e)
{
if (FileUpload1.HasFile == true)   //判断要上传的文件是否存在
    { //将文件保存至网站根目录下的 Upload_Files 文件夹中，名称仍为原文件名称
      FileUpload1.SaveAs(Server.MapPath("~/Upload_Files/")+FileUpload1.FileName);
      Response.Write("文件上传成功!<br><br>");
      Response.Write("原文件路径: " + FileUpload1.PostedFile.FileName);
      Response.Write("<br><br>");
      Response.Write("文件大小: " + FileUpload1.PostedFile.ContentLength + "字节");
      Response.Write("<br><br>");
      Response.Write("文件类型: " + FileUpload1.PostedFile.ContentType);
    }
   else
    { Response.Write("<script language=javascript>alert('文件上传失败!')</script>"); }
}
```

小贴示：本例中使用了 Server 对象的 MapPath()方法获取了指定文件的绝对路径，有关 Server 对象的使用方法在 5.6 节会做详细介绍。

注意：FileUpload 控件最常用的属性是 FileName 和 PostedFile，最常用的方法是 SaveAs()，一定要牢记这些属性和方法，并且区分该控件的 FileName 属性和 PostedFile. FileName 属性。

小贴示：网站开发中使用的素材以及上传的文件等一般都保存在网站文件根目录下，用有意义的英文单词命名，如 Pictures、Uploadfiles 等，以规范网站的开发。

4.3.10　Calendar 控件

1. Calendar 控件常用属性

Calendar 控件用于在页面上显示一个日历，主要供用户完成日期的选择与显示。Calendar 控件的常用属性见表 4-11。

表 4-11　Calendar 控件的常用属性

属 性 名 称	说　　明
SelectionMode	日期选择模式，可设为 None（不能选择日期，只能显示日期）、Day（只能选择某一天）、DayWeek（可选择整星期或某一天）、DayWeekMonth（可选择单个日期、整星期或整月）
SelectionDate　★	用户在控件中选中的日期
SelectionDates　★	用户选中的多个日期，是一个数组，多用在 SelectionMode 属性为 DayWeek 或 DayWeekMonth 情况下
SelectedDayStyle	被选中的日期在日历中的样式，可以设置 BackColor、BorderStyle 等子属性
DayStyle	日历中每一天的显示样式，可设置 BackColor 等子属性
TodayDayStyle	系统当前日期在日历中的显示样式，可设置 BackColor 等子属性

Calendar 控件最常用的事件是 SelectionChanged，当用户在控件中选择日期时触发该事件，调用控件的 SelectionDate 属性获取用户选中的日期。

例如，将 Calendar 控件的 SelectionMode 属性设置为 Day，当用户通过控件选择日期时，将选中的日期显示在 Label1 中，则代码如下：

```
Label1.Text = "当前选择的日期为: "+Calendar1.SelectedDate.ToString();
```

再例如，将 Calendar 控件的 SelectionMode 属性设置为 DayWeek 或 DayWeekMonth，日历控件的左侧会多出来一个双箭头和 6 个单箭头，单击这些箭头可分别一次性选择整个月或整个星期。当用户通过控件选择日期时，将选中的日期显示在 Label1 中，则代码如下：

```
Label1.Text = "当前选择的日期为:<br>";
foreach (DateTime dt in Calendar1.SelectedDates)//循环访问每一个被选中的日期
{ Label1.Text += dt.ToShortDateString()+"<br>"; }//将这些日期连接成串显示在标签上
```

2．Js 版日历控件

VS.NET 2010 提供的 Calendar 控件在外观和实际应用的操作上存在一定的不足之处，例如对于年份和月份的选择，单击一次只能月份增 1 或减 1，不支持直接输入年月日。然而，.NET 框架支持第三方控件以及 JavaScript 脚本，因此可以在 Web 程序设计中使用 Js 版的日历控件以完善程序功能。Js 版的日历控件 My97DatePicker 是一款界面美观功能强大的日期插件，它可以很方便地实现各种日期选择效果。

在 ASP.NET 网页中使用 My97DatePicker 的方法如下：

（1）从网上下载 My97DatePicker 日期插件，其中包含了 lang 和 skin 文件夹以及 WdatePicker.js 文件，将下载所得的插件文件放在使用该插件的网站文件的根目录下。

（2）在 HTML 页面中导入 WdatePicker.js，具体方法是在<body>标记之前加入如下代码段：

```
<script language="javascript" type="text/javascript" src="My97DatePicker/
WdatePicker.js"> </script>
```

（3）为显示日期的控件添加代码，方法如下：

第一种方法：使用 HTML Input 控件实现日期的选择与输出。HTML 代码为：

```
<input id="Text1" type="text" onclick="WdatePicker()"/>
```

这里，使用<input>标记生成输入框，或者从"工具箱"窗口的 HTML 选项卡下添加 Input（Text）控件，为控件添加 onclick 事件。当用户单击输入框时，调用 WdatePicker() 函数将选择的日期显示在输入框中。

第二种方法：使用标准服务器控件 TextBox 来实现日期的选择与输出。HTML 代码为：

```
<asp:TextBox ID="TextBox1" runat="server"></asp:TextBox>
<img onclick="WdatePicker({el:'TextBox1'})" src="My97DatePicker/skin/
datePicker.gif"/>
```

这里，添加一个 TextBox 控件（假定对象名为 TextBox1）和一个 HTML image 控件；设置 image 控件的 src 属性，使其显示 My97DatePicker 日历控件的图标；为 image 控件添加 OnClick 事件。当用户单击图片控件时，调用 WdatePicker()函数，将用户选择的时间显示在文本框 TextBox1 中。

（4）运行程序，打开页面查看效果。以上两种方法分别在用户单击输入框或单击图片控件时激活显示日历，最终用户选择的日期会分别显示在输入框和文本框中。

【例 4.7】 分别使用 Calendar 控件和 Js 版日历插件 My97DatePicker 实现出生日期和入党日期的获取与显示。系统运行效果如图 4-8 所示，详细代码参见 ex4-7。

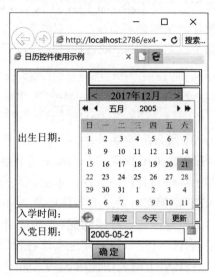

（a）Calendar 控件显示出生日期　　　　　（b）Js 版控件显示入党日期

图 4-8　例 4.7 运行结果图

操作提示：新建网站，在页面中添加 1 个 Table 控件。在表格的第 1 行第 2 列中添加 1 个 Calendar 控件和 1 个 TextBox 控件，用于出生日期的选择与显示。设置 Calendar 控件的相关属性，在其 SelectionChanged 事件中添加代码，获取用户选择的出生日期并显示在第一个文本框中，如图 4-8（a）所示。在表格的第 2 行第 2 列添加一个 HTML Input（Text）控件，为其添加 OnClick 事件，将选择的入学时间显示在该输入框中。在表格的第 3 行第 2 列中添加一个 TextBox 控件和一个 HTML image 控件，设置 image 控件的 src 属性，并为 image 控件添加 OnClick 事件。当用户单击图片控件时将显示 Js 版日历控件，同时，用户选择的日期将显示在相应的文本框中，如图 4-8（b）所示。核心代码如下。

1）页面的 HTML 代码

```
<%@ Page Language="C#" AutoEventWireup="true" CodeFile="Default2.aspx.cs"
Inherits="Default2" %>
<html xmlns="http://www.w3.org/1999/xhtml" >
<head runat="server">
    <title>日历控件使用示例</title>
</head>
<script language="javascript" type="text/javascript" src="My97DatePicker/
WdatePicker.js">
</script>
<body>
```

```
    <form id="form1" runat="server">
    <div>
        <table style="width: 300px; height: 240px" border="1" cellpadding="0">
        <tr>
        <td style="width: 120px" rowspan=2>出生日期: </td>
        <td><asp:TextBox ID="Txt_birthday" runat="server"></asp:TextBox> </td>
        </tr>
        <tr>
        <td style="width: 180px; height: 80px"> <asp:Calendar ID="Calendar1"
        runat="server" OnSelectionChanged="Calendar1_SelectionChanged" Height=80>
        <SelectedDayStyle BackColor="#00C000" BorderStyle="Dashed" />
        <TodayDayStyle BackColor="Red" />
        <DayStyle BackColor="#FFFFC0" />
        </asp:Calendar>
        </td>
        </tr>
        <tr>
        <td style="width: 120px">入学时间: </td>
        <td style="width: 180px"> <input id="Text_SchoolDay" type="text"
         onclick="WdatePicker()" runat="server"/> </td>
        </tr>
        <tr>
        <td style="width: 120px">入党日期: </td>
        <td > <asp:TextBox ID="Txt_PartyDay" runat="server"></asp:TextBox>
        <img onclick="WdatePicker({el:'Txt_PartyDay'})" src="My97Date
         Picker/skin/datePicker.gif" /> </td>
        </tr>
        <tr>
        <td colspan=2> <center>   <asp:Button ID="Button1" runat="server"
        OnClick="Button1_Click" Text="确 定" /> </td>
        </tr>
        <tr>
        <td colspan=2>
        <asp:Label ID="Lbl_message" runat="server"></asp:Label></td>
        </tr>
        </table>
    </div>
    </form>
</body>
</html>
```

2）页面的逻辑功能代码

```
// "确定"按钮的 Click 事件
protected void Button1_Click(object sender, EventArgs e)
{
    Lbl_message.Text = "出生日期: " + Txt_birthday.Text + "<br>" + "入学时间:" +
  Text_SchoolDay.Value  + "<br>" + "入党日期: " + Txt_PartyDay.Text;
}
```

```
//日历控件 Calendar1 的 SelectionChanged 事件
protected void Calendar1_SelectionChanged(object sender, EventArgs e)
{
  Txt_birthday.Text = Calendar1.SelectedDate.ToShortDateString();
}
```

注意：使用 Js 版日历控件时，一定要在当前网页"源"视图的 HTML 代码中导入 WdatePicker.js。

小贴示：从图 4-8 可看出，无论是在外观上，还是在操作的便捷性上，Js 版日历控件都要比普通日历控件更优越，实际应用中使用 Js 版日历插件时，需要将下载所得的文件存放在网站文件目录下，并在网站 HTML 文件中导入 WdatePicker.js。

思考：本例中日期的选择与显示输出分别使用了哪三种方法？每种方法如何实现？有何区别？

4.3.11 Table 控件

Table 控件属于 Web 服务器控件中的主要容器控件之一，主要功能是控制页面上元素的布局。可以根据不同的用户响应，动态生成表格的结构。每个 Table 由若干个 TableRow（行）控件组成，每个 TableRow 由若干个 TableCell（单元格）控件组成。TableCell、TableRow 和 Table 控件之间的关系可以表示为：若干个 TableCell 构成一个 TableRow；若干个 TableRow 构成一个 Table。TableRow 控件用于实现表格的每一行，TableCell 控件用于实现表格的行的每一个单元格。

1. Table 控件的创建
（1）在"源"视图中通过 HTML 标记创建 Table 控件，如下所示。

```
<asp:Table ID="Table1" runat="server">
   <asp:TableRow runat="server">
      <asp:TableCell runat="server">第 1 行第 1 列</asp:TableCell>
      <asp:TableCell runat="server">第 1 行第 2 列</asp:TableCell>
   </asp:TableRow>
   <asp:TableRow runat="server">
      <asp:TableCell runat="server">第 2 行第 1 列</asp:TableCell>
      <asp:TableCell runat="server">第 2 行第 2 列</asp:TableCell>
   </asp:TableRow>
</asp:Table>
```

（2）从"工具箱"窗口的"标准"选项卡中添加 Table 控件，操作如下。

选中 Table 控件将其添加至页面中，在"属性"窗口中单击 Rows 属性值列的省略号按钮，可打开如图 4-9（a）所示的对话框。在该对话框中的左侧可以添加或移除数据行 TableRow，选中每一个 TableRow 对象，在对话框右侧属性窗口中单击 Cells 属性值列的省略号按钮，可打开如图 4-9（b）所示的对话框。在该对话框中可为当前数据行添加单元格 TableCell，并设置每一个单元格的属性，如常用的 Text、Font、RowSpan 属性等。最后将 Table 控件的 GridLines 属性设为 Both 即可显示网格线。

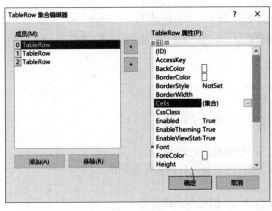
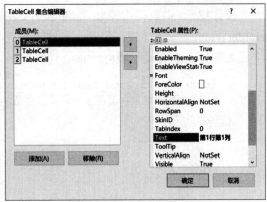

（a）编辑 TableRow 　　　　　　　　　（b）编辑 TableCell

图 4-9　Table 控件的 Rows 属性设置

2. Table 控件的常用属性

Table 控件常用属性见表 4-12。

表 4-12　Table 控件的常用属性

属 性 名 称		说　　　明
Table	Rows ★	表格中数据行的集合
	CellSpacing	相邻单元格的间距
	CellPadding	单元格边框与单元格内容的间距
TableRow	Cells ★	当前数据行的单元格的集合
	HorizontalAlign	数据行中内容的水平对齐方式
	VerticalAlign	数据行中内容的垂直对齐方式
TableCell	Text ★	单元格的文本内容
	RowSpan ★	该单元格跨越的行数
	ColumnSpan ★	该单元格跨越的列数

3. Table 控件使用示例

【例 4.8】　动态创建一个 4 行 5 列的表格，在每个单元格中显示"行号,列号"字样，例如第 2 行第 3 个单元格中显示"2,3"。程序运行结果如图 4-10 所示，详细代码参见 ex4-8。

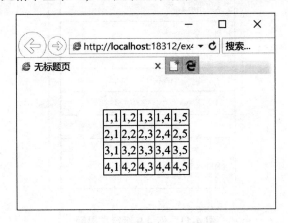

图 4-10　例 4.8 运行结果图

操作提示：向页面中添加 Table 控件，在"属性"窗口中设置其 GridLines、BorderColor、BorderWidth 等属性。双击当前页面进入代码编辑窗口，在当前页面 Page 对象的 Load 事件中加入创建表格的代码即可。核心代码如下。

```
protected void Page_Load(object sender, EventArgs e)
{   //页面加载时就在页面上显示动态生成的表格
    for (int i = 0; i < 4; i++)        //循环生成多个数据行
    {
        TableRow r = new TableRow();    //创建数据行对象 r
        for (int j = 0; j < 5; j++)    //循环生成每一行的多个单元格
        {
            TableCell c = new TableCell();   //创建单元格对象 c
            c.Text = (Table1.Rows.Count + 1).ToString() + "," + (j + 1).ToString();
            //设置单元格中要显示的内容
            r.Cells.Add(c);   //将单元格 c 添加至行 r 中
        }
        Table1.Rows.Add(r); //将 r 添加到表格中
    }
}
```

注意：TableRow 以及 TableCell 对象的下标索引都是从 0 开始，因此单元格所在的行号和列号比下标索引大 1。

小贴示：网页制作过程中经常使用 HTML Table 控件来简化表格的设计过程。

4.4 ASP.NET 服务器控件综合应用示例

【例 4.9】 设计一个简单的个人信息统计页面，实现姓名、性别、出生日期、所学专业、个人爱好等信息的统计。程序运行结果如图 4-11 所示，详细代码参见 ex4-9。

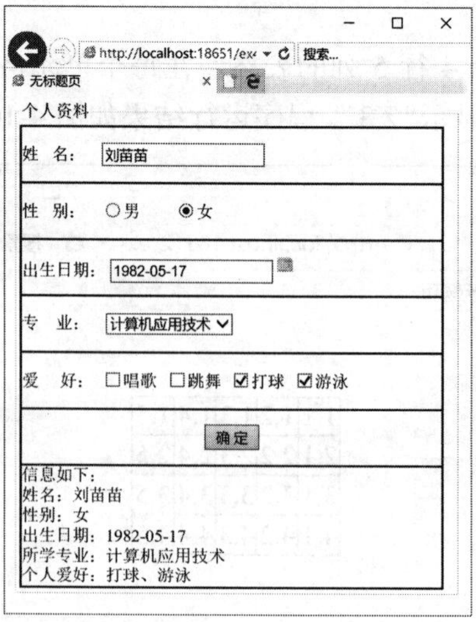

图 4-11　例 4.9 运行结果图

操作提示：本例中，姓名使用 TextBox 控件输入，性别使用 RadioButton 控件实现选择，出生日期使用 Js 版日历插件实现输入，专业通过 DropDownList 控件进行选择，爱好使用 CheckBoxList 控件实现。控件属性设置情况及 HTML 源代码参见 ex4-9。

核心代码如下：

```
// "确定" 按钮的 Click 事件
protected void Button1_Click(object sender, EventArgs e)
{
    Lbl_message.Text = "";        //清空显示统计信息的标签控件上的文字
    string name; //获取姓名
    name = Txt_name.Text;
    string sex;  //获取性别
     if (RadioButton1.Checked)
        sex = RadioButton1.Text;
     else
        sex = RadioButton2.Text;
    string birthday;  //获取出生日期
    birthday = Txt_birthday.Text;
    string spec;  //获取专业
    spec=DropDownList1.SelectedItem.Text;
    string hobby;  //获取个人爱好
    hobby = "";
    if (CheckBox1.Checked) hobby += CheckBox1.Text + "、";
    if (CheckBox2.Checked) hobby += CheckBox2.Text + "、";
    if (CheckBox3.Checked) hobby += CheckBox3.Text + "、";
    if (CheckBox4.Checked) hobby += CheckBox4.Text + "、";
    if (hobby == "")
        hobby = "真可惜，你没有任何爱好！";
    else
        { hobby = hobby.Substring(0, hobby.Length - 1);  //去掉最后一个顿号 "、"
         hobby = "个人爱好：" + hobby;}
    Lbl_message.Text += "信息如下：<br>";
    Lbl_message.Text += "姓名：" + name+ "<br>";
    Lbl_message.Text += "性别：" + sex + "<br>";
    Lbl_message.Text += "出生日期：" + birthday + "<br>";
    Lbl_message.Text += "所学专业：" + spec + "<br>";
    Lbl_message.Text += hobby + "<hr>";
}
```

此外，本例中使用 Js 版日历插件对应的 HTML 代码如下。

（1）<body>标记之前导入 js 文件：

```
<script language="javascript" type="text/javascript" src="My97DatePicker/
WdatePicker.js"> </script>
```

（2）选择出生日期的单元格中添加文本框 TextBox 和图片框 image 控件：

```
<td style="width: 400px; height: 50px;" >出生日期:
<asp:TextBox ID="Txt_birthday" runat="server"></asp:TextBox>
<img  onclick="WdatePicker({el:'Txt_birthday'})"
src="My97DatePicker/skin/datePicker.gif" />
```

小贴士：前端页面设计中要合理选择使用 HTML+CSS+Javascript，以美化界面。也可选择 ASP.NET 控件添加至页面中，通过"属性"窗口以及 HTML 标记中的 style 等属性设置控件的各个属性以及样式。

思考：本例中，性别、个人爱好信息的选择还能使用哪些控件完成，如何设置？

4.5 本章小结

本章首先介绍了 ASP.NET 中服务器控件的分类以及创建方法，接下来重点介绍了常用的 HTML 服务器控件以及标准服务器控件的使用方法。在 Web 页面设计中，经常要用到 TextBox、RadioButton、Table 和 Image 等控件。这些控件作为一个对象，都有其属性、方法和事件。在学习的过程中，要牢记这些控件最常用的属性和方法，在实际的程序开发中要灵活运用各组件的属性或方法来完成相应的功能。

习题 4

1. ASP.NET 中的服务器控件分几大类？区别是什么？
2. 如何创建服务器控件？
3. HTML 服务器控件有哪些优点？
4. 常用的<Input>标记控件有哪些？
5. 标准服务器控件的特点是什么？
6. 如何实现多行文本和密码格式的输入框？
7. 如何将输入密码的文本框长度设置为 6？
8. 能够实现单选功能的控件有哪些？
9. 如何使多个 RadioButton 控件具有互斥作用？
10. 能够实现多选功能的控件有哪些？
11. ASP.NET 中使用 Js 版日历插件的步骤是什么？
12. 下列选项中，能让用户输入文本的控件是（   ）。
    A．Label 控件   B．TextBox 控件   C．Button 控件   D．ListBox 控件
13. 下面不属于容器控件的是（   ）。
    A．Panel   B．CheckBox   C．Table   D．PlaceHolder

ASP.NET 内置对象

因为 Web 服务是基于 HTTP 协议传递数据的, 而 HTTP 协议是一个不记录中间状态的协议, 所以, 在客户端使用浏览器访问了 Web 应用系统后, 浏览器不会保留每一次访问系统的中间信息。如果想保留这些信息, 就要使用 ASP.NET 提供的内置对象。ASP.NET 提供了许多内置对象, 包括 Response、Request、Server、Application、Session 和 Cookie 等, 这些对象都封装在.NET Framework 中, 无须手工建立, 可以直接使用。应用程序中可以使用这些对象完成许多功能, 例如发送 HTTP 请求、保存 Web 服务状态信息、在两个网页之间传递变量、输出数据等。本章重点介绍这些对象的使用方法。

学习目标

☑ 了解 Page 类的常用属性和事件。

☑ 掌握 Response、Request、Server 对象的使用方法。

☑ 掌握使用 Application 和 Session 对象存储变量的方法。

☑ 了解 Cookie 对象的使用方法。

☑ 能够使用 ASP.NET 内置对象完成参数传递、数据输出等功能。

5.1 Page 类

5.1.1 Page 类概述

在 ASP.NET 中, 每一个 Web 窗体 (即 ASP.NET 页面) 都是从 Page 类继承而来。一个 ASP.NET 页面实际上就是 Page 类的一个对象, 它所包含的属性、方法和事件用来控制页面的显示。Page 类与扩展名为.aspx 的文件相关联, 这些文件在运行时编译为 Page 对象, 并缓存在服务器内存中。此外, Page 对象是一个用作 Web 应用程序用户界面的控件, 它充当了页面中所有服务器控件的承载容器。

ASP.NET 提供了两种用于管理可视元素和代码的模型, 即单文件页模型和代码隐藏页模型。在单文件页模型中, 页的标记及其编程代码位于同一个物理的.aspx 文件中, 编程代码中包含 runat="server"属性的 script 块, 此属性将网页标记为 ASP.NET 应执行的代码。在代码隐藏页模型中, 不存在具有 runat="server"属性的 script 块, 可以在一个文件 (.aspx) 中保留标记, 并在另一个文件中保留编程代码, 代码文件的名称会根据所使用的编程语言而有所变化, 其@Page 指令包含引用外部文件和类的属性, 这些属性将.aspx 页链接至其代码。

5.1.2 Page 类的属性和事件

1．Page 类的常用属性

（1）Ispostback：该属性值是个 bool 型数据，表明该页是为响应客户端回发而加载，还是被首次加载和访问。如果是为了响应客户端而加载该页，则 Ispostback 属性为 true，否则为 false。

（2）Isvalid：该属性用于判断页面中所有输入的内容是否已经通过验证，是一个布尔值的属性。当需要使用服务器端验证时，可以使用该属性。若为 true，表明该页验证成功，否则为 false。需要强调的是，应在页面中相关服务器控件的 Click 事件处理程序中将该控件的 CausesValidation 属性设为 true，或在调用 Page.Validate 方法后访问 IsValid 属性。

（3）IsCrossPagePostBack：该属性用于判断页面是否使用跨页提交，它是一个布尔值的属性。

（4）Items：用于获取存储在页面上下文中的对象的列表。

（5）Request：获得当前 HTTP 请求的 HttpRequest 对象。

2．Page 类的常用方法

（1）SetFocus：将浏览器焦点设置为指定控件。

（2）onLoad：引发 Load 事件。

（3）FindControl：在页面容器中搜索指定的服务器控件。

（4）MapPath：检索虚拟路径或应用程序相关的路径映射到的物理路径。

（5）Eval：为计算数据绑定表达式提供支持。

3．Page 类的事件

（1）Page_Init：该事件在页面服务器控件被初始化时发生。初始化是控件生存期的第一阶段，该事件主要用来执行所有的创建和设置实例所需的初始化步骤。

（2）Page_Load：该事件在服务器控件加载到 Page 对象中时发生，也就是说，每次加载页面时，无论是初次浏览还是通过单击按钮或因为其他事件再次调用页面，都会触发此事件，读取和更新控件。

（3）Page_Unload：该事件在服务器控件从内存中卸载时发生，主要是执行最后的清理工作，包括关闭打开的文件和数据库连接、完成日志记录或其他特定于请求的任务等。

4．Page 类的使用示例

```
protected void Page_Load(object sender, EventArgs e)
    {
        if (!IsPostBack)            //如果页面是首次加载
        {
          Response.Write("当前时间: "+DateTime.Now.ToString());//输出当前时间
          SetFocus(TextBox1);    //TextBox1 控件获得输入焦点
        }
    }
```

5.2 Response 对象

5.2.1 Response 对象概述

Response 对象是 System.Web 命名空间中 HttpResponse 类的实例，用于获取与该 page 对象关联的 HttpResponse 对象。Response 对象可以动态地响应客户端的请求，允许将 HTTP 响应数据作为请求结果发送到客户端浏览器中，并提供有关该响应的信息，提供对当前页的输出流的访问。此外，Response 对象还可以向客户端浏览器发送信息，或者将访问者转移重定向到另一个网址，传递页面的参数，还可以输出和控制 Cookie 信息等。

5.2.2 Response 的常用属性和方法

1．Response 对象的常用属性

（1）BufferOutput：获取或设置一个值，该值指示是否缓冲输出，并在完成处理整个页之后将其发送。

（2）Cache：获取 Web 页的缓存策略，如过期时间、保密性等。

（3）Charset：获取或设置输出流的 HTTP 字符集。

（4）Cookies：获取当前请求的 Cookie 集合。

（5）Expires：获取或设置在浏览器上缓存的页过期之前的分钟数。

（6）IsClientConnected：传回客户端是否仍然和 Server 连接。

（7）SuppressContent：设定是否将 HTTP 的内容发送至客户端浏览器，若为 true，则网页将不会传至客户端。

2．Response 对象的常用方法

（1）Write：将指定的字符串或表达式的结果输出到客户端。

例如：

```
Response.Write("Hello World! ");
```

小贴示：如果要在网页上输出提示信息，可以用 Label 控件来实现。如果需要在不使用任何控件的情况下显示提示信息，则可以使用 Response 对象的 Write 方法来实现，方法的参数即为要输出的内容，可以是字符、字符串或字符数组。

（2）Redirect：使浏览器重定向到程序指定的 URL，并可附加查询字符串在网页间传数据。

例如：

```
Response.Redirect("http://www.baidu.com");  //重定向到新的 URL
```

例如：

```
Response.Redirect("Index.aspx?id=111");      //跳转页面同时传递参数 id
```

（3）End：停止页面的执行并得到相应结果，即停止服务器端继续向浏览器发送数据。

　　小贴示：假设某网站的开放时间为正常的上班时间，其他时间不提供浏览服务，则可用 Response.End 方法来实现。

（4）Clear：清除缓冲区的内容。

（5）WriteFile：将指定的文件写入 HTTP 内容输出流。

　　小贴示：Response 对象的 WriteFile 方法可将文本文件中的所有内容输出到网页上，只需将文本文件的名称写入 WriteFile 方法即可，语法格式为：Response.WriteFile("文件名称")。文件名称可使用"相对地址"或"绝对地址"的写法。在输出文件内容的同时，编译器还会对内容进行编译，如果含有 HTML 标记符也会被编译出来。

　　例如：

```
Response.WriteFile(Server.MapPath("test.txt"));
```

上述代码在网页中输出了当前网站文件目录下 test.txt 文本文件中的内容。

（6）Flush：将缓冲区的所有数据发送到客户端。

（7）Close：关闭到客户端的套接字连接。

（8）AppendCookie：将一个 HTTP Cookie 添加到内部 Cookie 集合。

（9）IsClientConnected：用来判断网页浏览者是否处于断开状态，返回值为 False 表示网页浏览者已断开连接，此时可用 Response.End 方法来结束输出。

3. Response 对象使用示例

```
protected void Button1_Click(object sender, EventArgs e)
{
    Response.Write("当前时间是: " + DateTime.Now.ToString());
    Response.Write("<br>");
    Response.Write("<h1>ASP.NET 程序设计及应用</h1>");
    for (int i = 0; i < 100; i++)
    {
      Response.Write(i.ToString()+"<br>");
      if (i == 10) Response.End();   //当 i=10 时，停止输出数据
    }
}
```

5.3　Request 对象

5.3.1　Request 的常用属性

　　Request 对象是 HttpRequest 类的一个实例。当客户端从网站请求 Web 页时，Web 服务器就接收一个客户端 HTTP 请求，客户端的请求信息会包装在 Request 对象中，这些请求信息包括请求报头（Header）、客户端的主机信息、客户端浏览器信息、请求方法等。使用 Request 对象可以获取从客户端向服务器端请求的信息，还可以读取客户端浏览器已经发送的内容。

　　Request 对象的常用属性如下。

（1）QueryString：获取 HTTP 查询字符串变量集合。

（2）FilePath：获取当前请求的网页的虚拟路径。

（3）UserHostAddress：获取远程客户端的 IP 主机地址。

（4）Browser：获取正在请求的客户端浏览器的信息，如浏览器类型、版本等。

（5）ServerVariables：获取 Web 服务器端或客户端的环境变量信息的集合。

小贴示：ServerVariables 属性中常用的参数说明如下。

- Request.ServerVariables["OS"]：操作系统。
- Request.ServerVariables["Server_Port"]：接受请求的服务器端口号。
- Request.ServerVariables["Remote_Addr"]：发出请求的远程客户端主机的 IP 地址。
- Request.ServerVariables["Remote_Host"]：发出请求的远程主机名称。
- Request.ServerVariables["HTTP_USER_AGENT"]：发出请求的客户端操作系统信息。
- Request.ServerVariables["Local_Addr"]：接受请求的服务器地址。
- Request.ServerVariables["Http_Host"]：服务器地址。
- Request.ServerVariables["Server_Name"]：服务器的主机名、DNS 地址或 IP 地址。
- Request.ServerVariables["Server_Protocol"]：服务器使用协议的名称和版本。

（6）MapPath：将请求的 URL 中的虚拟路径映射到服务器上的物理路径。

（7）ApplicationPath：获取服务器上 ASP.NET 应用程序的虚拟应用程序根路径。

（8）PhysicalApplicationPath：获取目前请求网页在 Server 端的真实路径。

（9）URL：获取有关当前请求的 URL 的信息。

（10）Item：从 Cookies、QueryString 或 ServerVariables 集合中获取指定的对象。

（11）Cookies：获取客户端发送的 Cookie 集合。

（12）SaveAs：将 HTTP 请求保存到磁盘。

5.3.2　Request 使用示例

【例 5.1】　使用 Response 对象和 Request 对象输出服务器端环境变量信息以及客户端浏览器的相关信息。程序运行效果如图 5-1 所示，详细代码参见 ex5-1。

图 5-1　例 5.1 运行效果图——Response 与 Request 对象使用示例

核心代码：

```
protected void Page_Load(object sender, EventArgs e)
{
    Response.Write("<h2>服务器端信息如下：</h2>");
    Response.Write("服务器IP地址：" + Request.ServerVariables["Local_Addr"]+"<br>");
    Response.Write("服务器名称：" + Request.ServerVariables["Server_Name"] + "<br>");
    Response.Write("服务器端口号："+Request.ServerVariables["Server_Port"]+"<br>");
    Response.Write("<h2>客户端信息如下：</h2>");
    Response.Write("客户端IP地址：" + Request.ServerVariables["Remote_Addr"]);
    Response.Write("<br>");
    Response.Write("操作系统："+Request.ServerVariables["HTTP_USER_AGENT"]);
    Response.Write("<br>");
    Response.Write("浏览器类型：" + Request.Browser.Browser + "<br>");
    Response.Write("浏览器是否是测试版：" + Request.Browser.Beta  + "<br>");
    Response.Write("浏览器是否支持Cookies：" + Request.Browser.Cookies + "<br>");
    Response.Write("是否支持JavaScript："+Request.Browser.JavaScript +"<br>");
    Response.Write("浏览器版本号：" + Request.Browser.MajorVersion  + "<br>");
}
```

小贴示：本例中使用 Response 对象的 Write 方法在浏览器端输出信息，使用 Request 对象的 ServerVariables 属性获取服务器的相关信息，使用 Request 对象的 Browser 属性获取浏览器的相关信息。

【例 5.2】 设计一个用户登录界面，使用 Response 对象和 Request 对象将用户名以及用户类型传递到登录成功的页面。程序运行效果如图 5-2 所示，详细代码参见 ex5-2。

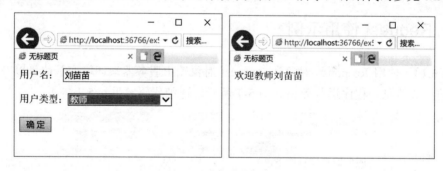

图 5-2　例 5.2 运行效果图

操作提示：创建网站，添加两个 Web 页面 Login.aspx 和 index.aspx。在 Login.aspx 页面中添加一个 TextBox 控件用于输入用户名；添加一个 DropDownList 控件，用于选择用户类型，其中 DropDownList 控件的 Items 属性设置为"管理员""教师"和"学生"三项。在"确定"按钮的 Click 事件中添加代码，使用 Response 对象的 Redirect 方法跳转至 index.aspx 页面，同时将用户名和用户类型两个参数传递过去。在 index.aspx 页面的 Page_Load 事件中添加代码，使用 Request 对象的 QueryString 属性获取传递过来的参数。核心代码如下：

```
//Login.aspx 页面"确定"按钮的 Click 事件
```

```
protected void Button1_Click(object sender, EventArgs e)
{
    if (TextBox1.Text != "")
    { Response.Redirect("index.aspx?username=" + TextBox1.Text + "&usertype="
      + DropDownList1.SelectedItem.Text); }  //跳转页面的同时传递参数
    else
    { Response.Write("<script language=javascript>alert('请输入用户名！')
      </script>"); }
}
//index.aspx 页面的 Page_Load 事件
protected void Page_Load(object sender, EventArgs e)
{
    Response.Write("欢迎" );
    Response.Write(Request.QueryString["usertype"]+Request.QueryString
    ["username"]);
}
```

说明：为网站添加多个页面的方法为，在"解决方案资源管理器"窗口选中网站的名字，右击，选择"添加新项"，在打开的对话框中，选择"Web 窗体"，输入新页面的名称，单击"确定"按钮即可。在"添加新项"对话框中可以为当前应用程序添加不同的模板，例如类、母版页、站点地图等，操作方法均类似。

小贴示：若一个 Web 应用程序包含多个页面，则在"解决方案资源管理器"窗口中，选中某页面，右击，选择"设为起始页"快捷菜单命令，则可以将被选中的页面设置为网站的起始页。默认情况下，第一个被创建的页面为网站的起始页。

5.4　Server 对象

5.4.1　Server 的常用属性与方法

Server 对象又称为服务器对象，是 System.Web.HttpServerUtility 类的一个实例，提供对 HttpServerUtility 类的属性和方法的编程访问。Server 对象提供了一系列可处理 Web 请求的方法，用于对服务器上的资源进行访问。通过 Server 对象，Web 服务使用者可以获取 Web 服务所在服务器的名称和物理路径等，还可以对 HTML 文本进行编码和解码。

1. Server 对象的常用属性

（1）MachineName：获取服务器的计算机名称。

（2）ScriptTimeout：获取和设置请示超时（以秒为单位）。

2. Server 对象的常用方法

（1）Execute：停止执行当前网页，转到当前请求的新网页执行，执行完毕后返回到原网页，继续执行后续语句。

例如：

```
Server.Execute("Default2.aspx?message=Execute"); Response.Write("我还在！");
```

以上代码首先跳转到 Default2.aspx 页面执行，同时传递参数 message，值为 Execute。执行完 Default2.aspx 页面之后返回原页面，执行后续代码，输出"我还在!"。

（2）Transfer：停止执行当前网页，转到新的网页执行，执行完毕后不再返回原网页。例如：

```
Server.Transfer("Default2.aspx?message=Transfer"); Response.Write("我还在! ");
```

以上代码首先跳转到 Default2.aspx 页面执行，同时传递参数 message，值为 Transfer。执行完 Default2.aspx 页面之后不再返回原页面，所以输出"我还在!"的代码行不会被执行。

注意：Execute 方法用于执行从当前页面转移到的另一个页面，并将执行返回到当前页面，执行所转移的页面在同一浏览器窗口中执行，然后原始页面继续执行，所以执行 Execute 方法后原始页面保留控制权。Transfer 方法用于将执行完全转移到指定页面，因而执行该方法时主调页面将失去对其的控制权。

（3）MapPath：返回与 Web 服务器上的指定虚拟路径相对应的物理文件的路径。

语法格式为：

```
Server.MapPath(path);
```

path 表示 Web 服务器上的虚拟路径，如果为空，则该方法会返回包含当前应用程序的完整物理路径。

（4）HtmlEncode：对要在浏览器中显示的包含 HTML 元素标记的字符串进行编码，将其转换为字符实体，例如将"<"转换为字符串&lt 进行编码。

例如：

```
Response.Write(Server.HtmlEncode("<B>Hello World!</B>"));
```

则页面中输出内容为<B>Hello World!</B>，而不是加粗的 Hello World!。

（5）HtmlDecode：对已被编码用于消除无效 HTML 字符的字符串进行解码，其操作与 HtmlEncode 正好相反。

（6）UrlEncode：将字符串中的某些特殊字符转换为 URL 编码，以便能通过 URL 从 Web 服务器到客户端进行可靠的 http 传输。

语法格式为：

```
Server.UrlEncode(string);
```

其中，string 为需要经过 URL 编码的数据。

例如，将":"转换为"%3a"，将"/"转换为"%2f"，将空格转换为"+"，非 ASCII 字符将被转义码所代替等。

（7）UrlDecode：对已被 URL 编码的字符串进行解码，其操作与 UrlEncode 正好相反。

例如：

```
Response.Write(Server.UrlDecode("http%3a%2f%2flogin.aspx"));解码后输出结果
应该是"http://login.aspx";
```

（8）ClearError：清除前一个异常。

5.4.2　Server 使用示例

【例 5.3】练习 Server 对象的 MachineName 属性、MapPath 方法和 HtmlEncode 方法等，程序运行结果如图 5-3 所示，详细代码参见 ex5-3。

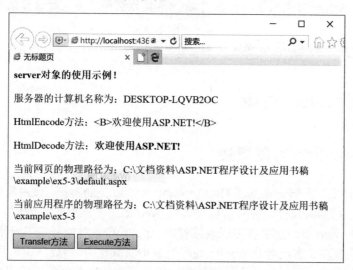

图 5-3　例 5.3 运行结果图

核心代码：

```
protected void Page_Load(object sender, EventArgs e)
{
    Response.Write("<B>server 对象的使用示例！</B>" + "<br>" + "<br>");
    Response.Write("服务器的计算机名称为：" + Server.MachineName + "<br>");
    String str;
    str = Server.HtmlEncode("<B>欢迎使用 ASP.NET!</B>");
    //编码之后不再识别为 html 标记，当作普通字符处理
    Response.Write("HtmlEncode 方法：" + str + "<br>" + "<br>");
    Response.Write("HtmlDecode 方法："+Server.HtmlDecode(str) + "<br>" + "<br>");
    //对编码后的字符串进行解码还原
    Response.Write("当前网页的物理路径为：" + Server.MapPath("default.aspx"));
    Response.Write("<br><br>");
    Response.Write("当前应用程序的物理路径为：" + Server.MapPath(""));
}
// "Transfer 方法" 按钮的 Click 事件
protected void Button1_Click(object sender, EventArgs e)
{
    Server.Transfer("Default2.aspx?message=Transfer");  //跳转后丢失当前页控制权
    Response.Write("Default2.aspx 页面");    //该行代码不会被执行
}
// "Execute 方法" 按钮的 Click 事件
```

```
protected void Button2_Click(object sender, EventArgs e)
{
    Server.Execute("Default2.aspx?message=Execute"); //跳转后保留页面控制权
    Response.Write("Default2.aspx 页面");       //返回页面后继续执行该行代码
}
```

思考：（1）Server 对象的 Mappath 方法，参数为空和不为空时该方法的返回值有何区别？

（2）Server 对象的 Execute 方法和 Transfer 方法有何区别？

5.5 Application 对象

5.5.1 Application 对象概述

Application 对象是 System.Web.HttpApplicationState 类的实例，该对象内的信息可以在 Web 服务整个运行期间保存，并且可以被调用 Web 服务的所有用户使用。如果 Web 服务类派生自 WebService 类，那么就可以直接使用 Application 对象。在 Web 服务中通常使用 Application 对象保存状态或者从 Application 对象中获取状态信息。

Application 对象是用于创建全局变量来检索和保存数据的对象，它可以生成一个所有 Web 应用程序都可以存取的变量，这个变量的使用范围涵盖全部使用者，只要正在使用这个网页的程序都可以存取这个变量。因此，Web 应用程序中通常使用 Application 对象来存储变量或对象，以便在网页再次被访问时（不管是不是同一个连接者或访问者）所存储的变量或对象的内容还可以被重新调出来使用，也就是说 Application 对于同一网站来说是公用的，可以在各个用户间共享。

每个 Application 对象变量都是 Application 集合中的对象之一，由 Application 对象统一管理，语法结构为：

```
Application["变量名称"]="变量值"
```

Application 对象是一个集合对象，并在整个 ASP.NET 网站内可用，不同的用户在不同的时间都有可能访问 Application 对象的变量，因此 Application 对象提供了 Lock 方法用于锁定对 HttpApplicationState 变量的访问，以确保多个用户无法同时改变某一个属性，避免访问同步造成的问题。在对 Application 对象的变量访问完成后，需要调用 Application 的 UnLock 方法取消对 HttpApplicationState 变量的锁定，使用方法如下：

```
Application["Visitors"] = 0;     //设置对象的初值
Application.Lock();              //锁定当前对象
Application["Visitors"] = Application["Visitors"]+1;  //更改对象的值
Application.UnLock();            //解锁当前对象
```

利用 Application 对象存取变量时需要注意以下几点。

（1）Application 对象变量应该是经常使用的数据，如果只是偶尔使用，可以把信息存储在磁盘的文件中或者数据库中。

（2）Application 对象是一个集合对象，它除了包含文本信息外，也可以存储对象。

（3）如果站点开始就有很大的通信量，则建议使用 Web.config 文件进行处理，不要使用 Application 对象变量。

小贴示：Application 对象变量与一般变量的区别如下：

当建立一个新的 Application 对象后，它就代表一个变量，此变量的生命周期比一般的变量要长。当重复执行同一程序时，一般变量的执行结果并不会保留到下一次程序执行，它的生命始于程序的执行开始，止于程序的执行结束。而 Application 对象所产生的变量在程序中被运算、执行的结果并不会因程序的执行结束而消失，每一次重新执行程序时的变量内容即为上一次执行结果后所得到的变量内容。它的生命周期始于 Web 应用程序的开始，止于 Web 应用程序的结束。

小贴示：Application 对象的锁定。

使用 Application 对象时，先利用 Application.Lock 使 A 浏览者执行变量，并暂时将此变量锁定，不允许其他浏览者更改此变量，直到 A 浏览者执行了 Application.UnLock 才解除对此变量的锁定。这时 B 浏览者就可以执行该 Application 对象变量的运算了，而 B 浏览者得到的初始变量值是经过 A 浏览者执行得到的结果。

5.5.2　Application 的常用属性和方法

1．Application 的常用属性

（1）Count：获取 HttpApplicationState 集合中的对象数。

（2）Item：获取对 HttpApplicationState 集合中对象的访问，允许通过对象名称或数字索引访问对象。

2．Application 的常用方法

（1）Add：新增一个 Application 对象变量。

语法格式：

```
Application.Add("变量名", "变量值");
```

（2）Remove：通过变量名删除一个 Application 变量。

语法格式：

```
Application.Remove("变量名");
```

（3）Clear：清除全部的 Application 对象变量。

（4）Lock：锁定全部的 Application 变量。

（5）Set：通过变量名更新一个 Application 对象变量的内容。

语法格式：

```
Application.Set("变量名", "变量值");
```

（6）GetKey：通过索引获取 Application 对象变量的名称。

语法格式：

```
Application.GetKey(i);
```

（7）Get：通过变量名或索引获取 Application 对象变量的内容。

语法格式：

```
Application.Get("变量名");
```

或者

```
Application.Get(i);
```

小贴示：Application.Get(i)等价于 Application[i]，都是返回第 i+1 个变量的值。

（8）UnLock：解除锁定的 Application 变量。

Application 使用示例：

```
Application.Add("App1", "Value1"); Application.Add("App2", "Value2");
Application.Add("App3", "Value3"); Application.Add("App4", "Value4");
Response.Write("Application对象个数为"+Application.Count.ToString()+",分别
为：<br>");
for (int i = 0; i < Application.Count; i++)
{   //循环输出 4 个 Application 变量的名称以及对应的变量值
    Response.Write("变量名: " + Application.GetKey(i));
    Response.Write(",变量值: " + Application[i] +"<br>");
}
```

3．Application 对象常用事件

（1）Application_Start 事件：在首次创建新的会话之前发生。该事件发生在 Session_Start 事件之前。

（2）Application_End 事件：在应用程序退出时，服务中止或者该 Application 对象卸载时发生。Application_End 事件于 Session_End 事件之后发生，触发 Application_End 事件的脚本程序只能存在于 Global.asax 文件中。

注意：Application_Start 和 Application_End 事件只有 Application 和 Server 内置对象可以使用。

5.5.3 Application 使用示例

【例 5.4】 使用 Application 对象制作简单的发言界面，程序运行效果如图 5-4 所示，详细代码参见 ex5-4。

图 5-4 例 5.4 运行效果图

操作提示：新建网站，向页面中添加 Table、TextBox、Label、Button 等控件，设置各组件的属性，如图 5-4 所示，其中显示发言内容的文本框设置为多行模式。核心代码如下：

```
protected void Button1_Click(object sender, EventArgs e)// "发送" 按钮的 Click 事件
{
    Application["content"] = Txt_Content.Text;
    Txt_Message.Text = Txt_Message.Text + Label1.Text +
    Application["content"].ToString() +"---"+DateTime.Now.ToString() + "\n";
}
```

小贴示："\n"用于多行文本框的换行。

5.6　Session 对象

5.6.1　Session 对象概述

Session 对象是 HttpSessionState 类的一个实例，用于在服务器端存储与唯一的浏览器会话相关联的信息。Session 对象中可存储跨网页程序的变量、浏览器端的变量，以及每个用户的会话信息。然而，不同的客户端无法互相存取 Session 对象中存储的数据。当服务器响应客户端请求时，会同时发送一个 SessionID 到客户端浏览器，浏览器可根据 SessionID 找到 Session 对象中保存的数据。也即，连接到服务器的每一个客户端都有各自的 SessionID 用来唯一标识 Session 对象，不同的客户端之间无法互相存取 Session 变量。

1. Session 对象的一对一关系

Session 对象所产生的变量虽然可以保存该变量的值，但此变量只能供一位浏览者使用，不是说只有一个用户能使用这个变量，而是每一位链接到此网页使用该变量的浏览者都有自己的 Session 对象变量，并且彼此之间互不相关，这种变量只给一个用户使用的现象称为一对一关系。即一个用户对应一个 Session 对象，保存在 Session 对象中的用户信息只能被用户自己使用，网站的其他用户无法访问。

2. Session 对象的生命周期

Session 对象的生命周期始于网页浏览者"第一次"链接到此网页上，止于网页浏览者关闭此浏览窗口或切断与服务器端的连接。还有另一种状况也会结束 Session 对象的生命周期，就是当浏览者经过一段时间，并没有持续与服务器端联系，此时也会导致变量生命周期结束。

注意：Application 与 Session 对象变量都是存放在服务器端机器的内存中，占用服务器端的资源。Application 对象变量是大家公用的，也是必要的资源；但 Session 对象变量是每位浏览者自己拥有的，一旦浏览者增多，服务器端的资源被占用，内存空间就会不足，严重的话还会导致服务器端瘫痪。为了减少这样的情况发生，Session 对象中提供了 TimeOut 属性，以监测浏览者的联机情况。Session 对象的 TimeOut 属性默认有效期为 20 分钟。

3. Session 对象的使用

Session 对象存取数据的方式与 Application 完全相同。

（1）保存数据：Session["变量名"]=变量值；例如，Session["UserName"]="zhangsan"；

（2）读取数据：变量=Session["变量名"]；例如，string strUserName=Session ["User Name"]；

4. Session 对象与 Application 对象的异同点

（1）相同点。Session 对象和 Application 对象一样都是 Page 对象的成员，因此可直接在网页中使用，在整个 Web 服务运行过程中，两者都可以在服务器端保存信息。

（2）不同点。Application 对象保存的信息可以被该应用程序的所有用户访问存取，而 Session 对象保存的信息只能由单个用户所访问。此处所指的用户是指一次访问 Web 服务过程的用户，如果一个用户在一次访问 Web 服务后离开，稍后又重新访问 Web 服务，那么 Web 服务也将其视为两个不同的用户。Application 对象的生存期终止于停止 IIS 服务时，而 Session 对象的生存期终止于联机客户端离线时，也就是当网页使用者关掉浏览器或超过设定的 Session 变量的有效时间时，Session 对象就会消失。

5.6.2　Session 的常用属性和方法

1. Session 对象的常用属性

（1）Count：获取会话状态集合中 Session 对象的个数。

（2）TimeOut：获取并设置会话状态提供程序终止会话之前各请求之间所允许的超时期限。

例如：Session.TimeOut=1;该代码限制 Session 时效为 1 分钟，超时过期。

（3）SessionID：获取用于标识会话的唯一会话 ID。

（4）Item：获取或设置个别会话值。

（5）Contents：获取对当前会话状态对象的引用。

（6）IsNewSession：是一个布尔型的属性，用于判断是否是一个新的会话。

（7）IsCookieless：是一个布尔型的属性，该值表示会话是嵌入在 URL 中还是存储在 HTTP Cookie 的会话 ID。若会话嵌入到 URL，则返回值为 true，否则为 false。

说明：SessionID 唯一标识与浏览器的每一个会话。默认情况下，SessionID 会存储在浏览器中永不过期的会话 Cookie 中，即 IsCookieless 属性为 false。但是，也可以通过将 IsCookieless 属性设置为 true 来表明将会话嵌入到 URL 中，而不存储在 Cookie 中。此时，当指定 URL 关闭时，Cookie 也将关闭。有关 Cookie 对象的使用，5.7 节中会做详细介绍。

2. Session 对象的常用方法

（1）Add：新增一个 Session 对象。

（2）Clear：清除会话状态中的所有值。

（3）Remove：删除会话状态集合中的某一项。

（4）RemoveAll：清除所有会话状态值。

（5）Abandon：取消当前会话。

3．Session 对象的常用事件

（1）Session_Start：该事件在用户请求网页，服务器创建新会话时发生。

（2）Session_End：该事件在会话终止、被放弃或超时时发生。

注意：Session 对象的以上两个事件可以在全局文件 global.asax 中为事件指定脚本。

5.6.3　Session 使用示例

【例 5.5】　当用户在页面中输入用户名和密码时，使用 Session 对象将参数传递至另
个页面，程序运行结果如图 5-5 所示，详细代码参见 ex5-5。

图 5-5　例 5.5 运行结果图

操作提示：新建网站，添加两个页面 Login.aspx 和 Look.aspx。在 Login.aspx 页面中添
加 Table、TextBox 和 Button 等控件，属性设置如图 5-5 所示。核心代码如下：

1）Login.aspx 页面代码

```
// "登录" 按钮的 Click 事件
protected void Btn_Ok_Click(object sender, EventArgs e)
{
    if ((Txt_name.Text != "") && (Txt_pwd.Text != ""))
    {
     Session["name"] = Txt_name.Text;  Session["pwd"] = Txt_pwd.Text;
     Response.Redirect("Look.aspx");  //保存参数后跳转页面
    }
    else
    {
    Response.Write("<script language=javascript>alert('用户名密码不能为空！')
    <script>");
    }
}
// "重置" 按钮的 Click 事件
protected void Btn_Reset_Click(object sender, EventArgs e)
    {
    Txt_name.Text = "";  Txt_pwd.Text = "";  //清空文本框内容
```

```
        SetFocus(Txt_name);  //输入用户名的文本框获得输入焦点
}
```

2）Look.aspx 页面代码

```
protected void Page_Load(object sender, EventArgs e)
{
    if (!IsPostBack)    //如果页面是首次加载
    { Response.Write("使用Session对象传递过来的参数: <br>用户名为" +
    Session["name"].ToString() + ", 密码为" + Session["pwd"].ToString()); }
}
```

小贴示：程序设计过程中，为增强代码可读性，一般对页面名称、控件名称、参数名称等进行重命名，用有意义的英文单词或缩写组合来表示，以增强其可读性。例如，登录页面命名为 Login.aspx，输入用户名的文本框命名为 Txt_name，确定按钮命名为 Btn_Ok 等。

【例 5.6】 使用 Application 对象和 Session 对象设计一个网站访问人数计数器。程序运行结果如图 5-6 所示，详细代码参见 ex5-6。

图 5-6　例 5.6 运行结果图

操作提示：新建网站，在当前 Default.aspx 页面中添加一个 Label 控件用来显示在线人数，该控件 name 属性设置为 Lbl_Message。在"解决方案资源管理器"窗口中选中网站的名字，右击，执行"添加新项"快捷菜单命令，在打开的窗口中选择"全局应用程序类"模板，便可为当前网站添加 Global.asax 文件。在 Global.asax 文件中添加 Application 和 Session 对象相应的事件代码。统计网站在线人数主要考虑三个方面：第一，在 Application_Start 事件中初始化计数器；第二，当一个用户访问网站时，在 Session_Start 事件中将计数器加 1；第三，当一个用户离开网站时，在 Session_End 事件中将计数器减 1。详细代码如下。

1）Global.asax 文件中的代码

```
<%@ Application Language="C#" %>
<script runat="server">
void Application_Start(object sender, EventArgs e)
{
    //在应用程序启动时运行的代码
    Application["total"] = 0;    //初始化计数器的值
```

```
}
void Session_Start(object sender, EventArgs e)
{
    //在新会话启动时运行的代码
    Application.Lock();
    Application["total"] = (int)Application["total"] + 1;  //登录人数加 1
    Application.UnLock();
}
void Session_End(object sender, EventArgs e)
{
    //在会话结束时运行的代码
    Application.Lock();
    Application["total"] = (int)Application["total"] - 1;  //登录人数减 1
    Application.UnLock();
}
</script>
```

2）Default.aspx 页面文件中的代码

```
protected void Page_Load(object sender, EventArgs e)
{
    Lbl_Message.Text="当前在线人数: "+ Application["total"].ToString();
}
```

5.7　Cookie 对象

5.7.1　Cookie 对象概述

　　Cookie 对象是 System.Web 命名空间中 HttpCookie 类的对象，它是服务器暂存在计算机中的资料（文本文件），为 Web 应用程序保存用户相关信息提供了一种有效的方法。Cookie 与 Session 和 Application 类似，也是用来保存相关信息的，但 Cookie 和其他对象的最大不同是将信息保存在客户端，而 Session 和 Application 是把信息保存在服务器端。

　　Cookie 是一小段文本信息，它伴随着用户请求页面在 Web 服务器和浏览器之间传递。当用户访问某个站点时，该站点可以利用 Cookie 保存用户首选项或其他信息，这样当用户下次再访问该站点时，应用程序就可以读取 Cookie 保存的信息。使用 Cookie 对象时注意以下几点。

　　（1）Cookie 只是一段存储于客户端的字符串，并不能执行。

　　（2）大多数浏览器规定 Cookie 大小不超过 4KB，还有的浏览器限制了每个站点能保存的 Cookie 数不超过 20 个，所有站点保存的 Cookie 总和不超过 300 个。

　　（3）除了 Cookie 外，几乎没有其他的方法可以在客户端的机器上写入数据，就连 Cookie 的写入操作也是通过浏览器进行的。

　　（4）用户可以将自己的浏览器设置为拒绝接受 Cookie。当用户的浏览器因关闭对

Cookie 的支持，而不能有效地识别用户时，只需在 web.config 文件中加入以下语句就能识别用户。

```
<sessionState cookieless="AutoDetect">
<sessionState cookieless="UseUri">
```

（5）一般每个 Cookie 都有有效期限，可通过其 Expires 属性进行设置。当用户访问网站时，浏览器会自动删除过期的 Cookie。没有设置有效期的 Cookie 将不会以文件的方式保存到硬盘中，只能作为用户会话信息的一部分。

小贴示：Cookie 对象具有简单性、数据持久性、不需要任何服务器资源、可配置到期规则等优点，但同时也有大小受限制、可被设为禁用或被用户操纵、存在潜在安全风险等缺点。

5.7.2　Cookie 的常用属性和方法

ASP.NET 提供了 Cookie 对象来实现状态管理，该对象包含有许多属性和方法用于对 Cookie 的增加、删除和取值等操作。

1．Cookie 对象的常用属性

（1）Name：获取或设置 Cookie 的名称。

（2）Value：获取或者设置 Cookie 的值。

（3）Expires：获取或者设置 Cookie 的过期日期和时间。

（4）Port：获取或设置此 Cookie 适用的 TCP 端口的列表。

（5）HttpOnly：确定脚本或其他活动内容是否可访问此 Cookie。

（6）Secure：获取或设置 Cookie 的安全级别。

2．Cookie 对象的常用方法

（1）Add：添加一个 Cookie 变量。

（2）Clear：清除 Cookie 变量。

3．Cookie 对象的使用

（1）创建 HttpCookie 对象并指定 Cookie 对象名。

语法格式：

```
HttpCookie Httpcookie对象名=new HttpCookie("Cookie名称");
```

例如：

```
HttpCookie Name_cookie = new HttpCookie("Name");
```

上述代码创建了一个 HttpCookie 对象 Name_cookie，并指定 Cookie 名称为 Name。

（2）将 Cookie 对象放到当前页的 Response 中。

语法格式 1：

```
Response.Cookies.Add(HttpCookie对象名);
```

例如：

```
Response.Cookies.Add(Name_cookie);
```

或

```
Response.Cookies.Add("Name");
```

语法格式 2：

```
Response.AppendCookie(HttpCookie 对象名);
```

例如：

```
Response.AppendCookie(Name_cookie);
```

（3）使用 Cookie 存储信息

语法格式 1：

```
Response.Cookies.Values.Add("Cookie 名称", Cookie 值);
```

例如：

```
Response.Cookies.Values.Add("Name", "John");
```

语法格式 2：

```
Response.Cookies["Cookie 名称"].Value=Cookie 值;
```

例如：

```
Response.Cookies["Name"].Value="John";
```

语法格式 3：

```
Httpcookie 对象名.Value=Cookie 值;
```

例如：

```
Name_cookie.Value="John";
```

（4）获取 Cookie 中的值

语法格式：

```
变量=Cookies.Values["Cookie 名称"];
```

例如：

```
string name = Cookies.Values["Name"];
```

（5）设置 Cookie 到期时间

语法格式：

```
Httpcookie 对象名.Expires = 时间值;
```

例如：

```
Name_cookie.Expires=DateTime.Now.AddYears(1);
```

上述代码设置 Name_cookie 一年后失效。

思考：浏览器对 Cookie 的限制有哪些？

5.7.3　Cookie 使用示例

【**例 5.7**】　使用 Cookie 实现一个记住登录用户名的功能。用户登录某网站时，使用 Request 对象获取 Cookie 值，若 Cookie 中已经保存有此用户名，则将其显示在输入用户名的文本框中。若 Cookie 中没有此用户名，则在单击"登录"按钮时，使用 Response 对象将本次输入的用户名及密码写入 Cookie 对象并存于客户端。程序运行结果如图 5-7 所示，详细代码参见 ex5-7。

图 5-7　例 5.7 运行结果图

操作提示：新建网站，添加 TextBox、Button 等控件，各组件属性设置如图 5-7 所示。页面 Load 事件中，取该浏览器中 Cookies 对象之前保存的用户名，若存在则将其显示在输入用户名的文本框中。在"登录"按钮的 Click 事件中，创建 HttpCookie 对象，并将输入的用户名和密码存储在相应的 Cookie 对象中，同时设置 Cookie 对象到期时间。这样，每当用户使用浏览器访问该页面时，会将原来保存过的用户名显示出来。详细代码如下：

```
//当前页面的 Load 事件
protected void Page_Load(object sender, EventArgs e)
{
    if (Session.IsCookieless == true)   //会话是嵌入到 URL 中的
    {
      Response.Write("<script>alert('你的 Cookies 已关闭，请打开重试! ')</script>");
      Response.End();
    }
    else    //SessionID 是存储于 Cookie 中的
    {
      HttpCookie user_cookie=Request.Cookies["user_name"];//取之前保存的 Cookie 值
      if (user_cookie != null)   //如果不为空，将之前保存的用户名显示在文本框中
      { Txt_username.Text = user_cookie.Value; }
    }
}
// "登录"按钮的 Click 事件
```

```
protected void Btn_Login_Click(object sender, EventArgs e)
{    //创建保存用户名和密码的 HttpCookie 对象，并指定 Cookie 对象名
    HttpCookie user_name_cookie = new HttpCookie("user_name");
    HttpCookie pwd_cookie = new HttpCookie("pwd");
    //从输入框中取用户名和密码存储在 Cookie 对象中
    user_name_cookie.Value = Txt_username.Text.Trim();
    pwd_cookie.Value = Txt_pwd.Text.Trim();
    //设置 Cookie 对象一个月后失效
    user_name_cookie.Expires = DateTime.Now.AddDays(30);
    pwd_cookie.Expires = DateTime.Now.AddDays(30);
    //将 Cookie 对象添加至当前 Response 对象中
    Response.AppendCookie(user_name_cookie);
    Response.AppendCookie(pwd_cookie);
}
```

思考：如何实现网页登录模块中"是否记住密码"的功能？

小贴士：Cookie 与 Session 的比较

Cookie 和 Session 都是为了解决 HTTP 协议无状态的一种解决办法，它们都可以用来记录用户的信息，只是 Cookie 采用的是在客户端保持状态的方案，它将用户的信息保存在浏览器端。而 Session 采用的是在服务器端保持状态的方案，它将信息保存到服务器端。由于采用服务器端保持状态的方案在客户端也需要保存一个标识，所以 Session 机制需要借助于 Cookie 机制来达到保存标识的目的。此外，在 Cookie 中存放的信息存在安全隐患，而且有可能用户使用的浏览器禁用了 Cookie，那么 Cookie 功能将会失效，因此通常使用 Cookie 存放安全级别低的数据，如：登录时间等。而 Session 将信息存放在服务器端，较为安全，因此可以存放安全级别较高的数据，如：用户名、密码等。

5.8　本章小结

本章重点介绍 ASP.NET 中内置的几个重要对象，它们是 Response 对象、Request 对象、Application 对象、Session 对象、Cookie 对象、Server 对象。先介绍这些对象的常用属性和方法，然后通过几个实例演示了这些对象的使用。通过本章学习，读者应能够熟练地掌握和运用各种 ASP.NET 内置对象完成相关信息的获取、存储与输出，以及页面之间参数传递等功能，以更好地完成 Web 程序设计。

习题 5

1．如何在浏览器端输出信息？

2．利用 Request 对象的（　　　）方法可以获取目前所浏览的网页在服务器端的相对地址。

  A．PhysicalPath   B．FilePath   C．PhysicalApplicationPath D．RawUrl

3．简述 Server 对象的 HtmlEncode 和 HtmlDecode 属性的区别。

4．在 Server 对象的方法中，（ ）方法可以获取目前网页的实际路径。

  A．UrlEncode   B．Transfer   C．HtmlDecode   D．MapPath

5．下面（ ）可以获得客户端的 IP 地址。

  A．Request.UserHostName   B．Request.UserHostAddress

  C．Request.URL   D．Request.FilePath

6．简述如何使用 Response 和 Request 对象在两个页面之间传递参数。

7．如何使用 Request 对象获取浏览器和服务器的相关信息？

8．简述 Application 和 Session 对象的区别。

9．简述 Session 和 Cookie 对象的区别。

10．下面的（ ）对象可用于使服务器获取从客户端浏览器提交的信息。

  A．HttpRequest   B．HttpResponse

  C．HttpSessionState   D．HttpApplication

11．Session 状态和 Cookie 状态的最大区别是（ ）。

  A．储存的位置不同 B．类型不同 C．生命周期不同   D．容量不同

12．默认情况下，Session 状态的有效时间是（ ）。

  A．30 秒   B．10 分钟   C．30 分钟   D．20 分钟

13．Execute()方法和 Transfer()方法有什么区别？

14．下列关于 Request 对象的描述错误的是（ ）。

  A．Request 对象继承自 HpptRequest 类

  B．Request 对象用于向服务器发送请求

  C．Request 对象用于捕获客户端返回给服务器的数据

  D．Request 对象用于获取从客户端上载的文件集合

15．下列关于 Response 对象的描述正确的是（ ）。

  A．Response 对象继承自 HpptRequest 类

  B．Response 对象用于向服务器发送请求

  C．Response 对象用于捕获客户端返回给服务器的数据

  D．Response 对象用于将服务器响应的数据发送到客户端

16．制作一个网站，显示当前在线人数、访客人数和访问者的 IP。

数据验证控件与用户控件

在 ASP.NET 服务器控件中，有一类验证控件专门用于对指定的 Web 控件输入的数据进行检查，并给出必要的提示信息。例如，检测非空数据的输入、数据格式是否符合某些规则、数据内容是否在要求的范围之内等等。ASP.NET 中的验证控件包括必填验证控件、范围验证控件、比较验证控件、正则验证控件、自定义验证控件和验证摘要控件。这些控件使用起来比较简单，一般情况下，通过设置控件的静态属性便可完成客户端输入信息的验证。此外，在 Web 网页制作过程中，除了可以使用 ASP.NET 提供的服务器控件之外，用户还可以将系统提供的可视化组件组合在一起，形成用户控件，以提供网页中小范围的风格控制和灵活的代码重用。本章重点介绍 ASP.NET 数据验证控件和用户控件，学习掌握此类控件的使用方法，以便更好地验证信息以及控制界面的风格，提高程序的开发效率以及完整性和美观性。

学习目标

☑ 了解 ASP.NET 数据验证控件的特点。

☑ 掌握 RequiredFieldValidator、CompareValidator、RangeValidator 验证控件的使用方法。

☑ 熟悉 RegularExpressionValidator、ValidationSummary 验证控件的使用方法。

☑ 了解 CustomValidator 验证控件的使用方法。

☑ 掌握验证码控件的使用方法。

☑ 掌握用户控件的创建及使用方法。

☑ 能够使用验证控件对客户端信息进行验证。

6.1 数据验证控件

ASP.NET 中提供的数据验证控件位于"工具箱"窗口的"验证"选项卡下，包括非空数据验证控件、比较验证控件、数据范围验证控件、数据格式验证控件和错误信息显示控件，各控件具体功能见表 6-1。

小贴示： 在使用验证控件时，一般通过 Page.IsValid 属性判断用户界面上的所有数据验证控件是否通过验证，若通过则返回 true，否则返回 false。

表 6-1　ASP.NET 数据验证控件

控 件 名 称	说　明
RequiredFieldValidator	非空数据验证，用于验证输入值是否为空
CompareValidator	比较控件，用于将输入的值和其他控件或常量进行比较
RangeValidator	数据范围验证，用于验证输入的值是否在指定范围内
RegularExpressionValidator	格式验证，用于验证输入信息是否与预定格式匹配
CustomValidator	自定义验证控件，将输入的信息与用户自定义的验证规则进行比较
ValidationSummary	错误信息显示，用于显示页面中所有错误信息
SerialNumber	第三方验证码控件，实现验证码效果

6.1.1　RequiredFieldValidator 控件

必填验证控件 RequiredFieldValidator 用于保证非空输入，以确保用户没有跳过某个必填项，否则显示错误信息。当用户提交网页中的数据到服务器时，系统会自动检查被验证控件中的输入内容是否为空，如果为空，则 RequiredFieldValidator 控件在网页中显示提示信息。

1. RequiredFieldValidator 控件常用属性

RequiredFieldValidator 控件常用属性及其说明见表 6-2。

表 6-2　RequiredFieldValidator 控件常用属性

属 性 名 称		说　明
ControlToValidate	★	获取或设置要验证的必填输入控件的 ID
Text	★	验证控件中显示的文本信息
ErrorMessage	★	验证失败时验证控件中显示的错误信息。若验证控件的 Text 属性为空，则用 ErrorMessage 属性代替 Text 属性
Display		错误信息的显示方式，可取 Dynamic（动态添加错误信息）、None（在网页固定位置显示错误信息）、Static（在页面上分配固定的控件显示错误信息）
InitialValue		获取或设置关联的必填输入控件的初始值，默认为空。当且仅当关联的输入控件的值与此 InitialValue 属性值不同时，验证才通过；反之，验证失败
SetFocusOnError		是否将焦点设置到要验证的控件上，取值为 true 或 false

小贴示：设置 RequiredFieldValidator 控件的 ControlToValidate 属性时，只需在"属性"窗口中单击 ControlToValidate 属性值列，下拉列表中会列出当前页面中所有控件的名称，用户从中选择要监督的控件即可。

说明：所有验证控件的 ControlToValidate 属性都是用来设置要验证控件的 ID，ErrorMessage 属性用来设置验证失败时显示的错误提示信息，以后对其他验证控件的这两个属性不再重复说明。

注意：当被监督的控件失去焦点且同时改变了输入控件的初始值时，控件才会得到验证。

2. RequiredFieldValidator 控件使用示例

【**例 6.1**】　使用 RequiredFieldValidator 控件对用户注册时输入的用户名进行非空验证，程序运行结果如图 6-1 所示，详细 HTML 代码及控件属性设置参见 ex6-1。

图 6-1　例 6.1 运行结果图

操作提示：新建网站，在页面中添加一个 TextBox 控件、一个 RequiredFieldValidator 控件和一个 Button 控件。将 TextBox 控件的 ID 属性修改为 "txt_UserName"，将 Button 控件的 Text 属性设置为 "注册"。将 RequiredFieldValidator 控件的 ControlToValidate 属性设置为 "txt_UserName"（从属性值列的下拉列表选择即可），将其 Text 属性设置为 "用户名不能为空"。控件的其他属性使用默认值。程序运行时，若用户没有在 txt_UserName 文本框中输入任何内容就直接单击 "注册" 按钮，则将提示 "用户名不允许为空" 的错误信息，验证失败。只有在 txt_UserName 文本框中输入内容后，验证才能通过。

6.1.2　CompareValidator 控件

比较验证控件 CompareValidator 用于将用户的输入与特定的目标进行比较，测试用户的输入是否符合指定的值或符合另一个输入控件的值，例如修改密码时，要求两次输入的密码一致。该控件可以将一个控件中的值与另一个控件中的值进行比较，或者与该控件的 ValueToCompare 属性值进行比较，也可验证用户输入的数据类型是否是指定的类型。

1．CompareValidator 控件常用属性

CompareValidator 控件常用属性及其说明见表 6-3。

表 6-3　CompareValidator 控件常用属性

属 性 名 称		说　　　明
ControlToValidate	★	获取或设置要验证的控件的 ID
ControlToCompare	★	获取或设置与要验证的控件进行比较的控件的 ID
Operator	★	设置或读取要执行的比较操作，为枚举值，可取 DataTypeCheck（仅对数据类型进行比较）、Equal（相等比较）、GreaterThan（大于比较）、GreaterThanEqual（大于等于比较）、LessThan（小于比较）、LessThanEqual（小于等于比较）、NotEqual（不等于比较），缺省值为 Equal
Type	★	设置要比较的数据类型，可取值 String、Integer、Double、Date 以及 Currency，默认值为 String
ValueToCompare	★	用来指定将输入控件的值与某个常数值进行比较，而不是与另一个控件中的值进行比较

注意：比较验证控件的 ControlToCompare 和 ValueToCompare 两个属性在应用时只能

选择其中一个，可以将输入值与另一控件中的值进行比较，或者将输入值与一个常数进行比较。

2. CompareValidator 控件使用示例

【例 6.2】 使用 CompareValidator 控件测试用户两次输入的密码是否一致，验证输入答案的文本框中输入的是否是 "A"，验证输入金额的文本框中输入的数据类型是否为 Currency。程序运行结果如图 6-2 所示，详细 HTML 代码及控件属性设置参见 ex6-2。

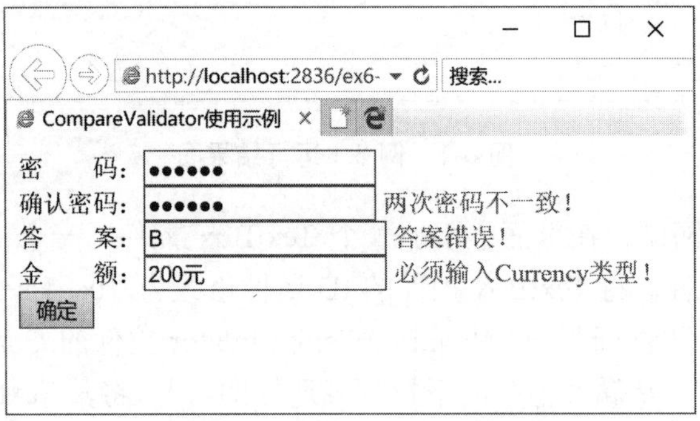

图 6-2　例 6.2 运行结果图

操作提示：新建网站，在页面中添加 4 个 TextBox 控件、3 个 CompareValidator 控件和 1 个 Button 控件。将 4 个 TextBox 控件的 ID 属性分别修改为 txt_Pwd1、txt_Pwd2、txt_Answer、txt_Amount，分别用来输入密码、确认密码、输入答案以及金额。3 个 CompareValidator 验证控件对应的 HTML 源码如下，从中可以看到各验证控件的主要属性设置情况。

```
<!--对确认密码的验证-->
<asp:CompareValidator
ID="CompareValidator1" runat="server" ControlToCompare="txt_Pwd1"
ControlToValidate="txt_Pwd2" ErrorMessage="两次密码不一致！">
</asp:CompareValidator>
<!--对输入的答案的验证-->
<asp:CompareValidator ID="CompareValidator2" runat="server"
ControlToValidate="txt_Answer" ErrorMessage="答案错误！" ValueToCompare=
"A"> </asp:CompareValidator>
<!--对输入的金额的验证-->
<asp:CompareValidator
ID="CompareValidator3" runat="server" ControlToValidate="txt_Amount"
ErrorMessage="必须输入Currency类型！" Type="Currency" Operator="DataTypeCheck">
</asp:CompareValidator>
```

小贴士：CompareValidator 控件的 Operator 属性默认值为 Equal，Type 属性默认值为 String，因此本例中对于密码和答案的验证，所用的比较验证控件的这两个属性都是默认值。

注意：使用 CompareValidator 控件时，若没有指定其 ControlToValidate 属性，则显示页面时将会引发异常。此外，ControlToValidate 属性关联的控件必须与 CompareValidator

验证控件在同一个容器中。

注意：本例中，密码和确认密码的两个输入框初始值都为空，因此若用户在两个输入框中都不输入任何信息，则比较验证仍然会成功。因此，实际应用中，必填验证和比较验证控件往往结合起来使用，同时对用户输入的完整性进行严格控制。

6.1.3　RangeValidator 控件

范围验证控件 RangeValidator 用于判断用户输入的数据是否满足指定的范围条件。该控件可以通过 MaximumValue 属性和 MinimumValue 属性设置最大值和最小值，当用户在 Web 窗体页上输入数据时，可检查输入的值是否在指定的上下限范围之内。

1. RangeValidator 控件常用属性

RangeValidator 控件的常用属性见表 6-4。

表 6-4　RangeValidator 控件常用属性

属 性 名 称		说　　明
MinimumValue	★	设置比较范围的最小值
MaximumValue	★	设置比较范围的最大值
Type	★	设置要比较的值的数据类型，默认值为 String

2. RangeValidator 控件使用示例

【例 6.3】　使用 RangeValidator 控件检测用户输入的成绩和日期信息，要求成绩为 0～100 之间的整数，日期为 2000-1-1—2020-1-1。程序运行效果如图 6-3 所示，详细 HTML 代码及控件属性设置参见 ex6-3。

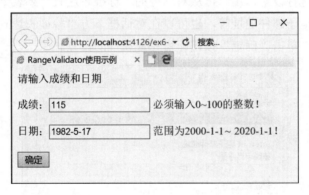

图 6-3　RangeValidator 使用示例

操作提示：新建网站，在页面中添加 2 个 TextBox 控件、2 个 RangeValidator 控件和 1 个 Button 控件。将 2 个 TextBox 控件的 ID 属性分别修改为 txt_Grade 和 txt_Date，分别用来输入成绩和日期。2 个 RangeValidator 验证控件对应的 HTML 源码如下，从中可以看到各验证控件的主要属性设置情况。

```
<!--对成绩的验证-->
<asp:RangeValidator ID="RangeValidator1" runat="server" ControlToValidate=
"txt_Grade"
```

```
ErrorMessage="必须输入 0~100 的整数！"
MaximumValue="100"  MinimumValue="0"  Type="Integer"  ControlToValidate=
"txt_Grade">
</asp:RangeValidator>
<!--对日期的验证-->
<asp:RangeValidator ID="RangeValidator2"  runat="server" ErrorMessage="范围为
2000-1-1 至 2020-1-1!" ControlToValidate="txt_Date"  MaximumValue="2020-1-1"
MinimumValue="2000-1-1" Type="Date"> </asp:RangeValidator>
```

注意：使用验证控件时，一定要设置其 ControlToValidate 属性。

6.1.4　RegularExpressionValidator 控件

正则验证控件 RegularExpressionValidator 用于检查用户的输入是否符合给定的规则表达式的格式，该验证类型允许检查可预知的字符序列，如电子邮件地址、电话号码、邮政编码等。

1．RegularExpressionValidator 控件常用属性

除 ControlToValidate 和 ErrorMessage 属性之外，RegularExpressionValidator 控件最主要的属性就是 ValidationExpression，该属性用来定义需要匹配的文本内容模式，它是由普通文本字符和特殊字符组成的字符串。如果用户的输入与给定的规则相符，则验证通过，不符合时会产生验证错误信息。在 Web 页面中选中正则验证控件，单击"属性"窗口中 ValidationExpression 属性值列的省略号按钮，便可打开如图 6-4 所示的对话框。该对话框可以对正则表达式进行设置，用户可从对话框的"标准表达式"列表中选取现有的正则表达式，如 Internet 电子邮件地址等，也可以在对话框下方"验证表达式"输入框中输入自定义的正则表达式，单击"确定"按钮即可完成属性的设置。

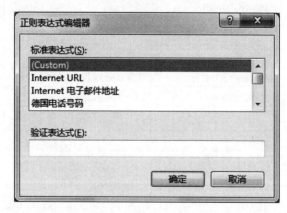

图 6-4　RegularExpressionValidator 控件 ValidationExpression 属性的设置

通过 ValidationExpression 属性设置自定义的正则表达式时，正则表达式中常用的字符及含义见表 6-5 所示。

表 6-5　正则表达式中常用的字符及其含义

字　符	说　明
^	字符串的开始。例如，^a 将匹配以 a 开始的任意字符串
$	字符串的结束。例如，abc$将匹配以 c 结束的任意字符串
.	匹配任意一个字符
?	匹配前面的字符或子表达式 0 次或 1 次。例如，fo(ol)?将匹配 forget、fool 等
*	匹配前面的字符或子表达式 0 次或多次。例如，fo*将匹配 funny、forget、fool 等
+	匹配前面的字符或子表达式 1 次或多次。例如，fo+将匹配 forget、foo 等
[]	匹配[]内的任意　个字符。例如，[iou]将匹配 i、o、u 这 3 个字符中的任意一个
x{m,n}	匹配 m 到 n 个字符 x，下限 m 和上限 n 均可选。例如，b{1}c、b{,3}c 或 b{1,3}c
()	用于模式分组。例如，(abc){2,3}将匹配 abcabc 或 abcabcabc
\	转义字符。例如，要匹配 c:\，则正则表达式为^c:\\
\d	匹配任意数字，即[0~9]。例如，^\d{6}$将匹配任意 6 个数字组成的字符串
\w	匹配任意单个字符，即任何字母或数字

2. RegularExpressionValidator 控件使用示例

【例 6.4】　使用 RegularExpressionValidator 控件完成对电子邮件、固定电话、手机号码以及身份证号码输入格式的验证，当用户输入有误时显示提示信息，当用户输入正确时，错误提示信息消失。程序运行结果如图 6-5 所示，详细 HTML 代码及控件属性设置参见ex6-4。

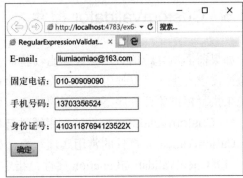

图 6-5　例 6.4 运行结果图

操作提示：新建网站，在页面中添加 4 个 TextBox 控件、4 个 RegularExpressionValidator 控件和 1 个 Button 控件。将 4 个 TextBox 控件的 ID 属性分别修改为 txt_Email、txt_Telephone、txt_MobilePhone 和 txt_id，分别用来输入电子邮件、固定电话、手机号码和身份证号码。4 个 RegularExpressionValidator 验证控件分别对 4 个输入的信息进行验证，对应的 HTML 源码如下，从中可以看到各验证控件的主要属性设置情况。

```
<!--对电子邮件格式的验证-->
<asp:RegularExpressionValidator ID="RegularExpressionValidator1" runat="server"
    ControlToValidate="txt_Email" ErrorMessage="电子邮件地址不合法！"
    ValidationExpression="\w+([-+.']\w+)*@\w+([-.]\w+)*\.\w+([-.]\w+)*">
</asp:RegularExpressionValidator>
```

```
<!--对固定电话格式的验证-->
<asp:RegularExpressionValidator ID="RegularExpressionValidator3" runat="server"
    ControlToValidate="txt_Telephone" ErrorMessage="固定电话格式有误！"
    ValidationExpression="(\(\d{3}\)|\d{3}-)?\d{8}">
</asp:RegularExpressionValidator>
<!--对手机号码格式的验证-->
<asp:RegularExpressionValidator ID="RegularExpressionValidator4" runat="server"
    ControlToValidate="txt_MobilePhone" ErrorMessage="手机号码格式有误！"
    ValidationExpression="^1\d{10}$">
</asp:RegularExpressionValidator>
<!--对身份证号码格式的验证-->
<asp:RegularExpressionValidator ID="RegularExpressionValidator2" runat="server"
    ControlToValidate="txt_id" ErrorMessage="身份证号码格式错误！"
    ValidationExpression="\d{17}[\d|X]|\d{15}">
</asp:RegularExpressionValidator>
```

小贴示： 对于用户输入的信息格式的验证，可以通过在属性窗口中设置正则验证控件的 ValidationExpression 属性实现。本例中，电子邮件、固定电话以及身份证号码的正则表达式可以直接在 ValidationExpression 属性值列列出的标准表达式中选择，对于手机号码的验证，设定正则表达式为以 1 开头的 11 位数字即可。

6.1.5　CustomValidator 控件

如果前面所介绍的必填验证、比较验证、范围验证以及正则验证控件都无法满足用户的验证需求，那么可以使用自定义验证控件 CustomValidator。该控件可调用用户自定义的功能来执行标准验证程序不能处理的验证，从而为数据输入的验证提供了更大的灵活性。

1. CustomValidator 控件的常用属性与事件

CustomValidator 控件的常用属性和事件如下。

（1）ClientValidationFunction 属性：指定一个用于完成客户端验证的函数名称。

（2）ServerValidate 事件：在该事件中添加要执行服务器端验证的代码。

使用 CustomValidator 控件进行用户自定义验证时，可在服务器端自定义一个验证函数，然后使用该控件来调用自定义的验证函数，从而完成验证。具体方法是，双击 CustomValidator 控件，便可进入该控件对应的服务器端验证事件 ServerValidate 的代码块，该事件中包含两个非常重要的参数 source 和 args。其中，source 参数代表客户端的 CustomValidator 对象，args 参数有两个属性，Value 和 IsValid。args.Value 属性代表要验证的控件中输入的值，args.IsValid 属性代表验证是否通过，可取 true 或 false。

小贴示： CustomValidator 控件有一个属性 ValidateEmptyText，该属性表示是否对空值进行验证，默认值为 false。当用户使用 CustomValidator 控件对用户输入进行自定义验证时，若对空值也需要进行验证，则需将 ValidateEmptyText 属性设置为 true，此时无须同时使用 RequiredFieldValidator 控件进行非空验证。

2．CustomValidator 控件使用示例

【例 6.5】 使用 CustomValidator 控件对用户输入的信息进行验证，若输入的是一个两位的偶数，则验证通过，否则验证失败，给出提示信息。程序运行结果如图 6-6 所示，详细代码参见 ex6-5。

图 6-6 例 6.5 运行结果图

操作提示：新建网站，在页面中添加 1 个 TextBox 控件、1 个 CustomValidator 控件和 1 个 Button 控件。单击 CustomValidator1 控件，进入该控件的 ServerValidate 事件过程，在其中编写验证代码，对用户在 TextBox1 中输入的信息进行验证。主要的 HTML 源码和 CustomValidator1 控件的 ServerValidate 事件代码如下。

```
<body>
  <form id="form1" runat="server">
    <div>
    请输入一个数字: <asp:TextBox ID="TextBox1" runat="server"></asp:TextBox>
    <asp:CustomValidator ID="CustomValidator1" runat="server"
    ControlToValidate="TextBox1" ErrorMessage="你输入的不是两位的偶数"
    OnServerValidate="CustomValidator1_ServerValidate"> </asp:CustomValidator>
    <asp:Button ID="Button1" runat="server" Text="确定" />
    </div>
  </form>
</body>
//CustomValidator1 控件的 ServerValidate 事件
protected void CustomValidator1_ServerValidate(object source,
ServerValidateEventArgs args)
{
  if ((args.Value.Length==2) && ((int.Parse(args.Value)) % 2==0))
      args.IsValid = true;  //如果是两位的偶数，则验证成功
  else
      args.IsValid = false;
}
```

小贴示：使用必填验证、比较验证、范围验证和正则验证控件时，一般无须写代码，只需设置控件的属性便可完成相应的验证。若使用这些控件无法完成用户的验证需求，则需使用 CustomValidator 控件，在该控件的 ServerValidate 事件中自定义代码完成验证。

6.1.6　ValidationSummary 控件

验证摘要控件 ValidationSummary 用于显示尚未通过验证的 Web 控件的 ErrorMessage 属性。该控件本身并不具有验证功能，它只是集中收集其他验证控件产生的错误信息，并将这些信息在页面上的某个位置显示，或以对话框的形式集中显示。ValidationSummary 控件的常用属性见表 6-6 所示。

表 6-6　ValidationSummary 控件常用属性

属 性 名 称	说　　明
DisplayMode	设置错误信息显示的格式，可取 BulletList（项目列表）、List（列表）和 SingleParagraph（消息框内显示）
ShowSummary	是否显示汇总信息
ShowMessageBox	是否弹出信息框显示错误信息
HeaderText	设置验证摘要上方显示的标题文本

注意：使用 ValidationSummary 控件之前，必须先设定其他验证控件的 ErrorMessage 属性。

说明：若将 ValidationSummary 控件的 ShowMessageBox 属性设置为 true，将 ShowSummary 属性设置为 false，则验证摘要信息只在一个弹出的警告对话框中显示。

小贴示：使用验证控件时，一般将验证控件的 Text 属性设置为一个代表验证信息的符号，例如必填验证一般使用星号(*)，而将 ErrorMessage 属性设置为验证失败时的错误信息。

小贴示：判断页面的 IsValid 属性值可确定整个页面的验证是否通过。若页面中包含验证控件，可将按钮控件的 CausesValidation 属性设置为 false，这样单击该按钮后不会引发验证过程。

6.1.7　验证码控件

验证码控件能够防止用户暴力破解用户密码，有效保护站点安全。验证码是一个图片，包含随机产生的文字。它通过程序绘制页面上的内容和干扰像素，然后使用一种状态保持方式，对比用户输入的内容和自动生成的内容，实现验证码的效果。ASP.NET 提供了验证码控件 SerialNumber 来实现验证码效果。

验证码控件的使用步骤如下：

（1）将验证码控件显示到工具箱。验证码控件并不像其他控件一样显示在"工具箱"窗口的子面板下，它被封装在 WebValidates.dll 动态链接库中。在 VS2010 中，执行"工具"|"选择工具箱项"菜单命令，便可打开如图 6-7（a）所示的对话框。在该对话框中选中".NET Framework 选项卡"页，单击"浏览"按钮，在打开的对话框中根据 WebValidates.dll 文件所在的目录找到该文件，如图 6-7（b）所示。

在图 6-7 所示的对话框中找到 WebValidates.dll 文件之后，单击"打开"按钮，便可打开如图 6-8 所示的对话框。在该对话框的列表中可以看到 SerialNumber 控件前面的复选框被选中，也就意味着已经将验证码控件添加至"工具箱"面板中。在该对话框中单击"确定"按钮，便可在 VS2010 工具箱的底部找到验证码控件 SerialNumber。

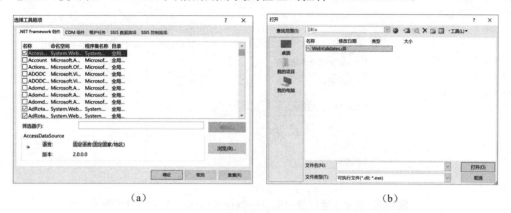

（a）　　　　　　　　　　　　　　　（b）

图 6-7　在.NET Framework 中引入 WebValidates.dll

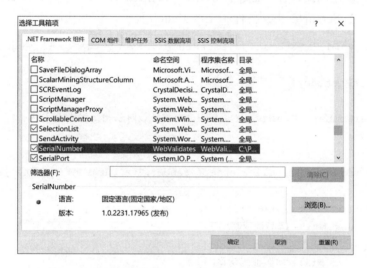

图 6-8　将验证码控件 SerialNumber 添加至工具箱中

（2）从"工具箱"中将验证码控件拖放到页面的相应位置。假设验证码控件的 ID 为 SerialNumber1，输入验证码的文本框 ID 为 txt_Code。

（3）在页面初始化 Page_Load 事件中调用控件的 Create()方法初始化验证码。

例如：

```
if (!IsPostBack) { SerialNumber1.Create(); }
```

（4）调用验证码控件的 CheckSN()方法判断用户的输入是否与验证码一致，该方法的参数为用户输入的字符串，方法返回值为 true 或 false。

例如：SerialNumber1.CheckSN(txt_Code.Text.Trim())用于判断用户在 txt_Code 文本框中输入的内容与系统生成的验证码是否一致，若返回 true 则一致，验证通过，否则验证失败。

【例 6.6】　验证码控件使用示例。使用 SerialNumber 控件完成注册界面中的验证码功能，根据用户输入的内容弹出相应的提示信息。程序运行结果如图 6-9 所示，详细代码参见 ex6-6。

图 6-9 例 6.6 运行结果图——SerialNumber 控件使用示例

操作提示：新建网站，在页面中添加 1 个 TextBox 控件(供用户输入验证码，ID 修改为 txt_Code)、1 个 SerialNumber 控件和 1 个 Button 控件，核心代码如下：

```
protected void Page_Load(object sender, EventArgs e)  //Page 的 Load 事件
{
    if (!IsPostBack)
    {
     SerialNumber1.Create();  //页面首次加载时初始化生成验证码
    }
}
protected void Button1_Click(object sender,EventArgs e)// "确定" 按钮的 Click 事件
{
    if (SerialNumber1.CheckSN(txt_Code.Text.Trim()))
      Response.Write("验证成功");
    else
    { Response.Write("验证码错误");
      SerialNumber1.Create();  //重新生成验证码
      txt_Code.Text = "";       //清空输入验证码的文本框
    }
}
```

思考：若当前验证码看不清楚，如何实现 "看不清" 功能。即，页面中有一个 "看不清" 按钮，或者提示看不清的图片，单击 "看不清" 按钮时可重新生成一个验证码。

6.2 数据验证控件综合应用示例

【例 6.7】 设计一个用户注册页面 Register.aspx，使用验证控件对用户注册数据进行验证。要求如下：用户名、密码、确认密码、姓名、身份证号码必须填写；用户名长度不能超过 16 个字符；两次输入的密码和确认密码必须一致；年龄在 18～65 岁之间；手机号码、电子邮件、邮政编码、身份证号码必须符合国内标准；是否阅读注册协议两个单选按钮必

须选择其一。若注册成功，则跳转至登录页面 Login.aspx，同时在登录页面中显示注册用户的用户名。若信息填写有误，则使用验证摘要控件显示错误信息。程序运行结果如图 6-10 所示，详细代码及控件属性设置参见 ex6-7。

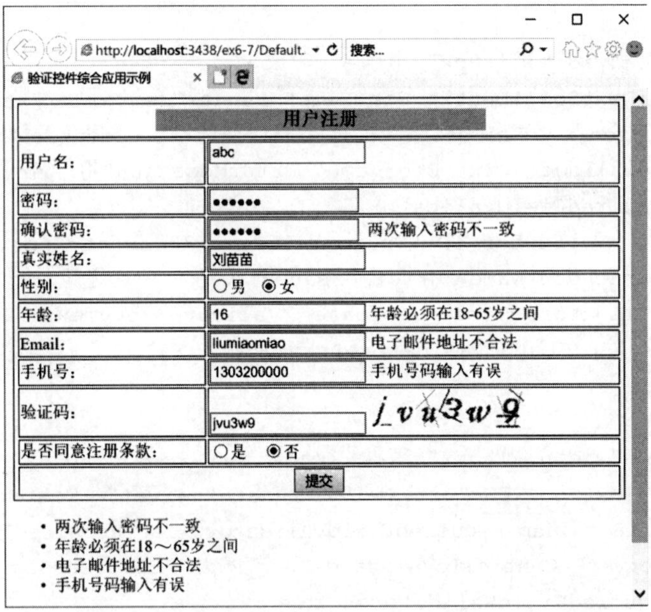

图 6-10　例 6.7 运行结果图

操作提示：新建网站，在注册页面中添加 table 控件，在 table 中添加 TextBox、RadioButton、Button、必填验证、范围验证、正则验证等控件，各控件属性设置详情参见 ex6-7，核心代码如下：

（1）登录页面（Default.aspx）的 HTML 代码。

```
<%@ Page Language="C#" AutoEventWireup="true" CodeFile="Default.aspx.cs"
Inherits="_Default" %>
<%@ Register Assembly="WebValidates" Namespace="WebValidates" TagPrefix=
"cc1" %>
<html xmlns="http://www.w3.org/1999/xhtml" >
<head runat="server">
<title>验证控件综合应用示例</title>
</head>
<body>
<form id="form1" runat="server">
<div>
<table style="width: 600px; height: 206px; border-right: black thin solid;
padding-right: 2px; border-top: black thin solid; padding-left: 2px;
padding-bottom: 2px; border-left: black thin solid; padding-top: 2px;
border-bottom: black thin solid;" border="2" id="TABLE1" runat="server">
<tr>
<td colspan =2 style="height: 29px"><center> <asp:Label ID="Label1"
```

```
runat="server"  BackColor="Silver"  Font-Bold="True"  Font-Size="Large"
Style="text-align: center" Text="用户注册" Width="323px"></asp:Label>
</td>
</tr>
<tr>
    <td style="width: 180px">用户名: </td>
    <td><asp:TextBox ID="txt_UserName" runat="server"></asp:TextBox>
    <asp:RequiredFieldValidator  ID="RequiredFieldValidator1"  runat="server"
    ControlToValidate="txt_UserName" ErrorMessage="用户名不能为空">
    </asp:RequiredFieldValidator>
    <asp:CustomValidator ID="CustomValidator3" runat="server" ControlToV
    alidate="txt_UserName" ErrorMessage="长度在 6-12 之间" OnServerValidate=
    "CustomValidator3_ServerValidate" ValidateEmptyText="True">长度必须在
    6-12 之间</asp:CustomValidator>  </td>
</tr>
<tr>
    <td style="width: 180px">密码: </td>
    <td><asp:TextBox  ID="txt_Pwd1"  runat="server"  TextMode="Password">
    </asp:TextBox><asp:RequiredFieldValidator  ID="RequiredFieldValidator3"
    runat="server" ControlToValidate="txt_Pwd1" ErrorMessage="密码不能为空">
    </asp:RequiredFieldValidator></td>
</tr>
<tr><td style="width: 180px">确认密码: </td><td><asp:TextBox ID="txt_
Pwd2" runat="server" TextMode="Password">
    </asp:TextBox>  <asp:CompareValidator ID="CompareValidator1" runat=
    "server" ControlToCompare="txt_Pwd1" ControlToValidate="txt_Pwd2"
    ErrorMessage="两次输入密码不一致"></asp:CompareValidator></td>
</tr>
<tr>
    <td style="width: 180px">真实姓名: </td>
    <td><asp:TextBox ID="txt_Name" runat="server" CausesValidation="True">
    </asp:TextBox> <asp:RequiredFieldValidator ID="RequiredFieldValidator2"
    runat="server" ControlToValidate="txt_Name" ErrorMessage="姓名不能为空">
    </asp:RequiredFieldValidator></td>
</tr>
<tr>
    <td style="width: 180px">性别: </td>
    <td><asp:RadioButton  ID="radio_Man"  runat="server"  GroupName="g1"
    Text="男"/>   <asp:RadioButton ID="radio_Woman" runat=
    "server" GroupName="g1" Text="女" /> <asp:CustomValidator ID="CustomValidator1"
    runat="server" ErrorMessage="必须选择性别" OnServerValidate="Custom
    Validator1_ServerValidate"></asp:CustomValidator></td>
</tr>
<tr>
    <td style="width: 180px">年龄: </td>
```

```
<td><asp:TextBox ID="txt_Age" runat="server" CausesValidation="True">
</asp:TextBox>
<asp:RangeValidator ID="RangeValidator1" runat="server" ControlToValidate=
"txt_Age" ErrorMessage="年龄必须在 18-65 岁之间" MaximumValue="65"
MinimumValue="18" Type="Integer"></asp:RangeValidator></td>
</tr>
<tr>
<td style="width: 180px">Email: </td>
<td><asp:TextBox ID="txt_Email" runat="server" CausesValidation="True">
</asp:TextBox> <asp:RegularExpressionValidator ID="RegularExpressionValidator1"
runat="server" ControlToValidate="txt_Email" ErrorMessage="电子邮件地址
不合法" ValidationExpression="\w+([-+.']\w+)*@\w+([-.]\w+)*\.\w+([-.]
\w+)*"></asp:RegularExpressionValidator></td>
</tr>
<tr>
<td style="width:180px">手机号：</td>
<td> <asp:TextBox ID="txt_Phone" runat="server" CausesValidation="True">
</asp:TextBox> <asp:RegularExpressionValidator ID="RegularExpressionValidator2"
runat="server" ControlToValidate="txt_Phone" ErrorMessage="手机号码输入
有误" ValidationExpression="^1\d{10}$"></asp:RegularExpressionValidator></td>
</tr>
<tr>
<td style="width: 180px">验证码：</td>
<td> <asp:TextBox ID="txt_Code" runat="server" CausesValidation="True">
</asp:TextBox> <cc1:serialnumber id="SerialNumber2" runat="server">
</cc1:serialnumber>  </td>
</tr>
<tr>
<td style="width: 180px">是否同意注册条款：</td>
<td><asp:RadioButton ID="radio_Yes" runat="server" Text="是" CausesValidation=
"True" />   <asp:RadioButton ID="radio_No" runat="server"
Text="否" CausesValidation="True" /> <asp:CustomValidator ID=
"CustomValidator2" runat="server" ErrorMessage="不同意条款则无法注册"
OnServerValidate="CustomValidator2_ServerValidate"></asp:CustomValidator>
</td>
</tr>
<tr> <td colspan=2> <center> <asp:Button ID="Button1" runat="server"
Text="提交" OnClick="Button1_Click" /></td>
</tr>
</table>
<asp:ValidationSummary ID="ValidationSummary1" runat="server" />
</div>
</form>
</body>
</html>
```

（2）登录页面（**Default.aspx**）的功能代码。

```
public partial class _Default : System.Web.UI.Page
{
protected void Page_Load(object sender, EventArgs e)
{
    if (!IsPostBack)
    SerialNumber2.Create(); //页面首次加载时初始化验证码
}
protected void CustomValidator1_ServerValidate(object source, Server
ValidateEventArgs args)      //对性别进行验证
{
  if ((radio_Man.Checked == true) | (radio_Woman.Checked = true))
    { args.IsValid = true; }
  else
    { args.IsValid = false;  //验证失败
      radio_Man.Checked = false;
      radio_Woman.Checked = false;
    }
}
protected void Button1_Click(object sender,EventArgs e)//"提交"按钮的单击事件
{
    if (!CheckCode())
    { Response.Write("验证码错误! ");}
    else
    { Response.Redirect("Login.aspx?id="+txt_UserName.Text ); }
}
protected void CustomValidator2_ServerValidate(object source, Server
ValidateEventArgs args)   //对是否接受协议进行验证
{
  if (radio_Yes.Checked == true) //选中"是"单选按钮才能通过验证
      args.IsValid = true;
  else
      args.IsValid = false;

}
protected void CustomValidator3_ServerValidate(object source, Server
ValidateEventArgs args)      //对用户名的长度进行验证
{
  if ((args.Value.Length >= 6) & (args.Value.Length <= 12))
    args.IsValid = true;
  else
    args.IsValid = false;
}
//自定义方法完成验证码验证
protected bool CheckCode()
{
```

```
if (SerialNumber2.CheckSN(txt_Code.Text.Trim()))
{
    return true;  //验证码输入正确
}
else
{
    return false;
    SerialNumber2.Create();
    txt_Code.Text = "";

}
 }
}
```

（3）登录页面（Login.aspx）的功能代码。

```
protected void Page_Load(object sender, EventArgs e)
{
    Response.Write("登录成功，当前用户: " + Request.QueryString["id"]);
}
```

小贴示：对于用户输入信息长度的限制，可以在 ServerValidate 事件中使用 CustomValidator 控件，用 args.Value.Length 检测字符串内容的长度。也可以设定 TextBox 控件的 MaxLength 属性，控制用户输入的长度，但是该属性只能设定最大长度，无法限定最小长度。

6.3　用户控件

6.3.1　用户控件概述

用户控件（User Control）是一种自定义的组合控件，通常由系统提供的可视化控件组合而成。在用户控件中不仅可以定义显示界面，还可以编写事件处理代码。当多个网页中包括部分相同的用户界面时，可以将这些相同的部分提取出来，做成用户控件。使用用户控件可以减少程序员的编码工作量，提高代码重用率，加快程序开发效率。

1. 用户控件的特点
用户控件具有以下特点。
（1）用户控件是一种自定义的组合控件。
（2）用户控件封装了独立的功能。
（3）用户控件可以像普通控件一样拖曳使用，也可以像网页一样方便地编辑。
（4）用户控件文件的后缀为.ascx。

2. 用户控件与 Web 页面的区别
用户控件与网页之间存在着一些区别，主要包括以下几方面。

（1）用户控件文件的后缀为.ascx，对应的代码分离（隐藏）文件的后缀为.ascx.cs。而页面文件的后缀为.aspx，对应的代码分离文件的后缀为.aspx.cs。

（2）用户控件中不能包含<html>、<body>和<form>等 HTML 标记。

（3）用户控件的"源"视图中包含的是@Control 指令，用于定义配置及其他属性。例如：<%@ Control Language="C#" AutoEventWireup="true" CodeFile="WebUserControl.ascx.cs" Inherits="WebUserControl" %>。而 Web 页面的"源"视图中包含的是@Page 指令，例如，<%@ Page Language="C#" AutoEventWireup="true" CodeFile="Default.aspx.cs" Inherits="_Default" %>。

（4）用户控件可以单独编译，但不能单独运行，只有将用户控件嵌入.aspx 页面文件中，才能和 ASP.NET 网页一起运行。

6.3.2　用户控件的创建与使用

1．创建用户控件

在 Visual Studio 2010 中，创建用户控件的步骤与创建 Web 窗体页的步骤非常相似。在"解决方案资源管理器"窗口中选中网站的名称，右击，执行"添加|新建项"快捷菜单命令，便可打开如图 6-11 所示的对话框。在打开的对话框中选择"Web 用户控件"，在"名称"输入框中输入用户控件的名称，单击"添加"按钮，即可为当前网站添加一个用户控件。

图 6-11　添加 Web 用户控件

为网站添加用户控件之后，在"解决方案资源管理器"窗口便可显示新添加的用户控件对应的文件。选中用户控件文件，切换至"设计"视图，从"工具箱"中选择所需的控件添加至用户控件页面中，便可对用户控件进行编辑。

2．用户控件的使用方法

为了在 Web 页面上使用用户控件，需要以下两个步骤。

（1）使用@Register 指令在页面顶部注册用户控件。

```
<%@ Register src="Registration.ascx" tagName="Registration" tagPrefix="ucl" %>
```

还可以直接在 web.config 中配置用户控件,这样就可以直接在整个 Web 应用程序中使用该用户控件而无须再次声明。主要代码如下:

```
<controls>
<add tagPrefix="myUserControl" tagName="Registration" src="~/UserControl/
Registration.ascx"/>
</controls>
```

(2)在页面中想要使用用户控件的位置放置用户控件。具体方法是,在"解决方案资源管理器"窗口选中已经编辑好的用户控件文件,拖动鼠标到页面中合适的位置释放鼠标即可。这时,在使用用户控件的 Web 页面的 HTML"源"视图的顶部会自动出现该用户控件的注册引用信息。因此,使用用户控件的第一步操作也可以省略。

3.访问用户控件的属性

(1)选中用户控件,在属性窗口中设置属性。

(2)直接在声明代码中设置属性。例如,用户控件中有一个输入电子邮件的文本框和一个输入用户名的文本框,代码如下:

```
<myUserControl: registration EmailAddress="Email@Email.com" UserName=
"Input_UserName" ID="registration1" runat="server" />
```

(3)通过编程的方式来设置属性。例如:

```
protected void Page_Load(object sender, EventArgs e)
{
   registration1.UserName = "Input_UserName";
   registration1.EmailAddress = "Email@Email.com";
}
```

6.3.3　用户控件使用示例

【例 6.8】　创建"用户注册"控件,如图 6-12 所示。自定义一个用户控件,完成用户注册功能。要求必须填写用户名,两次输入的密码必须一致,且验证码填写正确时提示注册成功。详细代码参见 ex6-8。

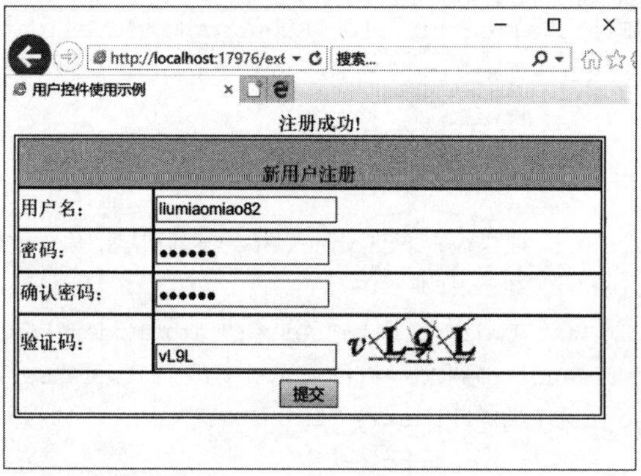

图 6-12　例 6.8 运行结果图——用户控件使用示例

操作提示：新建网站，添加 Web 页面，命名为 Register.aspx。为当前网站添加 Web 用户控件，命名为 Register.ascx。选中用户控件，在"设计"视图中向用户控件中添加 HTML Table、TextBox、RequiredFieldValidator CompareValidator、SerialNumber 以及 Button 控件。设置用户控件中添加的这些控件的属性，并编写代码。使用必填验证控件对用户名和密码进行必填验证，使用比较验证控件对两次输入的密码的一致性进行验证，使用验证码控件完成验证码功能。用户控件设计完成之后，切换至注册页面 Register.aspx，将设计好的用户控件拖动添加至注册页面 Register.aspx 中，运行程序即可浏览效果。

Register.ascx 用户控件"源"视图中的 HTML 代码如下：

```
<%@ Control Language="C#" AutoEventWireup="true" CodeFile="Register.ascx.
cs" Inherits="Register" %>
<%@ Register Assembly="WebValidates" Namespace="WebValidates" TagPrefix=
"cc1" %>
<table style="width: 500px; height: 206px; text-align:left; border-right:
black thin solid; padding-right: 2px; border-top: black thin solid;
padding-left: 2px; padding-bottom: 2px; border-left: black thin solid;
padding-top: 2px; border-bottom: black thin solid;" border="1" cellspacing="0">
<tr>
    <td colspan=2 style="height: 25px; background-color: #cccccc;">新用户注册</td>
</tr>
<tr>
    <td style="width: 115px; height :35px"> 用户名: </td>
    <td style="width: 385px">
    <asp:TextBox ID="txt_UserName" runat="server"></asp:TextBox>
   <asp:RequiredFieldValidator ID="RequiredFieldValidator1" runat= "server"
   ControlToValidate="txt_UserName" ErrorMessage="用户名不能为空">
     </asp:RequiredFieldValidator></td>
</tr>
<tr>
    <td style="width: 115px; height :35px"> 密码: </td>
    <td style="width: 385px">
    <asp:TextBox ID="txt_Pwd1" runat="server" TextMode="Password"> </asp:TextBox>
    <asp:RequiredFieldValidator   ID="RequiredFieldValidator2"   runat="server"
    ControlToValidate="txt_Pwd1" ErrorMessage="密码不能为空"></asp:
    RequiredFieldValidator>     </td>
</tr>
<tr>
    <td style="width: 115px; height:35px"> 确认密码: </td>
    <td style="width: 385px">
    <asp:TextBox ID="txt_Pwd2" runat="server" TextMode="Password"> </asp:TextBox>
    <asp:CompareValidator ID="CompareValidator1" runat="server"Control ToCompare=
    "txt_Pwd1" ControlToValidate="txt_Pwd2" ErrorMessage="两次密码不一致">
    </asp:CompareValidator></td>
</tr>
```

```
<tr>
    <td style="width: 115px; height:35px"> 验证码: </td>
    <td style="width: 385px"; height:39px>
    <asp:TextBox ID="txt_Code" runat="server"></asp:TextBox>
    <cc1:serialnumber id="SerialNumber1" runat="server" ></cc1:serialnumber> </td>
</tr>
<tr>
    <td colspan=2 style="height:35px; vertical-align:middle"><center>
    <asp:Button ID="Button1" runat="server" Text="提交" OnClick="Button1_
    Click" /></td>
</tr>
</table>
```

小贴示：用户控件 Register.ascx 不能单独运行，必须将其添加至 Web 页面中，运行 Web 页面才可以看到结果。网站中设计完成的用户控件可以在任何一个页面的任何位置调用，有效提高了重用性。

6.4　本章小结

本章重点介绍了 ASP.NET 中常用的几种数据验证控件，读者要牢记每种验证控件常用的属性和设置方法，能够使用这些验证控件完成对输入数据的必填、范围、比较、正则以及自定义验证等。此外，本章还介绍了如何在 Web 网页中创建和使用用户自定义控件以提高代码重用和网站开发效率。

习题 6

1．简述常用的数据验证控件及其功能。

2．如何对网页中必须输入的信息进行非空必填验证？使用什么控件？如何设置属性？

3．如何使用控件验证用户在两个文本框中输入的内容是否一致？

4．假设有一个用于输入成绩的文本框，如何保证用户输入的内容在 0～100 之间？

5．如何验证用户输入的身份证号码、手机号码、邮政编码以及电子邮件地址是否是合法的？需要使用哪种验证控件？该如何设置？

6．什么是用户控件？它具有什么特点？

7．如何在 Web 页面中使用用户控件？简述其过程。

8．下面对 ASP.NET 验证控件说法正确的是（　　）。

　　A．可以在客户端直接验证用户输入信息并显示错误信息

　　B．对一个下拉列表控件不能使用验证控件

　　C．服务器验证控件在执行验证时必定在服务器端执行

    D．对验证控件，不能自定义规则

9．下面对 CustomValidator 控件说法错误的是（　　　）。

    A．能使用自定义的验证函数

    B．可以同时添加客户端验证函数和服务端验证函数

    C．指定客户端验证的属性是 ClientValidationFunction

    D．属性 runat 用来指定服务器端验证函数

10．使用 ValidatorSummary 控件需要以对话框形式显示错误信息，则应（　　　）。

    A．设置 ShowSummary 属性值为 true

    B．设置 ShowMessageBox 属性值为 true

    C．设置 ShowSummary 属性值为 false

    D．设置 ShowMessageBox 属性值为 false

11．如果需要确保用户输入大于 100 的值，应该使用（　　　）验证控件。

    A．RequiredFieldValidator   B．RangeValidator

    C．CompareValidator   D．RegularExpressionValidator

ADO.NET 数据库编程

几乎所有的应用系统都离不开数据库编程，都需要通过数据库操作执行信息的增加、删除、修改、查询等。微软除了提供 VS.NET 用于可视化界面开发之外，还提供了 ADO.NET 数据访问接口，其中包含了许多用于存取数据的类，如 Connection、Command、DataReader、DataAdapter、DataSet 等，可分别用于完成连接数据库、执行数据操作命令、存储数据等功能。此外，在 VS.NET 可视化开发环境中还提供了许多丰富的数据服务组件，如 GridView 等用于显示数据库中的数据信息。在数据库应用程序开发中，可以通过属性窗口或编写代码设置这些数据库对象和数据服务组件的属性，调用其方法完成相应的数据操作功能。本章重点介绍 ADO.NET 中的几个主要的数据访问对象，并通过实例向大家展示如何使用 ADO.NET 进行 Web 数据库应用程序的开发。

学习目标

☑ 了解数据库、数据库管理系统、数据库应用系统等数据库编程中的相关概念。

☑ 了解 ADO.NET 数据库编程的基本原理及 ADO.NET 数据对象的体系结构。

☑ 掌握 Select、Insert、Delete 和 Update 4 种 SQL 命令的基本语法。

☑ 掌握数据库连接对象 Connection 的使用方法。

☑ 掌握数据库命令对象 Command 的使用方法。

☑ 掌握数据适配器对象 DataAdapter 的使用方法。

☑ 掌握数据库对象 DataReader 和 DataSet 的使用方法。

☑ 学会使用 Connection、Command 和 DataReader 完成连线模式下的数据库访问。

☑ 学会使用 DataAdapter 和 DataSet 完成离线模式下的数据库访问。

7.1 ADO.NET 概述

ADO（ActiveX Data Object，ActiveX 数据对象）是继 ODBC（Open Database Connectivity，开放数据库连接）之后微软主推的存取数据的最新技术，微软公司在.NET Framework 中集成了最新的 ADO.NET。简单来说，ADO.NET 就是一系列提供数据访问服务的类，利用它可以方便地存取数据库中的数据。数据库操作是应用开发中非常重要的部分，在数据库应用系统开发中，ASP.NET 使用 ADO.NET 将系统前端的用户界面（如 Web 页面、Windows 窗体、控制台等）和后台的数据库联系起来，完成用户和应用系统之间的数据交互，如图 7-1 所示。

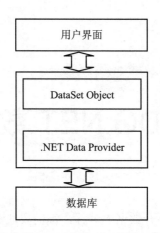

图 7-1　ADO.NET 数据访问原理

7.1.1　数据库编程相关概念

在数据库编程过程中，不可避免地涉及有关数据库的一些概念，例如什么是数据库？什么是数据库管理系统、数据库应用系统、数据库系统等？

1．数据库

数据库（DataBase，DB）是长期存储在计算机内的，有组织的，统一管理的相关数据的集合。它是按照一定结构组织在一起的相关数据的集合，也是一些相互关联的表格组成的集合。每一张表格存储一类信息，这些信息是由一组相互关联的记录组成的。每一条记录是由许多的字段组成的，每一个字段代表一个属性，用来唯一标识不同记录的字段（属性），称为主键。

2．数据库管理系统

数据库管理系统（DataBase Management System，DBMS）是专门负责组织和管理数据信息的程序，它主要负责数据库的建立、使用和维护，如 SQL Server、Oracle、Access 等都是应用较为广泛的数据库管理系统。数据库管理系统的主要功能有以下 4 点。

（1）描述数据库。描述数据库的逻辑结构、存储结构、语义信息和保密要求等。

（2）管理数据库。控制整个数据库系统的运行，检验数据的完整性，执行数据的检索、插入、删除、修改等操作。

（3）维护数据库。负责数据库初始数据的录入，修改更新数据库，恢复出现故障的数据库等。

（4）数据传输。组织数据的传输。

数据库管理系统主要有 4 种类型：文件型数据库管理系统、层次型数据库管理系统、网状型数据库管理系统和关系型数据库管理系统。目前关系型数据库管理系统应用最为广泛。

3．数据库应用系统

数据库应用系统（DataBase Application System，DBAS）是指使用 VC、JAVA、JSP、ASP.NET 等工具开发的用于实现某些功能的应用程序，如网上书店系统、公司网站建设、财务管理系统等等。通过数据库应用程序，用户能够获取、显示和更新由 DBMS 存储的数据。

4．数据库系统

数据库系统（DataBase System，DBS）是由计算机硬件、操作系统、数据库管理系统、数据库应用系统、数据库、用户和维护人员等组成的一个整体，它提供了一种把信息集合在一起的方法，还提供了存储和维护这些信息的方法。数据库系统这个集合主要包含数据库、数据库管理系统和数据库应用系统三大部分，它提供了数据库来存储开发应用系统过程中所用到的数据；提供了数据库管理系统来建立、操作并维护数据库；并通过编写代码开发出一个拥有特定功能的面向应用的数据库应用系统。

5．关系型数据库管理系统

关系型数据库管理系统（Relational DataBase Management System，RDBMS）是目前应用最为广泛的数据库管理系统，本书所有实例所用数据库均使用 SQL Server 2005 创建。关系型数据表是 SQL Server 中最主要的数据库对象，它是用来存储和操作数据的一种逻辑结构。数据表由行和列组成，因此也称之为二维表。

（1）数据表（Table）。由一组相关的数据行组成。比如，使用一张表来记录一个班 30 个学生的考试总成绩，则该表共有 30 行，每一行对应一名学生的信息，在这一行中包括学生的学号、姓名以及总成绩 3 个字段。

（2）记录（Record）。在数据表中，每一行称为一条记录。例如，在学生成绩表中共有 30 行，分别记录了 30 个学生的成绩情况，所以该数据表有 30 条记录。

（3）字段（Field）。在表中，每一列称为一个字段。每个字段描述一个属性，设计该字段时要指出该字段的字段名称、数据类型、数据宽度等。在学生成绩表中共有 3 个字段，分别是学号、姓名以及总成绩。其中，学号字段可以用来区分每一条记录，所以该字段是该数据表的主键（Key）。

7.1.2　常用的数据库操作命令

在数据库编程中，经常要使用 SQL 语句对数据进行增、删、改、查操作，常用的数据库操作命令有 Select、Insert、Delete、Update。

1．Select 语句——查询记录

使用 Select 语句可以从数据库中查询取得满足特定条件的记录集。

语法结构：

```
Select [Top(数值)] 字段列表 From 数据表 [Where 条件] [Order By 字段] [Group By 字段]
```

示例：

```
Select * From tbl_users Where username like '%勇%'
Select * From tbl_users Order By username Desc
Select Count(*) As total From tbl_users Where submit_date<#2017-1-1#
Select tbl_users.username, tbl_daylog.logdate, tbl_daylog.IP From
tbl_users, tbl_daylog Where tbl_users.username=tbl_daylog.username
```

说明：本书语法结构中放在[]内的表示可选内容。

小贴示：查询表中所有字段时使用 Select *，当不需要查询所有字段时，可以直接在 Select 后面写字段名，多个字段名之间用逗号隔开。

2．Insert 语句——添加记录

当需要向数据表中增加新记录时，可以使用 Insert 语句来实现。

语法结构：

Insert Into 数据表(字段 1，字段 2，…) Values(字段 1 的值，字段 2 的值，…)

示例：

Insert Into tbl_users(user_name, password, telephone, email, submit_date)
Values('李丽', '123456', '13996887150', 'lili@sohu.com', #2016-11-2#)

注意：使用 Insert 语句向数据表中插入数据时，列出的字段名称与字段值要一一对应。

3．Delete 语句——删除记录

在常用的数据库操作中，可以使用 Delete 语句删除表中无用的记录。

语法结构：

Delete From 数据表 [Where 删除条件]

示例：

Delete From tbl_users Where user_name='李丽'

注意：使用 Delete 语句删除数据表中的数据时，当没有删除条件 Where 时会删除整张数据表的数据，所以在进行删除操作时注意添加删除条件，避免造成数据丢失。

4．Update 语句——更新记录

使用 Update 语句可以实现对数据库数据的更新。

语法结构：

Update 数据表 Set 字段 1＝值 1，字段 2＝值 2，… [Where 修改条件]

示例：

Update tbl_users Set telephone='13782829999', email='jjshang@163.net'
Where username='尚俊杰'

注意：使用 update 语句修改表中的数据时，若同时需要修改多个字段数据，则字段之间用逗号隔开。

7.1.3　ADO.NET 简介

1．ADO.NET 数据访问类

ADO.NET 起源于 ADO，是.NET 编程环境中的数据访问接口。它是由很多类组成的一个类库，主要包括 Connection、Command、DataReader、DataAdapter、DataSet 等。

（1）Connection 类：用于创建数据库连接对象，与特定的数据源建立连接，是数据访问者和数据源直接的对话通道。

（2）Command 类：用于创建执行数据库操作命令的对象，对数据库执行 SQL 命令，如查询、修改、删除等。

（3）DataReader 类：用于创建数据读取对象。它从数据源读取一条或多条数据，是一个向前的、只读的、简易的数据集。

（4）DataAdapter 类：用于创建检索和保存数据的数据适配器对象。它将数据源中的数据填充到 DataSet 数据集，并解析更新数据源。

（5）DataSet 类：用于创建一个本地数据存储对象，暂时地存储从数据源获得的数据。它必须借助 DataAdapter 这一传输数据的桥梁，建立与数据源之间的连接。

2．ADO.NET 数据访问模式

ADO.NET 是微软.NET 平台中的一种最新的数据库访问技术，利用 Connection、Command、DataReader、DataAdapter 和 DataSet 对象可对数据库进行各种操作。通常把 ADO.NET 中的各种对象分为两大类，一类是与数据库直接连接的联机对象，如命令对象 Command、数据读取对象 DataReader 和数据适配器对象 DataAdapter 等。另一类则是与数据源无关的断开式访问对象，如 DataSet 对象和 DataRelation 对象等。根据 ADO.NET 对象的分类方式，对应的数据访问模式也有两种：联机模式和离线模式。

（1）联机模式：联机模式要求使用联机对象与数据库进行交互，保持与数据库通信的持久连接。这种模式下，通常使用 Connection、Command 和 DataReader 等对象访问数据库中的数据。

（2）离线模式：离线模式使用断开式数据访问对象，通过在本地建立远程数据库的副本实现数据库的脱机修改。离线模式下，通常使用 DataAdapter 和 DataSet 对象完成与数据源的连接，并读取或更新数据库中的数据。

7.1.4　.NET 数据提供程序

1．System.Data 命名空间

ADO.NET 中的类包含在 System.Data 命名空间内，而根据功能划分，System.Data 空间又包含了多个子空间，常用的几个子空间的功能简介如下。

（1）System.Data.Common：包含了 ADO.NET 共享的类。

（2）System.Data.OleDb：包含了访问 OLE DB 数据源的类。

（3）System.Data.SqlClient：包含了访问 SQL Server 数据库的类。

（4）System.Data.Odbc：包含了访问 ODBC 数据源的类。

（5）System.Data.OracleClient：包含了访问 Oracle 数据库的类。

（6）System.Data.SqlTypes：包含了 SQL Server 内部用于本机数据类型的类。

2．.NET Framework 数据提供程序

.NET Framework 为不同类型的数据库编程应用准备了多种数据提供程序，如 SQL Server.NET Framework 数据提供程序、OLE DB.NET Framework 数据提供程序、Oracle.NET Framework 数据提供程序等。应用程序开发中经常使用 SQL Server.NET Framework 数据提供程序和 OLE DB.NET Framework 数据提供程序。

（1）SQL Server.NET Framework 数据提供程序。主要用于创建访问 SQL Server 数据库的对象。该数据提供程序的类位于 System.Data.SqlClient 命名空间中，这些类以 Sql 为前缀，如 SqlConnection、SqlCommand、SqlDataAdapter 和 SqlDataReader。

（2）OLE DB.NET Framework 数据提供程序。主要用于创建以 OLD EB 接口方式访问 Access、Foxpro 等类型的数据库对象。该数据提供程序的类位于 System.Data.OleDb 命名空间中，这些类以 OleDb 为前缀，如 OleDbConnection、OleDbCommand、OleDbDataAdapter 和 OleDbDataReader 等。

注意： 在数据库应用程序开发中，用户要根据所使用的数据库的类型在代码段 Using 部分引入相应的命名空间。例如，使用 SQL Server 数据库时，则需要在代码段添加 Using System.Data.SqlClient 代码行，否则当应用程序创建 SqlConnection、SqlCommand 等数据对象时会出错。

7.1.5 ADO.NET 体系结构

1．ADO.NET 数据对象之间的关系

.NET 数据提供程序主要由以下对象组成，各对象之间的关系如图 7-2 所示。

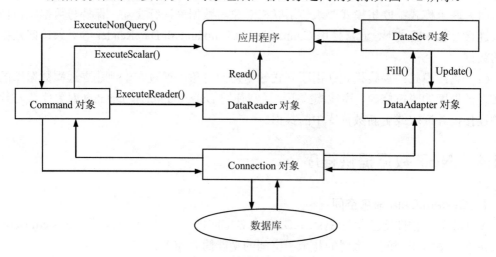

图 7-2　ADO.NET 的体系结构

（1）Connection 对象：用于连接数据库。

（2）Command 对象：用于执行针对数据源的命令并且检索 DataReader 和 DataSet，或者用于执行针对数据源的一个插入、删除或修改操作。

（3）DataReader 对象：通过一个打开的数据库连接，能够快速、前向、只读地访问数据流，每次在内存中只处理一行数据。

（4）DataAdapter 对象：用于从数据源产生一个 DataSet，将数据填充在 DataSet 中并且更新数据源。

（5）DataSet 对象：用于在离线模式下，将从数据源中获得的数据暂时性地存储在内存中，等到数据修改完毕或是要操作数据源内的数据时再次建立与数据库的连接。每个 DataSet 对象包含一组 DataTable 对象和 DataRelation 对象。

2．ADO.NET 数据库应用程序开发流程

通常，使用 ADO.NET 开发数据库应用程序时应遵循以下几个步骤。

（1）创建应用程序所需的数据库。

（2）选择所使用的数据源，即选择使用哪个.NET Framework 数据提供程序，导入相应的命名空间。

（3）使用 Connection 对象建立与数据库的连接。

（4）使用 Command 对象或 DataAdapter 对象执行 SQL 的 SELECT、INSERT、UPDATE 或 DELETE 等命令，完成对数据源的操作，并返回结果。

（5）在联机模式下，利用 DataReader 对象逐次读取从 Command 对象取得的数据。或者在离线模式下，将 Command 对象取得的数据经由 DataAdapter 对象填充到 DataSet 对象的 DataTable 集合中。

（6）使用各种数据服务控件如 GridView、DataList 等，显示数据库命令完成后返回的数据结果。

（7）如有必要，在 DataAdapter 对象的配合下，使用 DataSet 对象完成对数据库的增加、删除、修改、更新等操作，并将数据修改结果写回数据库。

（8）关闭与数据库的连接。

【例 7.1】 使用 SQL Server 2005 创建一个学生档案信息数据库 Student，在该数据库中创建三张数据表。第一张数据表为 tbl_Userinfo，用来存储使用该系统的用户信息，包括 user_name（用户名）和 pwd（密码）共 2 个字段。第二张数据表为 tbl_Studentinfo，用来存储学生的基本信息，包括 userid（学号）、realname（姓名）、gender（性别）、birthday（出生日期）、telephone（电话号码）、address（家庭住址）、speciality（所学专业）共 7 个字段。第三张数据表为 tbl_Scoreinfo，用来存储学生成绩信息，包括 userid（学号）、english（英语成绩）、computer（计算机成绩）、math（数学成绩）和 language（语文成绩）共 4 个字段。在三张数据表中录入若干条记录。该数据库在后文中要经常使用，涉及的数据表结构不再赘述。创建一个网站，使用 GridView 控件实现 tbl_Studentinfo 数据表中数据的浏览与显示。程序运行结果如图 7-3 所示。

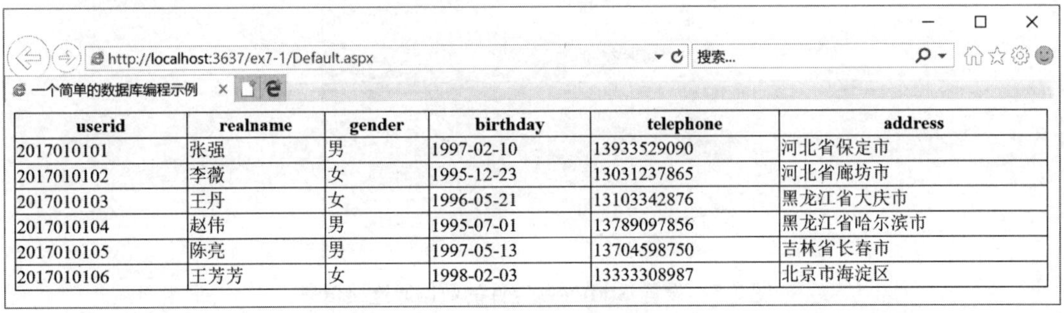

userid	realname	gender	birthday	telephone	address
2017010101	张强	男	1997-02-10	13933529090	河北省保定市
2017010102	李薇	女	1995-12-23	13031237865	河北省廊坊市
2017010103	王丹	女	1996-05-21	13103342876	黑龙江省大庆市
2017010104	赵伟	男	1995-07-01	13789097856	黑龙江省哈尔滨市
2017010105	陈亮	男	1997-05-13	13704598750	吉林省长春市
2017010106	王芳芳	女	1998-02-03	13333308987	北京市海淀区

图 7-3　例 7.1 运行结果图

操作提示：新建网站，从"工具箱"的"数据"选项卡下找到 GridView 控件添加至当前 Web 页面中。单击 GridView 控件右上角的黑色小三角符号，打开"GridView 任务"对话框。在对话框的"选择数据源"下拉列表中选择"新建数据源"，便打开如图 7-4 所示的对话框。

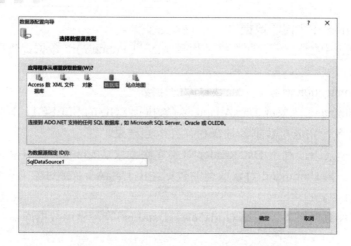

图 7-4　选择 GridView 控件的数据源类型

在图 7-4 所示的对话框中选择"数据库"，单击"确定"按钮，进入如图 7-5 所示的对话框。

图 7-5　设置 GridView 控件的数据源连接信息

在图 7-5 所示的对话框中，设置如下。

（1）"数据源（S）"选项：默认的是 Microsoft SQL Server（SqlClient），表明使用的是 SQL Server 数据库。若使用的是其他类型的数据库，则单击"更改"按钮选择数据源类型。

（2）"服务器名（E）"选项：在下拉列表中选择或输入当前 SQL Server 服务器的名称。

（3）"登录到服务器"选项：选择"使用 Windows 身份验证"单选按钮即可。若选择"使用 SQL Server 身份验证"，则选中该单选按钮，并在用户名和密码输入框中输入访问

SQL Server 数据库的用户名和密码。该选项的选择与启动 SQL Server 服务管理器时所使用的登录方式一致。

（4）"连接到一个数据库"选项：在"选择或输入一个数据库名"下拉列表中选择当前要访问的数据库名称即可。本例中使用的是 Student 数据库，选择数据库名称之后单击"测试连接"按钮，若测试成功则说明数据库连接正常。最后单击"确定"按钮，按照向导在打开的对话框中依据提示一直单击"下一步"按钮即可。

（5）设置要执行的 SQL 命令：按照上述第 4 步操作依次单击"下一步"按钮，可打开如图 7-6 所示的对话框。

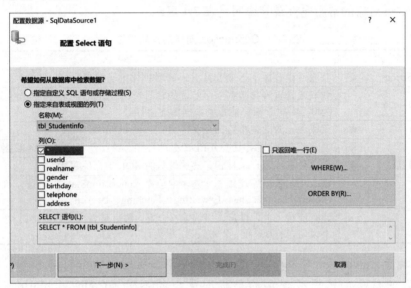

图 7-6　配置 Select 语句

图 7-6 所示的对话框用于配置要执行的 SQL 语句。可选择"指定自定义 SQL 语句或存储过程"或"指定来自表或视图的列"两个选项中的其中一项来设置如何从数据库中检索数据。本例中，选择第二个单选按钮，在"名称"下拉列表中选择要访问的数据表的名称 tbl_Studentinfo，在"列"选项列表中选中"*"复选框，表明要查找当前数据表中所有的字段，之后在对话框下方的"SELECT 语句(L)："框中会自动生成对应的查询语句，单击"下一步"按钮即可完成向导配置。运行程序即可浏览数据表中的数据，如图 7-3 所示。

说明：在图 7-6 所示的对话框中，用户可根据需求选择所使用的数据表、数据列，或者直接在 select 语句输入框中输入自定义的 select 语句，即可在 GridView 控件中显示该 select 语句查询所得的数据。页面中显示的数据列的列名与数据表中字段名是相同的，后文 8.2 节会详细讲述 GridView 控件的使用方法，以对显示结果进行完善。

小贴示：本例中没有编写一句代码，只是通过手动设置 GridView 的任务，配置了数据源、服务器的名称、登录方式、数据库名称、数据表以及要显示的数据列等选项，便可自动生成要执行的 select 命令，并在 GridView 控件中显示查询所得的数据。由此显示了 ADO.NET 数据库编程强大的功能，在后文中会详细介绍如何使用代码创建 ADO.NET 对象，完成用户所需的增删改查操作。

7.2 Connection 对象

7.2.1 Connection 的常用属性和方法

Connection 对象主要用于开启程序和数据库之间的连接。

1. Connection 对象的常用属性

Connection 对象的常用属性及其说明见表 7-1 所示。

表 7-1 Connection 对象的常用属性

属 性 名 称		说 明
ConnectionString	★	获取或设置用于连接 SQL Server 数据库的字符串
ConnectionTimeout		获取或设置连接数据库服务器的超时时间，默认值为 15s。若将该属性设置为 0，则将无限等待直到数据库连接打开
Data Source	★	获取数据源的完整路径及文件名
Provider	★	设置或获取数据源的 OLEDB 驱动程序。该属性只有 Access 数据库可用
WorkStation ID	★	设置数据库客户端标识。该属性只有 SQL 数据库可用
State		获取当前数据库连接的状态，取值是 ConnectionState 枚举值，可取 Open、Closed、Connecting、Executing、Fetching、Broken
Mode		建立连接之前，设定连接的读写方式，决定是否可更改目前数据。默认为 0 不设定，1 为只读、2 为只写、3 为读写

注意：对于 Connection 对象而言，最重要的一个属性就是 ConnectionString，用于设定连接数据源的信息。根据所使用的数据源类型的不同，ConnectionString 属性包括 DataSource、Provider、DataBase、UserId、Password 等参数。

本书以 SQL Server 2005 数据库为例，重点介绍 SqlConnection 对象的 ConnectionString。SqlConnection 对象的 ConnectionString 属性中包含多个参数，各参数说明如下：

（1）data source：要连接的 SQL Server 服务器的名称。

（2）workstation id：数据库的客户端标识，默认为客户端计算机的名称。

（3）initial catalog（或 database）：要连接的数据库的名称。

（4）persist security info（或 integrated security 或 Trusted_connection）：连接服务器的安全性设置，可使用 Windows 集成验证或 SQL Server 密码验证。属性取值为 True 或 SSPI 时表示使用 Windows 信任连接，否则表示使用 SQL Server 密码验证方式访问数据库。

（5）user id（或者 uid）：登录 SQL Server 的账号。该属性只有在使用密码验证方式访问数据库时才使用。

（6）password（或者 pwd）：登录 SQL Server 的密码。该属性只有在使用密码验证方式访问数据库时才使用。

（7）packet size：获取与 SQL Server 通信的数据包的大小，单位为字节。默认值为 4096。

2. Connection 对象的常用方法

Connection 对象的常用方法及其说明见表 7-2 所示。

表 7-2　Connection 对象的常用方法

方 法 名 称		说　　明
Open	★	依据 ConnectionString 属性所指定的设置打开数据库连接
Close	★	关闭与数据库的连接
CreateCommand	★	创建并返回一个与 SqlConnection 关联的 SqlCommand 对象

7.2.2　创建 Connection 对象

每个需要和数据库进行交互的应用程序都必须先建立与数据库的连接，对于不同的数据源，ADO.NET 提供了不同的类来建立连接。例如：要连接 Microsoft SQL Server 的数据源，必须选择 SqlConnection 对象，要连接 Microsoft Access 数据源，则必须选择 OleDbConnection 对象。编程人员可根据需要在引入 System.Data.OleDb 或 System.Data.SqlClient 命名空间之后，选择创建 OleDbConnection 类的对象或 SqlConnection 类的对象来连接相应的数据库。

为了连接到数据源，需要一个连接字符串，即 Connection 对象的 ConnectionString 属性。连接字符串通常是由分号隔开的名称和值组成，用于指定要访问的数据库的相关设置。连接字符串中包含的典型信息包括服务器的名称、数据库的名称和用户的身份。

SqlConnection 类对象定义的语法格式为：

```
SqlConnection 对象名 = new Sqlconnection([ConnectionString]);
```

OleDbConnection 类对象定义的语法格式为：

```
OleDbConnection 对象名 = new OleDbConnection([ConnectionString]);
```

无论是 SqlConnection 还是 OleDbConnection 对象，只要掌握其 ConnectionString 属性的设置方法，就可以使用它们连接到相应类型的数据库。

1. 创建 OleDbConnection 对象

若要连接的是 Access 数据库，则需要使用 OleDbConnection 对象。该对象的 ConnectionString 属性中包含两个参数 Provider 和 DataSource，分别用来指定数据源的 OLEDB 驱动程序和要访问的 Access 数据库文件所在的路径。

语法格式：

```
OleDbConnection 对象名=new OleDbConnection();
对象名.ConnectionString="Provider=数据提供程序; Data Source=数据库文件路径";
```

以上两行代码可简化为：

```
OleDbConnection 对象名=new OleDbConnection("Provider=数据提供程序; Data
Source=数据库文件路径");
```

创建示例：

```
OleDbConnection oleCon = new OleDbConnection;
oleCon.ConnectionString="provider=microsoft.jet.oledb.4.0; data source=
c:\\train.mdb";
```

上述第一行代码用于创建 OleDbConnection 对象，第二行代码用于设置其 ConnectionString 属性。这两行代码还可以简化为一行，如下所示：

```
OleDbConnection oleCon = new OleDbConnection("provider=microsoft.jet.
oledb.4.0; data source=c:\\train.mdb");
```

2. 创建 SqlConnection 对象

若要连接的是 SQL Server 数据库，则需要使用 SqlConnection 对象。根据 SQL Server 数据库的访问方式，创建 SqlConnection 对象时所用的参数也有所不同。

（1）使用 Windows 身份验证方式访问 SQL Server 数据库

语法格式 1：

```
SqlConnection sqlcon 对象名=new SqlConnection();
sqlcon 对象名.ConnectionString = "server=计算机名称; database=数据库名称;
Trusted_connection=true";
```

语法格式 2：将以上两行代码简化为：

```
SqlConnection sqlcon 对象名=new SqlConnection("server=计算机名称; database=
数据库名称; Trusted_connection=true");
```

小贴示：为 SqlConnection 对象的 ConnectionString 属性赋值时，也可以使用以下代码：sqlcon 对象名.ConnectionString = "data source=计算机名称; initial catalog =数据库名称; Integrated security = sspi"; 也即，server 和 data source 参数都可以用来指定服务器的名称，database 和 initial catalog 参数都可以用来指定数据库的名称，Trusted_connection = true 或者 Integrated security = sspi 都可以将数据库访问安全性认证方式设定为集成验证。

创建示例 1：

```
SqlConnection sqlcon = new SqlConnection("server = localhost; database =
Student; Trusted_connection = true ");
```

创建示例 2：

```
SqlConnection sqlCon = new SqlConnection();
sqlCon.ConnectionString="server=(local);  database=Student;  integrated
security=sspi";
```

小贴示：在指定计算机名称即 SQL Server 服务器名称时，server=localhost=127.0.0.1=本地主机名=(local)=(.)，这几种写法都可以，但是建议大家使用 server=计算机名称这种写法。

（2）使用 SQL Server 密码验证方式访问 SQL Server 数据库

使用 SQL Server 验证方式创建 sqlConnection 对象的方法与使用 Windows 身份验证创建 sqlConnection 对象的方式一样，只是将 ConnectionString 属性中验证方式的参数换成 SQL Server 密码验证方式，具体方法如下。

语法格式 1：

```
SqlConnection sqlcon 对象名=new SqlConnection();
```

```
sqlcon 对象名.ConnectionString= "server=服务器名称; database=数据库名称; user
id 或者 uid=用户名; pwd 或者 password=密码";
```

语法格式 2：将以上两行代码简化为：

```
SqlConnection sqlcon 对象名=new SqlConnection("server=服务器名称; database=
数据库名称; user id 或者 uid=用户名; pwd 或者 password=密码");
```

创建示例 1：

```
SqlConnection sqlcon = new SqlConnection("server =local; database = Student;
user id=sa; pwd=123456");
```

创建示例 2：

```
SqlConnection sqlCon = new SqlConnection();
sqlCon.ConnectionString = "data source=LMM; initial catalog=Student; uid=sa;
pwd=123";
```

小贴示：SqlConnection 对象的 ConnectionString 属性中，Server 参数表示要访问的服务器地址，其值可以是 IP 地址、计算机的名称、localhost 或者 "."。uid 或 userid 表示使用 SQL Server 身份验证登录的用户名；pwd 或 password 表示登录密码。

注意：ConnectionString 属性中的多个参数之间用分号隔开。

7.2.3　使用 SqlConnection 连接数据库

【例 7.2】　使用 SqlConnection 对象连接例 7.1 中创建的 SQL Server 数据库 Student，在页面中显示连接成功与否的信息，如图 7-7 所示，详细代码参见 ex7-2。

图 7-7　例 7.2 运行结果图

核心代码如下：

```
protected void Page_Load(object sender, EventArgs e)
{
    SqlConnection con = new SqlConnection();
    con.ConnectionString = "server=(local);database=Student;trusted_
    connection=true";
    try
    {
        con.Open();
```

```
        Response.Write("Student 数据库连接成功! ");
        con.Close();
    }
    catch
    {
        Response.Write("Student 数据库连接失败,请重试! ");
        con.Close();
    }
}
```

小贴示：try catch 是 ASP.NET 中的异常处理语句，为避免系统出现异常中断，在有可能出现异常的代码段中使用 try catch 语句来捕获异常。当尝试执行 try 之后的语句块出现异常时，系统会执行 catch 之后的语句块来处理异常。

注意：本书以 SQL Server 2005 数据库管理系统为例，因此在数据库编程的所有例子中，代码段 Using 部分首先要引入 System.Data.SqlClient 命名空间，之后才能创建 SqlConnection、SqlCommand、SqlDataReader 等对象，若不引入命名空间，则创建相应的对象时会发生错误。

7.3 Command 对象

7.3.1 Command 的常用属性和方法

Command 对象主要用来对数据库下达查询、新增、修改、删除数据等指令，以及呼叫存储在数据库中的预存程序等。这个对象是构建在 Connection 对象之上的，也就是说 Command 对象是通过连接到数据源的 Connection 对象来下达命令的，所以 Connection 连接到哪个数据库，Command 对象的命令就下达到哪里。在数据库连接成功并打开之后，便可使用 Command 对象对数据库或数据源执行查询、插入、修改、删除等操作。

1. Command 对象的常用属性

Command 对象的常用属性及其说明见表 7-3。

表 7-3 Command 对象的常用属性

属 性 名 称	说　　明
Connection ★	获取或设置 Command 对象要使用的数据连接，取值为 Connection 对象
CommandType ★	获取或设置要执行的命令的类型，可取值： （1）CommandType.Text（要执行 SQL 语句，默认值） （2）CommandType.TableDirect（要执行数据表） （3）CommandType.StoredProcedure（要执行存储过程）
CommandText ★	获取或设置要对数据源执行的 SQL 命令、存储过程名称或者数据表名称
CommandTimeout	获取或设置 CommandText 的超时时间，单位为秒（s），默认值为 30s
Parameters	获取 ParameterCollection

2．Command 对象的常用方法

Command 对象的常用方法及其说明见表 7-4 所示。

表 7-4　Command 对象的常用方法

方 法 名 称		说　　　　明
ExecuteReader	★	执行 CommandText 属性指定的 Select 命令，并返回一个 DataReader 对象
ExecuteScalar	★	执行 CommandText 指定的 Select 命令，并返回结果集中第一行第一列的值
ExecuteNonQuery	★	执行非查询的 SQL 命令，即 Insert、Delete 和 Update，并返回受影响的行数
Cancel		试图取消 SqlCommand 的执行

注意：当 Command 对象的 CommandText 属性是 Select 命令时，可以使用 ExecuteReader 或 ExecuteScalar 执行相应的查询命令。两者的区别在于，前者返回的是查询所得的一个 DataReader 数据集，后者返回的是结果集中第一行第一列的值。当 CommandText 属性是 Insert、Delete 和 Update 命令时，则只能使用 ExecuteNonQuery 方法执行相应的插入、删除和更新操作，方法的返回值为被插入、被删除或被更新的记录数。

小贴示：当 Command 对象 CommandText 属性的 Select 语句中包含聚合函数时，多使用 ExecuteScalar 方法返回聚合函数计算所得的值。

7.3.2　创建 Command 对象

1．创建 OleDbCommand 对象

Command 对象要与采用的数据库连接方式相匹配，相对于 OleDbConnection 而言，就要采用 OleDbCommand 对象执行 SQL 命令。创建 OleDbCommand 对象的语法格式如下。

语法格式 1：

```
OleDbCommand 对象名称=new OleDbCommand("SQL 语句", OleDbConnection 对象);
```

示例：

```
OleDbCommand cmd=new OleDbCommand("select * from tbl_userinfo", con);
```

说明：上述代码中，con 是已经声明过的 OleDbConnection 对象的名称。

语法格式 2：

```
OleDbCommand 对象名称= new OleDbConnection();
对象名称.Connection=OleDbConnection 对象;
对象名称.CommandText="SQL 语句";
```

注意：使用格式 2 来建立 OleDbCommand 对象时，必须设定其 Connection 属性和 CommandText 属性来指定所要连接的 Connection 对象以及要执行的 SQL 语句。

示例：

```
OleDbCommand cmd=new OleDbCommand();
cmd.Connection=con;
cmd.CommandText="select * from tbl_userinfo";
```

2. 创建 SqlCommand 对象

对于 SQL Server 数据库，创建 SqlCommand 对象的语法格式如下。

语法格式 1：

```
SqlCommand 对象名 = new SqlCommand(comText, connection);
```

其中，参数 comText 为要执行的 SQL 命令，connection 为使用的数据库连接对象。

示例：

```
SqlCommand 对象名 = new SqlCommand("select * from tbl_userinfo", con);
```

语法格式 2：

```
SqlCommand 对象名 = new SqlCommand();      //创建 Command 对象
对象名.Connection = connection 对象;       //设置其 Connection 属性
对象名.CommandText = comText;              //设置其 CommandText 属性
```

示例：

```
SqlCommand cmd = new SqlCommand();
cmd.Connection = con;                      //con 为预先定义过的 sqlconnection 对象
cmd.CommandText = "select * from tbl_userinfo";
```

7.3.3 使用 SqlCommand 执行数据库命令

【例 7.3】 在页面中显示例 7.1 中创建的 Student 数据库中的 tbl_studentinfo 数据表中的记录数目。程序运行结果如图 7-8 所示，详细代码参见 ex7-3。

图 7-8 例 7.3 运行结果图

核心代码如下：

```
protected void Page_Load(object sender, EventArgs e)
{
    SqlConnection con = new SqlConnection();
    con.ConnectionString="server=(local); database=Student; trusted_
    connection=true";
```

```
try
{
    con.Open();
    Response.Write("数据库连接成功! <br>");
    //创建 command 对象
    SqlCommand cmd = new SqlCommand();
    cmd.Connection = con;
    cmd.CommandType = CommandType.Text;
    cmd.CommandText = "select count(*) from tbl_Studentinfo";
    //调用 Command 对象的 ExecuteScalar 方法返回第一行第一列的值
    int i = Convert.ToInt32(cmd.ExecuteScalar());
    Response.Write("学生信息表中共有" + i.ToString() + "条记录! ");
    con.Close();
}
catch
{
    Response.Write("数据库连接失败,请重试! ");
    con.Close();
}
}
```

注意：Using 部分一定要引入 System.Data.SqlClient 命名空间。

7.4　DataReader 对象

7.4.1　DataReader 的常用属性和方法

当只需要循序地读取数据而不需要执行其他操作时，可以使用 DataReader 对象。每个.NET 框架数据提供程序都包括一个 DataReader 对象，如 SqlDataReader 对象和 OleDbDataReader 对象，其对应的命名空间分别为 System.Data.SqlClient 和 System.Data.OleDb。DataReader 对象返回一个来自 Command 对象的只读的、向前的数据流，使用它可以顺序地从查询结果集中读取记录，它的特点是单向向前，速度快，占用内存少。使用 DataReader 对象无论在系统开销还是在性能方面都很有效，它在任何时候只缓存一条记录，并且没有将整个结果集载入内存中，从而避免了使用大量内存，大大提高了系统性能。

注意：DataReader 对象只是一次一笔向下循序的读取数据源中的数据，而且这些数据是只读的，并不允许作其他的操作。

1. DataReader 对象的常用属性

DataReader 对象的常用属性及其说明见表 7-5。

表 7-5　DataReader 对象的常用属性

属 性 名 称		说　明
FieldCount	★	获取 DataReader 中当前数据行的字段数目
HasRows		获取布尔值，表示 DataReader 中是否包含一行或多行数据
IsClosed		获取布尔值，表示 DataReader 对象是否关闭

2．DataReader 对象的常用方法

DataReader 对象的常用方法及其说明见表 7-6。

表 7-6　DataReader 对象的常用方法

方 法 名 称		说　明
Read	★	让记录指针指向本结果集中的下一条记录，返回值是 true 或 false
Close	★	关闭 DataReader 对象
GetName(int i)	★	获取当前数据集中第 i+1 列的列名
GetValue(int i)	★	根据传入的列的索引值，返回当前记录行里指定列的值
GetValues (Object[] values)		将当前记录行里所有的数据保存到一个数组里并返回。可以使用 DataReader 对象的 FieldCount 属性获取字段总数来确定数组的长度
GetString(int i)		以字符串形式返回当前记录行中第 i+1 列的值
GetOrdinal()		根据给定列的名称，获取列的序号
IsDBNull(int i)		判断指定索引号的列的值是否为空，返回值 true 或 false

说明：当使用 Command 的 ExecuteReader 方法获得一个只读的结果数据集 DataReader 后，需调用 Read 方法来获得第一条记录。此外，调用 Read 方法也可以将记录指针下移一条。在读取的过程中，数据游标只能向前移动，不能返回。如果当前记录已经是最后一条，则调用 Read 方法将返回 false。也即，每次调用 Read 方法只能读取一条记录，前进到下一条记录，如果读取到记录则返回 True，否则返回 False。只要 Read 方法返回 true，则可以访问当前记录所包含的字段。

说明：获得指定字段值的方法有 GetString、GetChar 和 GetInt32 等，这些方法都带有一个表示列索引的参数，返回均是 Object 类型。用户可以根据字段的类型，通过输入列索引，分别调用上述方法，获得指定列的值。例如，SqlDataReader 类的对象名为 dr，则 dr.GetString(i)以字符串形式返回当前记录第 i+1 个字段的值。dr(i)也可以返回当前记录第 i+1 个字段的值。

注意：索引值 i 最小值为 0，索引为 i 代表第 i+1 项。

7.4.2　创建 DataReader 对象

DataReader 对象在读取数据时，需要与数据源保持实时连接，以循环的方式读取结果集中的数据。该对象不能直接实例化，而必须调用 Command 对象的 ExecuteReader 方法才能创建有效的 DataReader 对象。DataReader 对象一旦创建，即可通过对象的属性、方法访问数据源中的数据。

1．SqlDataReader 对象的创建方法

根据所使用的数据提供程序的不同，DataReader 对象同样分为 OledbDataReader 和 SqlDataReader。两者定义方法类似，本书以 SqlDataReader 为例，介绍 DataReader 对象的

创建方法。DataReader 是由 Command 对象执行 ExecuteReader()方法时生成的，不能直接使用构造函数声明。

声明一个 SqlDataReader 对象的语法格式为：

```
SqlDataReader 对象名;
```

例如：

```
SqlCommand cmd = new SqlCommand(cmdStr, con);
SqlDataReader dr = cmd.ExecuteReader();
```

SqlDataReader 对象是用来存储一条或多条数据的结果集，上述代码通过调用 SqlCommand 类的对象 cmd 的 ExecuteReader()方法，将查询到的结果以 SqlDateReader 类型对象返回。

2．使用 SqlDataReader 对象读取数据库的一般步骤

（1）创建 SqlConnection 对象，打开与数据库的连接。

（2）创建 SqlCommand 对象。

（3）使用 SqlCommand 对象的 ExecuteReader 方法执行 CommandText 中的命令，并把返回的结果放在 SqlDataReader 对象中。

（4）调用 SqlDataReader 的 Read 方法循环处理数据库查询结果。

（5）关闭 SqlDataReader 对象，关闭与数据库的连接。

3．使用 SqlDataReader 对象的注意事项

（1）使用 SqlDataReader 读取数据时，SqlConnection 对象必须处于打开状态。且 SqlDataReader 对象使用之前必须处于打开状态，使用之后必须关闭。

（2）SqlDataReader 是一个抽象类，不能直接实例化，必须通过 SqlCommand 对象的 ExecuteReader()方法来产生 SqlDataReader 对象实例。

（3）只能按向下的顺序逐条读取记录，不能随机读取，且无法直接获知记录的总数。

（4）SqlDataReader 对象管理的查询结果是只读的，不能修改。

7.4.3　使用 DataReader 读取数据库

【**例 7.4**】　将例 7.1 中 Student 数据库中 tbl_Studentinfo 数据表中的数据显示在页面中，程序运行结果如图 7-9 所示，详细代码参见 ex7-4。

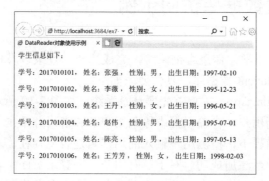

图 7-9　例 7.4 运行结果图——DataReader 对象使用示例

核心代码如下：

```
protected void Page_Load(object sender, EventArgs e)
{
    SqlConnection con = new SqlConnection();
    con.ConnectionString = "server=(local); database=Student; trusted_
    connection=true";
    try
    {
        con.Open();
        SqlCommand cmd = new SqlCommand();
        cmd.Connection = con;
        cmd.CommandType = CommandType.Text;
        cmd.CommandText = "select * from tbl_Studentinfo";
        SqlDataReader dr = cmd.ExecuteReader();
        Response.Write("学生信息如下：<br><br>");
        while (dr.Read())     //读取并显示数据
        {
        Response.Write("学号：" + dr.GetString(0)+", 姓名："+dr.GetString(1) + ",
        性别："+dr.GetString(2)+", 出生日期："+Convert.ToString(dr.GetValue(3))+
        "<br><br>");
        }
        dr.Close();
        con.Close();
    }
    catch
    {
        Response.Write("数据库连接失败，请重试！");
        con.Close();
    }
}
```

思考：怎样实现在页面中显示所有女学生的信息？

7.5　连线模式数据库访问示例

【例 7.5】　制作一个学生信息查询系统，完成注册、登录以及信息查询功能，数据库使用例 7.1 中创建的 Student 数据库。具体要求如下：

（1）登录页面 Login.aspx。用户首先要登录系统，如图 7-10 所示。该页面完成用户注册和登录功能。对于新用户，在输入框中输入用户名和密码并单击"注册"按钮时，在保证用户名密码非空的前提下，检测用户输入的用户名是否已存在。若存在则给出相应的提示信息，若不存在则提示注册成功。对于已有用户，在登录页面中输入合法的用户名和密码时，则跳转至数据查询页面 Search.aspx。若输入的用户名和密码有误，则给出相应的提示信息。

（2）信息查询页面 Search.aspx。在该页面中，可根据用户输入的学号信息进行查询，并在该页面显示查询所得的数据，如图 7-11 所示。若输入的学号有误，给出相应的提示信息。详细代码及控件属性设置参见 ex7-5。

图 7-10　例 7.5 登录页面 Login.aspx 效果图　　图 7-11　例 7.5 信息查询页面 Search.aspx 结果图

核心代码如下：

Login.aspx 页面代码

```
// "登录" 按钮的 Click 事件
protected void btn_Login_Click(object sender, EventArgs e)
{
    SqlConnection con = new SqlConnection();
    con.ConnectionString = "server=(local);database=Student;trusted_
    connection=true";
    try
    {
        con.Open();
        SqlCommand cmd = new SqlCommand();
        cmd.Connection = con;
        cmd.CommandType = CommandType.Text;
        cmd.CommandText = "select count(*) from tbl_Userinfo where user_name='" +
        txt_Username.Text + "' and pwd='" + txt_Pwd.Text + "'";
        int i = Convert.ToInt32(cmd.ExecuteScalar());
        if (i == 0)
        {
            Response.Write("<script>alert('用户名或密码错误,请重新输入! ')</script>");
            txt_Username.Text = "";  txt_Pwd.Text = "";
        }
        else
        {
            Response.Redirect("Search.aspx");
        }
    }
    catch
    {
```

```
            Response.Write("数据库连接失败，请重试！");
            con.Close();
        }
    }
    // "注册"按钮的 Click 事件
    protected void btn_Register_Click(object sender, EventArgs e)
    {
        SqlConnection con = new SqlConnection();
        con.ConnectionString = "server=(local);database=Student;trusted_
        connection=true";
        try
        {
            con.Open();
            if ((txt_Username.Text != "") && (txt_Pwd.Text != ""))//保证用户名密码非空
            {
                SqlCommand cmd1 = new SqlCommand();
                cmd1.Connection = con;
                cmd1.CommandType = CommandType.Text;
                cmd1.CommandText = "select count(*) from tbl_Userinfo where user_name='"+
                txt_Username.Text + "'";  //查询用户名是否被注册
                int i = Convert.ToInt32(cmd1.ExecuteScalar());
                if (i == 1)   //该用户名已存在
                {
                 Response.Write("<script>alert('该用户名已被注册，请重新输入！')</script>");
                 txt_Username.Text = "";    txt_Pwd.Text = "";
                }
                else
                {    //将输入的用户名密码信息存入数据表
                  SqlCommand cmd2 = new SqlCommand();
                  cmd2.Connection = con;
                  cmd2.CommandType = CommandType.Text;
                  cmd2.CommandText = "insert into tbl_Userinfo values('" +
                  txt_Username.Text + "','" + txt_Pwd.Text + "')";
                  cmd2.ExecuteNonQuery();
                  con.Close();
                  Response.Write("<script>alert('注册成功！')</script>");
                  txt_Username.Text = ""; txt_Pwd.Text = "";
                }
            }
            else
            {
             Response.Write("<script>alert('用户名密码不能为空，请重新输入！')</script>");
             txt_Username.Focus();
            }
        }
        catch
        {
            Response.Write("数据库连接失败，请重试！");
            con.Close();
        }
    }
```

```
// "查询"按钮的click事件
    protected void btn_Search_Click(object sender, EventArgs e)
    {
        SqlConnection con = new SqlConnection();
        con.ConnectionString = "server=(local);database=Student;
        trusted_connection=true";
        try
        {
            con.Open();
        }
        catch
        {
            Response.Write("数据库连接失败，请重试！");
            con.Close();
        }
        if (con.State == ConnectionState.Open) //如果数据库是打开状态
        {
            SqlCommand cmd1 = new SqlCommand();
            cmd1.Connection = con;
            cmd1.CommandType = CommandType.Text;
            cmd1.CommandText = "select count(*) from tbl_Studentinfo where
            userid='" + txt_Searchid.Text + "'";
            int i = Convert.ToInt32(cmd1.ExecuteScalar());
            if (i == 1)    //输入的学号的记录存在
            {
                SqlCommand cmd2 = new SqlCommand();
                cmd2.Connection = con;
                cmd2.CommandType = CommandType.Text;
                cmd2.CommandText = "select * from tbl_Studentinfo where
                userid='" + txt_Searchid.Text + "'";
                SqlDataReader dr = cmd2.ExecuteReader();
                while (dr.Read())    //读取并显示数据
                {
                    txt_Id.Text = (dr.GetString(0));
                    txt_Name.Text = dr.GetString(1);
                    txt_Gender.Text = dr.GetString(2);
                    txt_Birthday.Text = Convert.ToString(dr.GetValue(3));
                    txt_Telephone.Text = dr.GetString(4);
                    txt_Address.Text = dr.GetString(5);
                }
            }
            else
            {
                Response.Write("<script>alert('记录不存在！')</script>");
                txt_Searchid.Focus();
            }
        }
    }
```

注意：一定要使用 using System.Data.SqlClient 引入命名空间。

小贴示：本例中，练习了如何使用 Command 对象执行查询和插入命令，有关数据的更新以及删除与插入命令类似。在执行命令过程中分别用到了 DataReader 对象的 ExecuteReader、ExecuteScalar 和 ExecuteNonQuery 方法，要注意区分三个方法的应用场合。

注意：向数据库中插入新记录时，一定要对记录的唯一性进行判断，即保证新插入的记录的主键字段值在数据库中是唯一的。

小贴示：信息浏览页面，若输入框中的信息是供用户浏览的，不允许修改，则需要将控件的 ReadOnly 属性设置为 True。

7.6　DataAdapter 对象

7.6.1　DataAdapter 的常用属性和方法

DataAdapter 对象通常称为数据适配器，其作用是作为数据源与 DataSet 对象之间沟通的桥梁。它提供了双向的数据传输机制，可以从数据库将数据读入数据集，也可以将数据集中已更改的数据写回数据库。DataAdapter 可以透过 Command 对象下达命令，在数据源上执行 Select 语句，并将查询结果集传送到 DataSet 对象的数据表 DataTable 中。DataAdapter 对象是架构在 Command 对象上的，并提供了许多配合 DataSet 使用的功能。

1. DataAdapter 对象的常用属性
DataAdapter 对象的常用属性及其说明见表 7-7。

表 7-7　DataAdapter 对象的常用属性

属 性 名 称	说　　明
SelectCommand	获取或设置用来从数据源选取数据行的 SQL 命令，属性值为 Command 对象
InsertCommand	获取或设置将数据行插入数据源的 SQL 命令，属性值为 Command 对象
DeleteCommand	获取或设置用来从数据源删除数据行的 SQL 命令，属性值为 Command 对象
UpdateCommand	获取或设置用来更新数据源数据行的 SQL 命令，属性值为 Command 对象

2. DataAdapter 对象的常用方法和事件
DataAdapter 对象的常用方法和事件说明见表 7-8。

表 7-8　DataAdapter 对象的常用方法

方 法/事件名称	说　　明
Fill(DataSet, srcTable)　★	将 SelectCommand 属性指定的 SQL 命令执行结果所选取的数据行置入 DataSet 对象。第一个参数为 DataSet 对象的名字，第二个参数为 SQL 命令对应的数据表的名字
Update(DataSet, srcTable)	调用 InsertCommand、UpdateCommand 或 DeleteCommand 属性指定的 SQL 命令更新数据
FillError 事件	当执行 DataAdapter 对象的 Fill 方法发生错误时会触发此事件
RowUpdated	当调用 Update 方法并执行完 SQL 命令时会触发此事件
RowUpdating	当调用 Update 方法且在开始执行 SQL 命令之前会触发此事件

7.6.2　创建 DataAdapter 对象

　　DataAdapter 表示一组数据命令和一个数据库连接，可以向数据库提交 Command 对象所代表的 SQL 查询命令，同时获取返回的数据结果集。对于不同的数据源，ADO.NET 同样提供了多个不同的 DataAdapter 子类，例如 OleDbDataAdapter 和 SqlDataAdapter。SqlDataAdapter 对象用于特定的 SQL Server 数据库，OleDbDataAdapter 对象则用于由 OLEDB 提供程序公开的任何数据源。本节仍以处理 SQL Server 数据库的 SqlDataAdapter 为例介绍其使用方法。

　　创建 SqlDataAdapter 的语法结构为：

```
SqlCommand cmd = new SqlCommand(cmdStr,con);
SqlDataAdapter adapter = new SqlDataAdapter(cmd);
```

　　其中，参数 cmdStr 为 SqlCommand 对象 cmd 的 CommandText 属性，即要执行的 SQL 语句，参数 con 为创建的 SqlConnection 对象的名称。SqlDataAdapter 对象的创建以 SqlCommand 对象为参数，因此在声明 SqlDataAdapter 之前，需要先声明 cmd 对象。

　　上述两行代码可简化为一行，形式如下：

```
SqlDataAdapter adapter = new SqlDataAdapter(cmdStr,con);
```

　　创建示例：

```
SqlConnection con=new SqlConnection();
con.ConnectionString="server=(localhost);  database=Student;  Trusted_
connection = true ";
SqlDataAdapter adapter = new SqlDataAdapter("select * from tbl_Userinfo", con);
```

7.7　DataSet 对象

7.7.1　DataSet 的常用属性和方法

　　当完成对数据库的查询后，需要把所获取的数据保留下来，ADO.NET 使用数据集对象在内存中缓存查询结果数据。数据集对象的结构类似于关系数据库的表，包括表示数据表、行和列等数据对象模型的类，还包含为数据集定义的约束和关系。

　　数据集对象 DataSet 是 ADO.NET 的核心，是实现离线访问技术的载体。DataSet 的能力不只是可以储存多个数据表 DataTable 而已，还可以透过 DataAdapter 对象取得一些例如主键等的数据表结构，并可以记录数据表间的关联和约束。

　　1．DataSet 对象的特点

　　（1）是一个强大复杂的数据集，专门处理从数据源获得的数据。

　　（2）可视为暂存区，可将从数据库查询到的数据保留起来，甚至可以将整个数据库显示出来。

　　（3）本身不具备和数据源沟通的能力，需要将 DataAdapter 当作 DataSet 与数据源之间传输数据的桥梁。

（4）可包含数据表、数据表之间的关系、主外键约束等。

（5）DataSet 中的表用 DataTable 对象表示，一个 DataSet 可以包含一个或多个 DataTable，多个 DataTable 对象组成了 DataTableCollection 集合对象。

（6）多表的表间关系用 DataRelation 对象表示。一个 DataSet 对象可以包含一个或多个 DataRelation 对象，多个 DataRelation 又组成了 DataRelationCollection 集合对象。

.NET 框架中的 DataSet 对象模型如图 7-12 所示。

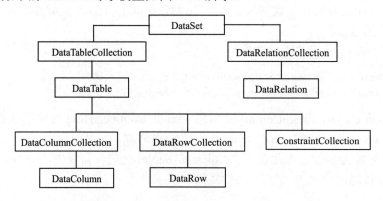

图 7-12　.NET 框架中的 DataSet 对象模型

2．DataSet 对象的常用属性
DataSet 对象的常用属性及其说明见表 7-9。

表 7-9　DataSet 对象的常用属性

属 性 名 称	说　明
DataSetName	获取或设置 DataSet 对象的名称
Tables　★	获取包含在数据集中的数据表集合

3．DataSet 对象的常用方法
DataSet 对象的常用方法及其说明见表 7-10。

表 7-10　DataSet 对象的常用方法

方 法 名 称	说　明
AcceptChanges　★	提交自加载 DataSet 或调用 AcceptChanges 以来对 DataSet 进行的所有更改
GetChanges	获取 DataSet 的副本，包含自上次加载以来或自调用 AcceptChanges 以来对该数据集进行的所有改变
Copy	复制 DataSet 的结构和数据
Clear	删除 DataSet 中的所有表

7.7.2　创建 DataSet 对象

DataSet 是数据库数据的内存驻留表示形式，无论数据源是什么，都会提供一致的关系编程模型。它可以用于多种不同的数据源、用于 XML 数据，或用于管理应用程序本地的数据。一个 DataSet 对象表示包括相关表、约束和表间关系在内的整个数据集。

1. 创建 DataSet

创建一个本地数据存储对象 DataSet 的语法结构如下:

```
SqlCommand cmd = new SqlCommand(cmdStr,con);  //创建 Command 对象
SqlDataAdapter adapter = new SqlDataAdapter(cmd); //创建 DataAdapter 对象
DataSet ds = new DataSet();    //创建 DataSet 对象
adapter.Fill(ds);    //通过 DataAdapter 对象将 Command 获取的数据存储在 DataSet 中
```

创建示例:

```
SqlConnection con=new SqlConnection();
con.ConnectionString="server=(localhost); database=Student; Trusted_
connection=true";
SqlDataAdapter adapter = new SqlDataAdapter("select * from tbl_Userinfo", con);
DataSet ds = new DataSet();
adapter.Fill(ds); 或 adapter.Fill(ds,"tbl_Userinfo");
```

注意: 在程序中使用 SqlConnection、SqlCommand、SqlDataReader 和 SqlDataAdapter 类需要引入 System.Data.SqlClient 命名空间,使用 DataSet 类需要引入 System.Data 命名空间。

2. DataTable 对象

DataTable 表示内存中的一个数据表对象,可以独立创建和使用,也可以由其他.NET Framework 对象使用,最常见的情况就是作为 DataSet 的成员使用。可以使用相应的 DataTable 构造函数来创建 DataTable 对象,可以通过 Add 方法将其添加到 DataTable 对象的 Tables 集合中,再将其添加到 DataSet 中。DataTable 对象具有以下特点。

(1)它是组成 DataSet 对象的主要组件。DataSet 可以接收 DataAdapter 执行 SQL 指令后所取得的数据,这些数据是 DataTable 对象。

(2)一个 DataSet 中可以有多个 DataTable。

(3)一个 DataTable 对象代表内存中的一个数据表,主要由 DataRow 和 DataColumn 对象组成。

(4)DataRow 表示 DataTable 中的一行数据。可以调用 DataTable 的 NewRow()方法来添加一个新的数据行;利用 DataTable 对象的 Rows 属性来修改数据行数据;还可以利用 DataRow 对象的 Delete 方法删除数据集中的行,并利用 DataTable 对象的 AcceptChanges 方法删除数据库中的数据。

(5)DataColumn 用于创建 DataTable 的数据列。

(6)每个 DataColumn 都有一个 DataType 属性,该属性确定 DataColumn 中数据的类型。

小贴示: DataSet 和 DataReader 都可以获取查询数据,如何在两者之间进行选择? 通常情况下,若操作结果中含有多个分离的表,或者操作来自多个源(例如来自多个数据库、XML 文件的混合数据)的数据;或者在系统的各个层之间交换数据,执行大量的处理或使用 XML Web 服务时,通常使用 DataSet 对象完成。

7.7.3　DataAdapter 及 DataSet 使用示例

【例 7.6】 使用 SqlDataAdapter 对象和 DataSet 对象将 Student 数据库中 tbl_Studentinfo 数据表中的数据显示在 GridView 中。程序运行结果图如图 7-13 所示,详细代码参见 ex7-6。

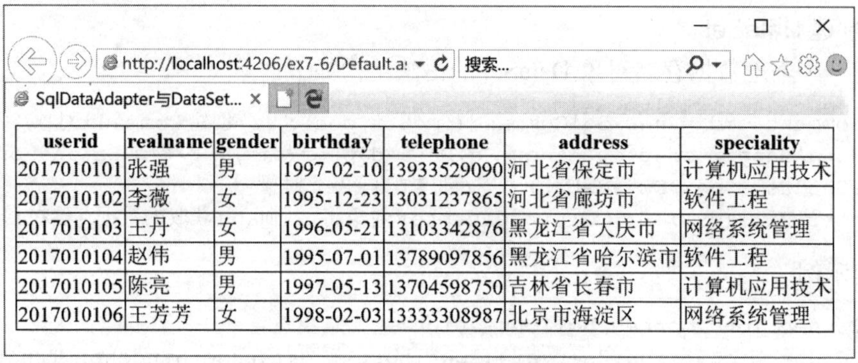

userid	realname	gender	birthday	telephone	address	speciality
2017010101	张强	男	1997-02-10	13933529090	河北省保定市	计算机应用技术
2017010102	李薇	女	1995-12-23	13031237865	河北省廊坊市	软件工程
2017010103	王丹	女	1996-05-21	13103342876	黑龙江省大庆市	网络系统管理
2017010104	赵伟	男	1995-07-01	13789097856	黑龙江省哈尔滨市	软件工程
2017010105	陈亮	男	1997-05-13	13704598750	吉林省长春市	计算机应用技术
2017010106	王芳芳	女	1998-02-03	13333308987	北京市海淀区	网络系统管理

图 7-13　例 7.6 运行结果图

操作提示：新建网站，在“工具箱”的“数据”选项卡下找到 GridView 控件添加至页面中，在 Page 对象的 Load 事件中添加代码即可。

核心代码如下：

```
protected void Page_Load(object sender, EventArgs e)
{
    SqlConnection con=new SqlConnection();
    con.ConnectionString="server=(localhost); database=Student; trusted_
    connection=true";
    try
     {
        con.Open();
        SqlDataAdapter adpt = new SqlDataAdapter("select * from tbl_
       Studentinfo",con);
        DataSet ds = new DataSet();
        adpt.Fill(ds,"tbl_Studentinfo");
        GridView1.DataSource = ds.Tables[0].DefaultView;
        GridView1.DataBind();
        con.Close();
     }
    catch
     {
       Response.Write("<script>alert('数据库连接失败，请重试！')</script>");
       con.Close();
     }
}
```

说明：由于本章还未讲述到 GridView 控件的使用方法，因此本例中除了设置该控件的 DataSource 属性绑定要显示的数据源之外，并未对其他属性进行修改。故而，在网格的第一行显示的列名与数据表中字段的名称相同，并未修改为中文列标题。待后文学习了 GridView 控件的使用方法之后，便可通过设置控件的 Columns 属性对本例进行完善，例如网格中显示自定义的中文列标题、数据记录的分页排序显示、数据行个性化样式设置等。

小贴示：本例中，也可以通过修改 SQL 语句来实现列标题的中文显示。例如，将 SQL 语句修改为：select userid as 学号, realname as 姓名 from tbl_Studentinfo，便可在网格中显示 userid 和 realname 两个字段列的内容，且列标题分别为学号和姓名。

同样可以使用 SqlDataReader 作为数据源，将数据绑定显示在 GridView 中。例如，先定义 SqlDataReader 类的对象 dr，之后通过代码 GridView1.DataSource=dr 将网格的数据源设置为 dr，实现数据绑定显示。

7.8　离线模式数据库访问示例

【**例 7.7**】 使用断开式数据访问对象，对 Student 数据库中 tbl_Studentinfo 数据表中的数据进行查询，要求可以根据学号或姓名进行模糊匹配，并将查询结果显示在 GridView 控件中。若记录不存在，给出相应的提示信息。程序运行结果如图 7-14 和图 7-15 所示。

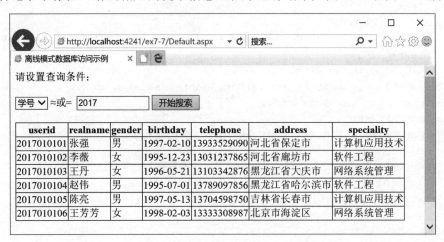

图 7-14　例 7.7 运行结果图——按学号进行模糊查询

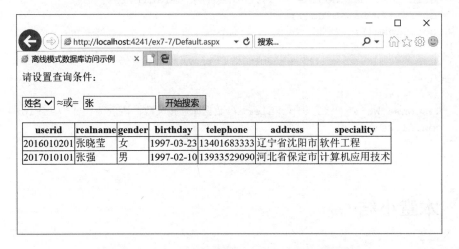

图 7-15　例 7.7 运行结果图——按姓名进行模糊查询

操作提示：新建网站，添加一个 DropDownList 控件用于设置"学号"和"姓名"两个查询选项。添加一个 TextBox 控件用于输入要查询的学号或姓名。添加一个 GridView 控件用于显示查询所得的数据。添加一个 Button 控件，用于触发"开始搜索"命令。详细代码和控件属性设置参见 ex7-7，核心代码如下：

```csharp
// "开始搜索" 按钮的 Click 事件
protected void btn_Ok_Click(object sender, EventArgs e)
{
    SqlConnection con=new SqlConnection();
    con.ConnectionString = "(localhost); database=Student; trusted_ connection=true";
    string sqlstr;
    try
    {
     con.Open();
     if (DropDownList1.SelectedIndex == 0)   //按学号查询
       sqlstr = "select * from tbl_Studentinfo where userid like '%" + txt_Search
         .Text +"%'";
     else    //按姓名查询
       sqlstr="select * from tbl_Studentinfo where realname like '%"+txt_Search
         .Text+"%'";
     //创建 DataAdapter 和 DataSet 对象
    SqlDataAdapter adpt = new SqlDataAdapter(sqlstr, con);
    DataSet ds = new DataSet();
    adpt.Fill(ds);
    if (ds.Tables[0].Rows.Count == 0)   //查询结果为空
    {
       Response.Write("<script>alert('记录不存在！')</script>");
       txt_Search.Text = "";
       txt_Search.Focus();
    }
    else
    {
       GridView1.DataSource = ds.Tables[0].DefaultView;
       GridView1.DataBind();
       con.Close();
    }
    }
    catch
    {
     Response.Write("<script>alert('数据库连接失败，请重试！')</script>");
     con.Close();
    }
}
```

7.9 本章小结

本章在介绍数据库编程相关概念以及 ADO.NET 基础知识的基础上，以 SQL Server 数据库为例，重点介绍了 ADO.NET 中的几个基本对象，主要包括 SqlConnection、SqlCommand、SqlDataReader、SqlDataAdapter 和 DataSet 对象。在介绍对象的常用属性和方法的基础上，通过多个例子展示了对象的创建以及使用方法。通过本章学习，读者能够了解到如何使用 ADO.NET 对象进行数据的查询、添加、删除和修改操作。

习题 7

1．简述什么是 ADO.NET。

2．常用的数据库操作命令都有哪些？举例说明。

3．ADO.NET 数据提供程序主要有哪两类？区别是什么？

4．ADO.NET 体系结构中各对象之间是如何联系起来完成数据库访问操作的？

5．如何使用 SqlConnection 对象连接 SQL Server 数据库？需要设置哪些属性？

6．Command 对象的 ExecuteReader、ExecuteScalar 和 ExecuteNonQuery 有何区别？在实际应用中该如何选择合适的方法完成 SQL 命令。

7．DataReader 对象有什么特点？

8．使用 DataReader 对象获取当前记录对应的字段值时有哪些方法？

9．数据集 DataSet 与数据源之间的桥梁是（　　　）。

　　A．SqlConnection　　　　　　　　　B．SqlDataAdapter

　　C．SqlCommand　　　　　　　　　　D．SqlTransaction

10．使用 ADO.NET 对象访问数据库的基本步骤是什么？

11．将数据源的数据填充到数据集中，应调用 DataAdapter 的（　　　）方法。

　　A．Fill　　　　　　B．Dispose　　　　　C．Update　　　　　D．ToString

12．下列关于数据库与表的关系，说法正确的是（　　　）。

　　A．一个数据库中只能包含一张表　　　B．一个表中可以包含一个数据库

　　C．一个数据库中可以包含多张表　　　D．一个表中可以包含多个数据库

13．在 SQL 语句中，用于修改数据的语句是（　　　）。

　　A．select 语句　　B．delete 语句　　C．insert 语句　　　D．update 语句

14．下列选项中，SqlConnection 对象不包含的方法是（　　　）。

　　A．Open()方法　　B．Close()方法　　C．Read()方法　　　D．Dispose()方法

15．请编写一个方法，查询 MyData 数据库中员工表（employee）中所有的数据（id, name, gender, salary），并将查询结果存放到 DataSet 中。

第8章

ASP.NET 数据服务控件

数据绑定是 ASP.NET 提供的另一种访问数据库的方法。与 ADO.NET 数据库访问技术不同的是，数据绑定技术可以让程序员不关注数据库连接、数据库命令以及如何格式化这些数据以显示在页面上等环节，而是直接把数据绑定到 HTML 元素和 Web 控件。本章重点介绍 ASP.NET 中常用的数据源控件 SqlDataSource 以及数据绑定控件 GridView、DataList 和 DetailsView 等的使用方法，通过例子展示使用数据源和数据绑定控件实现数据增删改查等相关操作的方法。

学习目标
☑ 掌握 SqlDataSource 的使用方法。
☑ 熟悉数据绑定表达式和常用的数据绑定方法。
☑ 掌握使用 GridView、DataList 和 DetailsView 实现数据的编辑和修改的方法。
☑ 掌握 FormView、Repeater 和 ListView 的使用方法。
☑ 能够使用数据源和数据绑定控件实现数据库的访问以及数据的基本操作。

8.1 数据绑定技术

数据绑定（Data Binding）是 Microsoft 公司的一项数据处理、输出技术。所谓数据绑定，通俗地说，就是把数据源（如 DataTable）中的数据取出来，显示在各种控件上，用户可以通过这些控件查看和修改数据，这些修改会自动保存到数据源中。需要显示的数据叫数据源，用来显示数据的 Web 控件叫作绑定控件。

8.1.1 数据源控件

ASP.NET 引入了数据源控件，只需要在网页上添加数据源控件并将其指向特定数据源，然后再添加数据绑定控件和数据源控件绑定在一起，就可以实现排序、分页、更新、插入、删除等功能。数据源控件主要用来与数据源进行交互，数据源通常是数据库，也可以是数组、集合、XML 文件等。

根据处理的数据源的类型，数据源控件可分为 SqlDataSource、ObjectDataSource、LinqDataSource、AccessDataSource、XmlDataSource 和 SiteMapDataSource 控件。其中，SqlDataSource 是 ASP.NET 4.0 中应用最为广泛的数据源控件。该控件支持 ADO.NET 数据

提供程序的任意数据源，例如 MS SQL Server、ODBC 或 Oracle。当 SqlDataSource 与 SQL Server 一起使用时，还支持高级缓存功能。当数据作为 DataSet 对象返回时，支持分页、筛选和排序功能。

如果数据存储在 ODBC 数据源、OLE DB 数据源或 SQL Sever、Oracle 数据库中，就应该使用 SqlDataSource 控件。该控件能够与多种常用数据库进行交互，并且能够在数据绑定控件的支持下，几乎不编写任何代码就能够完成数据库连接、数据显示与编辑等多种数据访问任务。此外，单击 SqlDataSource 控件的智能标记，可以使用该控件提供的向导来配置数据源，完成数据库的连接等配置工作。SqlDataSource 控件的常用属性见表 8-1。

表 8-1 SqlDataSource 控件的常用属性

属 性 名 称		说　　明
Adapter		获取控件的特定适配器
ConnectionString	★	获取或设置连接字符串，SqlDataSource 控件用来连接到的基础数据库
DeleteCommand	★	获取或设置 SQL 字符串，SqlDataSource 控件用来从基础数据库中删除数据
InsertCommand	★	获取或设置 SQL 字符串，SqlDataSource 控件用来向基础数据库中插入数据
SelectCommand	★	获取或设置 SQL 字符串，SqlDataSource 控件用来从基础数据库中检索数据
UpdateCommand	★	获取或设置 SQL 字符串，SqlDataSource 控件用来更新基础数据库中的数据
ProviderName	★	获取或设置.NET Framework 数据提供程序的名称，SqlDataSource 控件用来连接到基础数据源

示例：若要使用 SqlDataSource 控件连接 Student 数据库，显示 tbl_Scoreinfo 数据表中的数据，则对应的 HTML 核心代码为：

```
<asp:SqlDataSource ID="SqlDataSource1" runat="server"
ConnectionString="Data Source=local; Initial Catalog=Student; Integrated
Security=True" SelectCommand="SELECT [userid], [english], [math], [computer],
[language] FROM [tbl_Scoreinfo]" ProviderName="System.Data.SqlClient">
</asp:SqlDataSource>
```

当 SqlDataSource 控件的属性设置完毕之后，只需将数据绑定控件的 DataSourceID 属性设置为对应的 SqlDataSource 控件对象（ID 属性）即可。

8.1.2 数据绑定表达式

在 ASP.NET 中，开发人员可以使用声明式的语法对控件进行数据绑定，而且大多数服务器控件都提供了对数据绑定的支持。进行数据绑定时使用的数据绑定表达式为：

```
<%# 数据绑定表达式 %>
```

使用数据绑定并不只局限于绑定到数据库中的数据，一个变量、一个表达式或一个函数都可以在数据绑定表达式中使用。常见的数据绑定表达式的类型有以下几种。

（1）可以是个变量。

例如：

```
<asp:Label ID="Label1" runat="server" Text="<%= 变量名%>"></asp:Label>
```

上述代码将变量值绑定显示在 Label1 控件中。需要注意的是，如果绑定的是变量，则变量的访问修饰符不能是私有的，必须为 public 或 protected。

注意：变量必须使用 "=" 才能有效果，而不是使用 "#"。

（2）可以是服务器控件的属性值。

例如：

```
<asp:Label ID="Label1" runat="server" Text="<%#TextBox2.Text %>"></asp:Label>
```

上述代码将 **TextBox2** 控件的 Text 属性值绑定显示在 Label1 控件中。

（3）可以是一个数组或集合。

这种类型主要针对 **DropDownList** 和 **ListBox** 这类列表型控件。

例如：

```
public string[] str = {"1", "22", "333", "4444", "55555" };
<asp: DropDownList ID="DropDownList1" runat="server" DataSource="<%# str %>" >
</asp:DropDownList>
```

上述代码将 **str** 数组中的数据绑定显示在 DropDownList1 控件中。

注意：必须要在后台调用 DropDownList1 控件的 DataBind 方法，否则是没有效果的。

（4）可以是个表达式。

这种形式下，可根据需求通过表达式连接成想要的数据。

例如：

```
<asp: Label ID="Label1" runat="server" Text="<%# (Person.FirstName + "," +
Person.LastName)%>"> </asp:Label>
```

上述代码将一个用户的姓名中间用逗号隔开，然后显示在 Label1 控件中。

（5）可以是个方法。

例如：

```
<asp:Label ID="Label1" runat="server" Text="<% = 方法名() %>"> </asp:Label>
```

上述代码调用指定的方法，将返回值绑定显示在 Label1 控件中。

（6）可以是 **DataTable** 或 **DataSet** 等数据对象。

这种数据绑定表达式只能用于 GridView 或 DataList 等绑定控件，在本章会做详细介绍。

8.1.3 常用的数据绑定方法

1. 数据绑定方法

常用的数据绑定方法有单向绑定和双向绑定两种，两种形势下数据绑定表达式分别使用 Eval 和 Bind 方法将数据绑定到控件，并将更改提交至数据库。

1）单向绑定

提供一个单向的只读的数据值，只能从数据源中读取数据，不能修改数据源中的数据。Eval 方法是静态单向绑定方法，提供一个单向的只读的数据值，只能从数据源中读取数据，不能修改数据源中的数据。该方法采用数据字段的值作为参数，并将其作为字符串返回。

语法格式：

`Eval("列名|属性名等");`

其原理是通过反射的机制来实现绑定计算，Eval 会在底层调用 DataBinder 中的静态方法 Eval。

2）双向绑定

既可以读取数据源的值，又可以修改数据源的值，以便进行数据的更新，主要用于 GridView、DataList 等支持编辑功能的控件。Bind 方法用于双向绑定，支持读/写功能，因此使用 Bind 方法可以检索数据绑定控件的值，并将任何更改提交至数据库。

语法格式为：

`Bind("列名|属性名等");`

2. 数据绑定方式

常用的数据绑定方式有两种：单值数据绑定和重复值数据绑定。

1）单值数据绑定

单值数据绑定是指将一个控件绑定到单个数据元素（如数据集中某一列的值）的能力，多用于 Label 或 TextBox 等只显示单个值的控件。单值绑定允许为控件的某个属性指定一个绑定表达式，可以在声明代码中直接使用绑定表达式进行绑定。

2）重复值数据绑定

重复值数据绑定是指将一个控件绑定到多个数据元素的能力，通常通过设置控件的属性，在控件中显示数据库中的多条记录。例如，将 GridView 绑定到一个 DataTable，或者将 DropDownList 控件绑定到数据表的某一列，显示多个数据而不是单个数据值。

ASP.NET 中支持重复值绑定的基本列表控件有 ListBox、DropDownList、CheckBoxList 和 RadioButtonList，所有这些控件显示来自数据项的单值字段。这些控件共有的属性如下。

（1）DataSource：指定要显示的数据对象。

（2）DataSourceID：使用该属性连接到一个数据源控件。

（3）DataTextField：指定显示在页面上的值的字段或属性。

（4）DataTextFormatString：定义一个可选的格式化字符串，控件显示前使用该字符串格式化 DataTextValue 的值。

（5）DataValueField：该属性从数据项获得的值不会在页面中显示，相反，它被保存到底层 HTML 标签的 value 特性上。它允许你在代码中读取这个值，通常用来保存一个唯一的 ID 或字段的主键。

注意：可以随意使用 DataSource 或 DataSourceID，但它们不能同时使用。

除了简单的列表控件外，ASP.NET 还有支持重复值绑定的富数据控件。两者的差别很大，富数据控件只为数据绑定而设计，它们拥有同时显示数据项若干属性或字段的能力，一般基于表或用户定义的模板来布局，还提供了编辑等高级功能。常用的富数据控件包括 GridView（显示大型数据表的全能网格，支持编辑、排序、分页等功能）、DetailsView（每次只显示一条记录，支持编辑，允许在一系列记录间浏览）、FormView（与 DetailsView 类似，只是 FormView 是基于模板的，允许在更为灵活的布局中合并字段而不必依赖表格）等，在本章会对这些控件的使用方法做详细介绍。

8.1.4 简单的数据绑定应用示例

使用控件进行数据绑定、显示数据的基本步骤如下。

（1）准备好数据源。

（2）设置数据绑定控件的数据源。

数据源的设置方法有两种。

① 对于没有 DataSource 属性的控件，可直接把数据源的数据指定给控件的某个属性，只要在控件中需要数据源提供数据的地方插入"<% #数据源%>"即可，然后执行。

② 对于有 DataSource 属性的控件，可直接把数据源的数据指定给控件的 DataSource 属性。

（3）调用绑定方法显示数据。

常用的数据绑定方式有两种。

① 调用 Web 控件自身的绑定方法 DataBind()。

② 调用 Page 对象的绑定方法 DataBind()，Page 对象会自动调用本页所有控件的 DataBind()方法，显示所有绑定控件的数据源绑定。

【例 8.1】 数据绑定应用示例：实现一个简单的投票系统，程序运行结果如图 8-1 所示，详细代码参见 ex8-1。

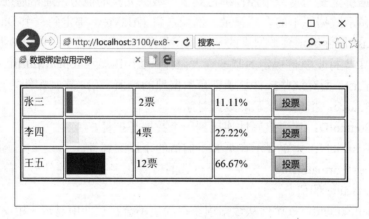

图 8-1 例 8.1 运行结果图

操作提示：新建网站，在页面中添加一个 HTML Table 控件，设置为 3 行 5 列，分别用来显示 3 个用户的投票情况。其中，姓名、得票数、得票比例以及展示得票情况的图片的宽度都是使用简单的数据绑定方法实现的。核心代码如下：

1）页面的 HTML 代码

```
<%@ Page Language="C#" AutoEventWireup="true" CodeFile="Default.aspx.cs"
Inherits="_Default" %>
<html xmlns="http://www.w3.org/1999/xhtml" >
```

```
<head runat="server">
    <title>数据绑定应用示例</title>
</head>
<body>
    <form id="form1" runat="server">
    <div>
  <table width="500" id="TABLE1" runat="server" border="2" visible="true">
    <tr>
      <td style="width: 334px; height: 39px"> <asp:Label ID="Label1"
      runat="server" Text="Label"><% =n1 %></asp:Label></td>
      <td style="width: 362px; height: 39px"> <img src ="Image/red.JPG"
      width="<%=5*v1 %>" height="32" alt="请稍等"/></td>
      <td style="width: 727px; height: 39px"><asp:Label ID="Label4" runat=
      "server" Text="Label"><%=v1 %>票</asp:Label></td>
      <td style="width: 309px; height: 39px"><asp:Label ID="Label7" runat=
      "server" Text="Label"><%=cal(v1) %> </asp:Label> </td>
      <td style="width: 456px; height: 39px"> <asp:Button ID="Button1"
      runat="server" Text="投票" OnClick="Button1_Click" /></td>
    </tr>
    <!--表格中间两行代码与第一行类似，此处省略-->
    </table>
    </div>
    </form>
</body>
</html>
```

2）页面的功能代码

```
public partial class _Default : System.Web.UI.Page
{
    protected static int v1, v2, v3;  //存放投票数
    protected string n1 = "张三", n2 = "李四", n3 = "王五"; //存放候选者姓名
    protected string cal(int i)    //自定义一个 cal 函数，计算每个人的得票比例
    {
     int s = v1 + v2 + v3;  //计算总票数
     string r;
     if (s == 0)
       r = "0%";
     else
       { //计算每个候选人得票数所占的百分比
       r = (Convert.ToDecimal(i) / Convert.ToDecimal(s) * 100)
       .ToString("0.00") + "%";
       }
     return r;
    }
    protected void Button1_Click(object sender, EventArgs e)
```

```
// "投票" 按钮的 click 事件
    { v1++; }
    protected void Button2_Click(object sender, EventArgs e)
    { v2++; }
    protected void Button3_Click(object sender, EventArgs e)
    { v3++; }
}
```

小贴示：本例中用户名存放在 n1、n2、n3 变量中，得票数存放在 v1、v2、v3 中，通过数据绑定技术，将这些变量的值绑定在控件上显示出来。

8.2 GridView 控件

数据绑定分为数据源和数据绑定控件两部分，其中数据绑定控件通过数据源来获取和修改数据，并通过数据源来隔离数据提供者和数据使用者。数据绑定控件把数据源提供的数据作为标记，发送给请求的客户端浏览器，然后将数据呈现在浏览器页面上。数据绑定控件能够自动绑定到数据源公开的数据，并在页面请求生命周期中的适当时间获取数据。这些控件与数据源控件配合使用，不需要编程就可以实现排序、分页、筛选、更新和插入等数据操作功能。数据绑定允许开发人员将一个数据源和一个服务器端数据绑定控件进行关联，免除了手工编写代码进行数据显示的麻烦。常用的能够绑定 DataSet、DataTable 等数据集对象的绑定控件有 GridView、DataList、ListView、FormView、DetailsView 等，此外还有一些简单的服务器控件能够绑定显示数据集中的某一个字段或属性，如DropDownList、Repeater 等。

8.2.1 GridView 简介

GridView 是一个二维的数据网络，用来以表格形式显示数据源的数据和以列为单位设定各列的操作类型。网格中的每一行表示数据源中的一条记录，每一列表示数据源中的一个字段。GridView 控件是 ASP.NET 服务器控件中功能最强大、最实用的一个控件，它是DataGrid 的后继控件。在.NET Framework 2.0 中，虽然还存在 DataGrid 控件，但该控件并未在工具箱中显示出来，需要执行"工具|选择工具箱项"菜单命令，在打开的对话框中，在.NET Framework 选项卡页中找到 DataGrid 控件，选中控件前面的复选框即可将其显示在工具箱中。

GridView 和 DataGrid 功能相似，都是在 Web 页面中显示数据源中的数据，将数据源中的一行数据也就是一条记录，显示为 Web 页面上输出表格中的一行。虽然 DataGrid 功能强大，但同时也增加了性能上的开销，因此实际应用中已逐渐被 GridView 等控件取代。GridView 成为 DataGrid 的接替者，并从几个方面扩展了 DataGrid 的功能。首先，它完全支持数据源组件，能够自动处理诸如分页、排序和编辑等数据操作。另外，GridView 控件有一些比 DataGrid 优越的功能上的改进，特别是它支持多个主键字段，公开了一些用户界面的改进功能和一个处理与取消事件的新模型。

总的来讲，GridView 控件支持以下功能。

（1）绑定到数据源控件。

（2）内置的排序、分页、更新、删除和行选择功能。

（3）对 GridView 对象模型进行编程访问以动态设置属性和处理事件。

（4）诸如 Checkbox 和 ImageField 等新的列类型。

（5）用于超链接列的多个数据字段。

（6）用于选择、更新和删除的多个数据键字段。

（7）可通过主题和样式自定义外观。

（8）附带了一对互补的视图控件，DetailsView 和 FormView。通过这些控件的组合，能够轻松建立主/详细视图，而只需少量代码，甚至不需要代码。

8.2.2　GridView 的常用属性及事件

1．GridView 控件常用的行为属性

GridView 控件位于工具箱的"数据"选项卡下，将该控件添加至页面中，便可在属性窗口中设置相关属性。此外，该控件的右上角有一个黑色的三角符号，称为智能标记。单击智能标记，可以打开"GridView 任务窗口"，在该窗口中也可以对控件的某些属性进行设置。

GridView 控件常用的行为属性见表 8-2。

表 8-2　GridView 控件常用的行为属性

属 性 名 称	说　　明
AllowPaging　　　★	指示该控件是否允许分页，默认为 false。设置为 true 即可实现自动分页
AllowSorting　　　★	指示该控件是否支持排序，设置为 true 时单击某列可自动升降排序
AutoGenerateColumns★	指示是否自动地为数据源中的每个字段创建列，默认为 true
AutoGenerateDeleteButton	指示该控件是否包含一个按钮列以允许用户删除映射到被单击行的记录
AutoGenerateEditButton	指示该控件是否包含一个按钮列以允许用户编辑映射到被单击行的记录
AutoGenerateSelectButton	指示该控件是否包含一个按钮列以允许用户选择映射到被单击行的记录
DataMember	指示一个多成员数据源中的特定表绑定到该控件。该属性与 DataSource 结合使用，如果 DataSource 是一个 DataSet 对象，则该属性包含要绑定的特定表的名称
DataSource　　　★	获得或设置包含用来填充该控件的值的数据源对象
DataSourceID	指示所绑定的数据源控件

2. GridView 控件常用的样式属性

GridView 控件常用的样式属性见表 8-3。

表 8-3　GridView 控件常用的样式属性

属 性 名 称	说　　明
AlternatingRowStyle	定义表中每隔一行的样式属性
EditRowStyle	定义正在编辑行的样式属性
FooterStyle	定义网格页脚的样式属性

属 性 名 称	说　明
HeaderStyle	定义网格标题的样式属性
PagerStyle	定义网格分页器的样式属性
RowStyle	定义表中行的样式属性
SelectedRowStyle	定义当前所选行的样式属性

3. GridView 控件常用的外观属性

GridView 控件常用的外观属性见表 8-4。

表 8-4　GridView 控件常用的外观属性

属 性 名 称	说　明
BackImageUrl	指示要在控件背景中显示图像的 URL
Caption	在该控件标题中显示的文本
CaptionAlign	标题文本的对齐方式
CellPadding	每个单元格的内容与边界之间的间隔（以像素为单位）
CellSpacing	单元格之间的间隔（以像素为单位）
GridLines	控件的网格线样式
HorizontalAlign	指示页面上该控件的水平对齐方式
ShowFooter	是否显示页脚行
ShowHeader	是否显示标题行

4. GridView 控件常用的状态属性

GridView 控件常用的状态属性见表 8-5。

表 8-5　GridView 控件常用的状态属性

属 性 名 称		说　明
Columns	★	获得网格中列的集合。如果这些列是自动生成的，则该集合为空
DataKeyNames		获得一个包含当前显示项的主键字段名称的数组
DataKeys	★	获得一个表示在 DataKeyNames 中为当前显示的记录设置的主键字段的值
EditIndex		获得和设置基于 0 的索引，标识当前以编辑模式生成的行
PageCount		获得显示数据源的记录所需的页面数
PageIndex		获得或设置基于 0 的索引，标识当前显示的数据页，默认值为 0
PageSize	★	指示在一个页面上要显示的记录数，默认值为 10
Rows		获得控件中当前显示的数据行的集合
SelectedDataKey		返回当前选中记录的 DataKey 对象
SelectedIndex		获得和设置标识当前选中行基于 0 的索引
SelectedRow		返回一个表示当前选中行的 GridViewRow 对象
SelectedValue		返回 DataKey 对象中存储的键的显式值。类似于 SelectedDataKey

小贴示：GridView1.Rows[i].Cells[j].Text 返回当前网格对象 GridView1 中第 i+1 行第 j+1 列对应的单元格中的文本。

5. GridView 控件的常用事件

GridView 控件的常用事件如下：

（1）PageIndexChanging 和 PageIndexChanged 事件：都是当单击网格中某一页的导航按钮时发生，分别在单击按钮之前和之后时，发生 GridView 控件处理分页操作。

（2）RowCancelingEdit 事件：在一个处于编辑模式的行的 Cancel 按钮被单击时，在该行退出编辑模式之前发生。

（3）RowCommand 事件：单击控件中的一个命令按钮时发生。该事件中命令按钮的命令名称参数 e.CommandName 可以取 Add、Delete、Increase 等。

（4）RowCreated 事件：在控件中创建一行时发生。

（5）RowDataBound 事件：一个数据行绑定到控件时发生。

（6）RowDeleting 和 RowDeleted 事件：都是在网格中某一行的 Delete 按钮被单击时，分别在该网格控件删除该行之前和之后发生。

（7）RowEditing 事件：当一行的 Edit 按钮被单击时，在该控件进入编辑模式之前发生。

（8）RowUpdating 和 RowUpdated 事件：都是在一行的 Update 按钮被单击时，分别在该控件更新该行之前和之后发生。

（9）SelectedIndexChanging 和 SelectedIndexChanged 事件：都是在一行的 Select 按钮被单击时，分别在该控件处理选择操作之前和之后发生。

（10）Sorting 和 Sorted 事件：都是在对一个列进行排序的超链接被单击时，分别在网格控件处理排序操作之前和之后发生。

8.2.3　GridView 的常见操作

1. 编辑 GridView 控件的列字段

GridView 控件中的每一列由一个 DataControlField 对象表示。默认情况下，当 GridView 控件的 AutoGenerateColumns 属性被设置为 true 时，将会为数据源中的每一个字段创建一个 AutoGeneratedField 对象。每个字段会作为 GridView 控件中的列呈现出来，其顺序与每一字段在数据源中出现的顺序相同，且列的字段名与数据源中每个字段的字段名相同。

若将 GridView 控件的 AutoGenerateColumns 属性设置为 false，便可以自定义网格中要显示的列字段集合，同时也可以手动控制哪些列字段将显示在 GridView 控件中。选中 GridView 控件，单击属性窗口中的 Columns 属性值列的省略号按钮，便可以打开编辑控件列字段的对话框，如图 8-2（a）所示。在"可用字段"列表中根据需要选择所需字段列，单击"添加"按钮便可为网格添加一列。在"选定的字段"列表中选中某个字段，在右侧的属性窗口设置该列的属性即可，如图 8-2（b）所示。例如，DataField 属性用来设置该列绑定的字段的名称，HeaderText 属性用来设置列的标题等。

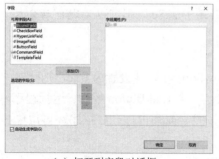
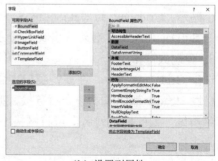

（a）打开列字段对话框　　　　　　　　　（b）设置列属性

图 8-2　编辑 GridView 控件的列字段

不同的列字段类型决定了控件中各列的行为，表 8-6 列出了 GridView 控件中可以使用的列字段类型及其说明。

表 8-6　GridView 控件中的列字段类型

列字段类型	说　明
BoundField	显示数据源中某个字段的值。这是 GridView 控件的默认列类型
CheckBoxField	为控件中的每一项显示一个复选框。此列字段类型通常用于显示具有布尔值的字段
HyperLinkField	将某个字段的值显示为超链接。此列字段类型允许将另一个字段绑定到超链接的 URL
ImageField	为 GridView 控件中的每一项显示一个图像
ButtonField	为控件中的每一项显示一个命令按钮，用于创建一列自定义的按钮控件，如"添加"或"移除"按钮等
CommandField	显示用来执行选择、编辑或删除操作的预定义命令按钮
TemplateField	根据指定的模板为 GridView 控件中的每一项显示用户定义的内容。此列字段类型允许创建自定义的列字段

小贴示：在图 8-2 所示的对话框左下角有一个"自动生成字段"复选框，该复选框选中与否等价于将控件的 AutoGenerateColumns 属性设置为 true 或 false。

2. 实现数据的分页显示

GridView 控件能实现自动分页功能。将控件的 AllowPaging 属性设置为 True 时，便可实现分页。此时，可以对分页进行一些个性化设置。分页个性化设置中常用的属性包括：

（1）PageIndex：设置当前显示的页面的索引。默认值为 0，也就是数据的首页。

（2）PageSize：设置每页显示多少条记录，默认为 10。

（3）PageSettings：对分页的导航按钮进行详细设置。其中，Mode 子属性用于设置分页模式，可以从下拉列表中选取以下 4 个属性值之一：Numeric（默认值，用数字 1、2、3 等表示分页）、NextPrevious（显示"上一页""下一页"）、NextPreviousFirstLast（显示"首页""上一页""下一页""最后一页"）、NumericFirstLast（显示"首页""最后一页"，中间页用数字表示）。当 Mode 属性设定不是 Numeric 时，可以通过设定 FirstPageText、LastPageText 等子属性来设置分页导航上首页、末页、下页、上页显示的文字提示。

如果想实现分页界面的完全自动控制，还可以右击 GridView，选择"编辑模版"|PagerTemplate 快捷菜单来实现。在模板中加入若干个 Button 控件，然后将 Button 控件的 CommandName 属性设置为 Page，将 CommandArgument 属性分别设置为 First、Last、Prev、Next 或者一个数字，即可实现分页操作。

小贴示：GridView 的 DataSoure 属性若使用的是 DataSet，则可以实现自动分页；若使用的是 SqlDataReader，则无法实现自动分页。

3. 实现数据排序

选中 GridView 控件，在属性窗口中将其 AllowSorting 属性设置为 true，则网格中所有列的标题 Header 都变成了一个超链接，实际上就是一个 LinkButton 控件。运行程序，在网格中单击每一列的标题列名，可将网格中的记录按照当前列进行升序排序，再次单击列标题则降序排序。

如果只需要对网格中的几列进行排序，则可以在智能标记中，选择编辑列，选中要排序的列，然后在右侧的属性中找到 SortExpression 属性，然后从下拉框中选择根据哪个字段排序（一般情况下都是当前字段），完成排序的设置。如果不需要这一列参与排序，那么只要把此列的 SortExpression 属性后面的值删除，也就是说设置成空字符串即可。

小贴示：在 GridView 的智能标记中，选择"启动分页"和"启用排序"复选框，同样可以实现自动分页和排序。

4. 使用 GridView 内置功能实现编辑、删除等操作

数据从数据源中提取出来，通过 GridView 控件显示在网页上之后，如果需要对其中的数据进行编辑、更新、删除等操作，则可以利用 GridView 内置的功能来实现，而不需要编写任何代码。

单击 GridView 控件右上方的智能标记（即黑色三角符号），选择"编辑列"便可打开如图 8-3 所示的对话框。或者单击属性窗口中 GridView 控件的 Columns 属性值列，同样可以打开该对话框。

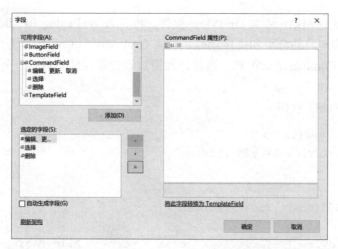

图 8-3　编辑 GridView 的 CommandField 实现编辑、删除等功能

在"可用字段"中，选择 CommandField，单击前面的"+"打开树形列表，便可看到 CommandField 包含的三类常见的命令，即编辑、更新、取消，选择和删除。可根据需要选择相应的命令字段，单击"添加"按钮，便可在 GridView 中生成编辑、选择和删除三种命令字段列。如果在配置数据源时已经生成了 Insert、Update、Delete 这些语句，那么现在就可以执行程序。单击网格中每一行的"编辑"，便出现"更新"和"取消"按钮，同时当前行除了主键以外的列，数值都放在了一个文本框中，可以进行字段值的编辑，然后单击"更新"即可保存，单击"取消"则取消对当前列内容的修改。单击"删除"，则可删除当前行记录。

此外，也可选中 GridView 控件，根据需要在属性中将 AutoGenerateDeleteButton、AutoGenerateEditButton 和 AutoGenerateSelectButton 设置为 true，同样可以在网格中生成删除、编辑和选择命令字段列。

8.2.4　GridView 应用示例一

【例 8.2】　使用 GridView 显示 Student 数据库中 tbl_Studentinfo 数据表中的数据，实现

分页、排序、编辑、删除功能。程序运行结果如图 8-4 所示。详细代码及属性设置参见 ex8-2。

图 8-4　例 8.2 运行结果图——GridView 使用示例

操作提示：新建网站，添加 GridView 控件，将其 AllowPaging 和 AllowSorting 属性设置为 true，分别实现自动分页和排序功能。设置 GridView 的 Columns 属性，增加"编辑"和"删除"两个 CommandField 列。通过属性窗口设置该控件的样式、外观等属性。核心代码如下。

1）页面的 HTML 代码

```
<head runat="server">
  <title>GridView 使用示例</title>
</head>
<body>
  <form id="form1" runat="server">
  <div>
  <asp:GridView ID="GridView1" runat="server" AllowPaging="True"
  AllowSorting="True" BorderColor="Black" BorderStyle="Solid"
  BorderWidth="1px"
  Caption="学生基本信息表" OnPageIndexChanging="GridView1_PageIndexChanging"
  OnRowCancelingEdit="GridView1_RowCancelingEdit"
  OnRowDeleting="GridView1_RowDeleting"
  OnRowEditing="GridView1_RowEditing" OnRowUpdating="GridView1_RowUpdating"
  PageSize="5" CaptionAlign="Top">
  <PagerSettings FirstPageText="首页" LastPageText="末页"
  Mode="NextPreviousFirstLast" NextPageText="下一页" PreviousPageText="上
  一页"/>
  <Columns>
    <asp:CommandField HeaderText="编辑" ShowEditButton="True" />
    <asp:CommandField HeaderText="删除" ShowDeleteButton="True" />
  </Columns>
  <AlternatingRowStyle BackColor="#FFE0C0" />
  <FooterStyle ForeColor="White" />
  <HeaderStyle BackColor="#FFE0C0" Font-Bold="True"
  Font-Size="Larger" ForeColor="Blue" HorizontalAlign="Center" />
```

```
    </asp:GridView>  </div>
    </form>
</body>
```

2）页面的功能代码

```
public partial class _Default : System.Web.UI.Page
{
    string constr = "server=(local);database=Student;trusted_connection=
    true";
    //自定义 bind 函数，用于连接数据库并在网格中绑定显示数据源的数据
    public void bind()
    {
        string sqlstr = "select userid as 学号,realname as 姓名, gender as 性
        别, telephone as 手机号码 from tbl_Studentinfo";
        SqlConnection con = new SqlConnection(constr);
        con.Open();
        SqlDataAdapter myadpt = new SqlDataAdapter(sqlstr, con);
        DataSet myds = new DataSet();
        myadpt.Fill(myds, "tbl_Studentinfo");
        GridView1.DataSource = myds;
        GridView1.DataKeyNames = new string[] { "学号" };
        //数据表中主键字段 userid 对应 select 语句中的学号
        GridView1.DataBind();
        con.Close();
    }
    protected void Page_Load(object sender, EventArgs e)
    {
        if (!IsPostBack)   //页面首次加载时调用 bind()函数
        {
            bind();
        }
    }
    protected void GridView1_RowEditing(object sender, GridViewEditEventArgs e)
    {
        GridView1.EditIndex = e.NewEditIndex;   //设置当前编辑行的索引
        bind();
    }
    protected void GridView1_RowDeleting(object sender, GridViewDeleteEventArgs e)
    {   //删除操作
        string sqlstr = "delete from tbl_Studentinfo where userid='" +
        GridView1.DataKeys[e.RowIndex].Value.ToString() + "'";
        SqlConnection con = new SqlConnection(constr);
        con.Open();
        SqlCommand cmd=new SqlCommand(sqlstr,con);
        cmd.ExecuteNonQuery();
```

```
         con.Close();
         GridView1.DataBind();
         bind();
      }
   protected void GridView1_RowUpdating(object sender,
   GridViewUpdateEventArgs e)
   {   //更新操作
      SqlConnection  con = new SqlConnection(constr);
      string sqlstr = " update tbl_Studentinfo set realname='" +
      ((TextBox)(GridView1.Rows[e.RowIndex].Cells[4].Controls[0]))
      .Text.ToString().Trim() + "', gender='"+
      ((TextBox)(GridView1.Rows[e.RowIndex].Cells[5].Controls[0]))
      .Text.ToString().Trim() + "', telephone = '"+
      ((TextBox)(GridView1.Rows[e.RowIndex].Cells[6].Controls[0])).Text
      .ToString().Trim() + "'  where userid = '" + GridView1.DataKeys
      [e.RowIndex].Value.ToString() + "'";
      SqlCommand cmd = new SqlCommand(sqlstr, con);
      con.Open();
      cmd.ExecuteNonQuery();
      con.Close();
      GridView1.EditIndex = -1;
      bind();
   }
   protected void GridView1_RowCancelingEdit(object sender,
   GridViewCancelEditEventArgs e)
   {  //取消操作
      GridView1.EditIndex = -1;
      bind();
   }
   protected void GridView1_PageIndexChanging(object sender,
   GridViewPageEventArgs e)
   {   //分页操作中页码变化时重新设置当前页的索引，并绑定数据显示
      GridView1.PageIndex = e.NewPageIndex;
      bind();
   }
}
```

　　说明：（1）GridView1.DataKeys[e.RowIndex].Value.ToString()用于返回 GridView1 中当前编辑行的主键值。

　　（2）GridView1.Rows[e.RowIndex].Cells[i].Controls[0]用于返回 GridView1 中当前行的第 i+1 列单元格中的第 1 个控件。若在 GridView 的（模板）列中使用了其他控件，如 TextBox，则不能直接通过 TextBox 控件的 ID 属性来引用该输入框，必须使用强制转换 (TextBox)(GridView1.Rows[e.RowIndex].Cells[i].Controls[0])的方式来返回 GridView1 中当前行的第 i+1 列单元格中的文本框控件。

8.2.5　GridView 应用示例二

【例 8.3】　使用 GridView 控件显示 Student 数据库中 tbl_Studentinfo 数据表中学生的学号、姓名、性别和电话号码信息，其中 userid（学号）字段列为超级链接字段 HyperLinkField，其余各字段为绑定字段 BoundField，如图 8-5 所示。当用户单击学号字段时，跳转至另外一个页面，显示所选学生的成绩信息，如图 8-6 所示。详细代码及控件属性设置参见 ex8-3。

图 8-5　例 8.3 运行结果图——GridView 超级链接列及绑定列的使用

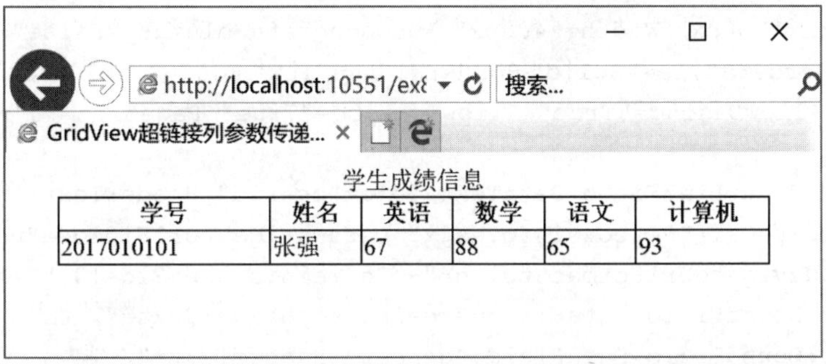

图 8-6　例 8.3 运行结果图——GridView 超级链接列参数的传递

操作提示：新建网站，添加两个页面 Studentinfo.aspx 和 Scoreinfo.aspx。在 Studentinfo.aspx 页面中添加一个 GridView 控件，设置其 Columns 属性。为网格添加 1 个超级链接列 HyperLinkField，用来显示学号信息，如图 8-7 所示。设置 HyperLinkField 的属性，主要有 DataTextField（该列要显示的数据字段的名称，本例中设置为 userid）、HeaderText（该列的标题，本例中设置为"学号"）、NavigateUrl（要跳转到的目标页面的 URL，本例中设置为 Scoreinfo.aspx）、NavigateUrlFormatString（跳转页面时传递的参数格式，本例中设置为 "Scoreinfo.aspx?id={0}"），参见图 8-7。为网格添加 3 个数据绑定列 BoundField，用来显示姓名、性别和电话号码，设置每个绑定列的 DataTextField 和 HeaderText 属性。

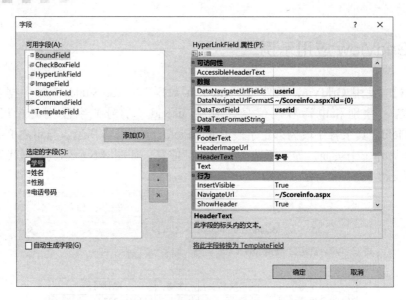

图 8-7　GridView 超级链接字段及绑定字段的属性设置

GridView 组件其他属性设置及程序核心代码如下：

1）Studentinfo.aspx 页面的 HTML 代码

```
<body>
<form id="form1" runat="server">
<div>
<center> <asp:GridView ID="GridView1" runat="server" Caption="学生基本信息
表" Height="100px" Width="400px" AutoGenerateColumns="False" BorderColor=
"Black" BorderStyle="Solid" BorderWidth="1px" Font-Size="Small" Font-Bold=
"False" AllowPaging="True" AllowSorting="True" PageSize="5">
<Columns>
    <asp:HyperLinkField DataTextField="userid" HeaderText="学号"
    NavigateUrl="~/Scoreinfo.aspx" DataNavigateUrlFields="userid"
    DataNavigateUrlFormatString="~/Scoreinfo.aspx?id={0}" />
    <asp:BoundField DataField="realname" HeaderText="姓名" />
    <asp:BoundField DataField="gender" HeaderText="性别" />
    <asp:BoundField DataField="telephone" HeaderText="电话号码" />
</Columns>
<RowStyle  BorderColor="Black"  BorderStyle="Solid"  BorderWidth="1px"
Height="16px" Font-Size="Small" />
<HeaderStyle  BorderStyle="Double"  BorderWidth="1px"  ForeColor="Blue"
Height="20px" HorizontalAlign="Center" />
<FooterStyle  BorderStyle="Solid"  BorderWidth="1px"  Font-Bold="True"
Font-Size="Small" Height="10px" HorizontalAlign="Center" />
</asp:GridView>
</div>
</form>
</body>
```

2）Studentinfo.aspx 页面的功能代码

```
using System.Data;
using System.Data.SqlClient;
public partial class _Default : System.Web.UI.Page
{
    public void bind()
    {
      string constr = "server=(local);database=Student;trusted_
      connection=true";
      string sqlstr = "select * from tbl_Studentinfo";
      SqlConnection con = new SqlConnection(constr);
      con.Open();
      SqlDataAdapter myadpt = new SqlDataAdapter(sqlstr, con);
      DataSet myds = new DataSet();
      myadpt.Fill(myds, "tbl_Studentinfo");
      GridView1.DataSource = myds;
      GridView1.DataBind();
      con.Close();
    }
    protected void Page_Load(object sender, EventArgs e)
    {
        if (!IsPostBack)  //页面首次加载时调用bind()函数
      {
        bind();
      }
    }
}
```

3）Scoreinfo.aspx 页面功能代码

```
protected void Page_Load(object sender, EventArgs e)
{
    string constr = "server=(local);database=Student;trusted_connection=
    true";
    string sqlstr = "select tbl_Scoreinfo.userid as 学号, tbl_Studentinfo
    .realname as 姓名, tbl_Scoreinfo.english as 英语, tbl_Scoreinfo.math as
    数学, tbl_Scoreinfo.language as 语文, tbl_Scoreinfo.computer as 计算机
    from tbl_Scoreinfo, tbl_Studentinfo where tbl_Scoreinfo.userid=tbl_
    Studentinfo.userid and tbl_Scoreinfo.userid='" + Request.QueryString
    ["id"] + "'";
    SqlConnection con = new SqlConnection(constr);
    con.Open();
    SqlDataAdapter myadpt = new SqlDataAdapter(sqlstr, con);
    DataSet myds = new DataSet();
    myadpt.Fill(myds, "tbl_Scoreinfo");
```

```
GridView1.DataSource = myds;
GridView1.DataBind();
con.Close();
}
```

8.3 DataList 控件

8.3.1 DataList 的模板类型及外观样式

1. DataList 的特点

DataList 控件是 Web 服务器控件中的一个基本容器控件，用来以自定义格式显示 Web 页中任何数据源的数据。这种格式可以使用模板和样式来定义，如果在定义模板时使用了按钮等交互控件，则可以在显示数据的同时控制对数据源的操作功能（如查询、修改、添加、删除），这样便构成了一个能够对数据源进行交互操作的界面。

DataList 控件具有以下特点。

（1）可以自定义数据库记录的呈现格式。

（2）可以为项、交替项、选定项和编辑项创建模板。

（3）标题、脚注和分隔符模板也用于自定义 DataList 的整体外观。

（4）通过在模板中包括 Button 控件，可将列表项连接到代码，这些代码使用户得以在显示、选择和编辑模式之间进行切换。

使用 DataList 控件可以以自定义的格式显示各种数据源的字段，其显示数据的格式在创建的模板中定义，可以为项、交替项、选定项和编辑项创建模板，也可以使用标题、脚注和分隔符模板自定义整体外观，还可以一行显示多个数据行。虽然 DataList 控件拥有很大的灵活性，但其本身不支持数据分页，编程者需要自己编写方法完成分页，或借助于 PageDataSource 类或者第三方控件如 AspNetPager 来实现分页功能。此外，DataList 仅能用于数据的显示，没有内置的更新、插入和删除功能。

2. DataList 的模板类型

为了实现更多的功能，DataList 提供了 7 种模板，分别是 ItemTemplate（用于显示绑定的数据）、AlternatingItemTemplate（交互模板）、SeparatorTemplate（分隔模板）、HeaderTemplate（用于显示表标题）、FooterTemplate（用于显示脚注）、SelectedItemTemplate（当前选定区域模板）以及 EditItemTemplate（用于实现编辑功能）。各模板类型及其说明见表 8-7。

表 8-7 DataList 控件的模板类型及其说明

模 板 名 称	说　明
ItemTemplate	为数据源中的每行显示一次的 HTML 元素和控件
AlternatingItemTemplate	与 ItemTemplate 类似，但在 DataList 控件中每隔一行显示一次。如果使用该模板，通常为其创建不同的外观，例如与 ItemTemplate 不同的背景色
SelectedItemTemplate	当用户选择 DataList 控件中的项时呈现的元素。典型用法是使用背景色或字体颜色可视地标记该行，还可以通过显示数据源中的其他字段来展开该项

模 板 名 称	说　　明
EditItemTemplate	当项处于编辑模式时的布局，该模板通常包含编辑控件，如 TextBox 控件
HeaderTemplate	在列表的开始处呈现的文本和控件
FooterTemplate	在列表的结束处呈现的文本和控件
SeparatorTemplate	在每项之间呈现的元素

例如，当在 DataList 中选中一个项时（即 DataList 的 SelectedIndex 属性值为当前选定项的索引值），将显示 SelectedItemTemplate。当在 DataList 中选择一个项来编辑（即 DataList 的 EditItemIndex 属性值为当前选定项的索引值）时，将显示 EditItemTemplate。可在设计窗口中选中 DataList 控件，单击其右上角的智能标记，在打开的"DataList 任务"窗口中，从下拉列表中选择要编辑的模板类型，然后在对应的模板中添加组件并设置属性等，以便实现控件的格式化输出。

说明：除了显示数据项的模板 ItemTemplate 之外，其余几个模板一般都是可选项，用户可根据需求选择相应的模板进行设计。

3. DataList 的外观样式

DataList 控件的外观样式及说明见表 8-8。对应表 8-8 列出的 7 种模板，可在属性窗口中对相应模板的样式进行设置。

表 8-8　DataList 控件的外观样式及其说明

样 式 名 称	说　　明
AlternatingItemStyle	间隔项（交替项）的样式
EditItemStyle	正在编辑的项的样式
HeaderStyle	列表开始处的表头（如果有）样式
FooterStyle	列表结尾处的脚注（如果有）样式
ItemStyle	单个项的样式
SelectedItemStyle	选定项的样式
SeparatorStyle	各项之间的分隔符的样式

8.3.2　DataList 的常用属性及事件

1. DataList 的常用属性

DataList 控件的常用属性见表 8-9。

表 8-9　DataList 控件的常用属性

属 性 名 称		说　　明
CellPadding		单元格中的元素与边框之间的距离
CellSpacing		两个单元格之间的距离
DataKeyField	★	要显示的数据的主键字段
DataKeys		主键集合，是一些数据字段集合
DataSource	★	绑定的数据源
EditItemIndex		当前编辑网格的索引
GridLines		网格边线样式，可取值 None、Columns、Rows、Both

续表

属 性 名 称		说　　　明
Items	★	单元对象的集合
RepeatColumns		把多少行数据结合在一行中显示，也即控件中每行的列数
RepeatDirection		控件显示方向，可取值 Vertical 或 Horizontal
RepeatLayOut		显示外观，可取值 Flow 或 Table，默认值为 Table
SelectedIndex	★	当前所选网格的索引
SelectedItem	★	获取当前控件中的选定项
ShowFooter		是否显示数据附加行（也即脚注行），取值为 true 或 false
ShowHeader		是否显示表头，取值为 true 或 false

小贴示：当进行更新或删除时，要有能力唯一地识别 DataList 中的每一项。此时，将 DataKeyField 属性设置为已显示数据的主键字段。

注意：要显示 DataList 的表格边框，需将 GridLines 属性设置为 both。

2. DataList 的常用事件

DataList 控件常用事件及其说明如下。

（1）CancelCommand、DeleteCommand、UpdateCommand 和 EditCommand 事件：当 DataList 控件中包含的按钮控件（Button、LinkButton 或 ImageButton）的 CommandName 属性分别为 Cancel、Delete、Update、Edit 时触发该事件。

（2）ItemCommand 事件：当按钮的参数不是 Cancel、Delete、Update、Edit 时触发该事件。

（3）ItemCreated 事件：在每个项目创建的时候触发该事件。

（4）SelectedIndexChanged 事件：当被选中的项目对应的索引发生变化时触发该事件。

8.3.3　使用 DataList 显示数据

DataList 控件的默认行为是在 HTML 表格中显示数据库记录，其 RepeatLayout 属性默认值为 Table，表中每行数据都显示在独立的 HTML 表格中，通过设置 GridLines 属性可以在每个单元格周围显示线条。在 DataList 中显示数据表中的记录时，首先要设置控件的 DataSource 属性，之后在 ItemTemplate 中使用<%#Eval（"字段名称"）%>的方式来绑定显示字段的值。

【例 8.4】 使用 DataList 控件显示 Student 数据库中 tbl_Studentinfo 数据表中的学号、姓名和性别信息，如图 8-8 所示。

图 8-8　例 8.4 运行结果图——使用 DataList 显示数据

操作提示：新建网站，在页面中添加 DataList 控件，单击智能标记，编辑 HeaderTemplate（显示表头文字学号、姓名和性别）、ItemTemplate（显示数据项内容）和 FooterTemplate（脚注中显示当前日期），属性设置情况及详细代码参见 ex8-4，核心代码如下。

1）页面对应的 HTML 代码

```html
<body>
  <form id="form1" runat="server">
  <div> <center>
  <asp:DataList ID="DataList1" runat="server" BorderStyle="Solid"
  BorderWidth="1px" Caption="学生基本信息表" GridLines="Both" Height="13px"
  Width="240px">
  <ItemTemplate>
    <%# DataBinder.Eval(Container.DataItem, "userid" )%>    
     
    <%# DataBinder.Eval(Container.DataItem, "realname" )%>   
    <%# DataBinder.Eval(Container.DataItem, "gender" )%>
  </ItemTemplate>
  <HeaderTemplate>
    学号         姓名       性别
  </HeaderTemplate>
  <FooterTemplate>
    日期: <asp:Label ID="Label1" runat="server"
    Text="<%# DateTime.Now.ToLongDateString() %>"> </asp:Label>
  </FooterTemplate>
  <FooterStyle BorderColor="Black" BorderStyle="Solid" BorderWidth="1px"
  HorizontalAlign="Right" BackColor="#FFC0C0" Font-Bold="True" Height="15px" />
  <HeaderStyle BackColor="#FFC0C0" Font-Bold="True" HorizontalAlign=
  "Left" Height="15px" />
  <ItemStyle Height="15px" />
  </asp:DataList></div>
</form>
</body>
```

2）功能代码

```csharp
protected void Page_Load(object sender, EventArgs e)
{
   SqlConnection con;
   SqlCommand cmd;
   SqlDataReader dr;
   con=new SqlConnection("Server=localhost; Database=Student; trusted_
   connection=true");
   cmd = new SqlCommand("Select * From tbl_Studentinfo", con);
   con.Open();
   dr = cmd.ExecuteReader();
   DataList1.DataSource = dr;
```

```
    DataList1.DataBind();
    dr.Close();
    con.Close();
}
```

8.3.4　在 DataList 中创建多列

DataList 其中一个优点就是可以以多个列的方式来显示数据，通过设置其 RepeatColumns 和 RepeatDirection 属性，可以控制 DataList 列的布局。

（1）RepeatColumns 属性：决定要显示的列的数量。例如，要在 DataList 中每一行显示四列的数据项，则可以将 RepeatColumns 属性设为 4。

（2）RepeatDirection 属性：决定列是按水平还是垂直方向来重复，可以取 Horizontal 或 Vertical。在默认情况下，该属性值为 Vertical。

例如，当 RepeatColumns 值为 4，RepeatDirection 值为 Vertical 时，列的显示方式为：

Column1　　Column3　　Column5　　Column7

Column2　　Column4　　Column6　　Column8

也即，按照垂直的方向重复显示数据项，每行（项）显示 4 列。

例如，当 RepeatColumns 值为 4，RepeatDirection 值为 Horizontal 时，列的显示方式为：

Column1　　Column2　　Column3　　Column4

Column5　　Column6　　Column7　　Column8

注意：RepeatColumns 是指重复的列的数量，而不是行的数量。

在例 8.4 的基础上，去掉表头模板，将 RepeatColumns 属性设置为 4，则得到如图 8-9 所示的显示效果。

图 8-9　在 DataList 中创建多列

页面对应的 HTML 代码如下：

```
<body>
<form id="form1" runat="server">
  <div> <center>
  <asp:DataList ID="DataList1" runat="server" BorderStyle="Solid"
  BorderWidth="1px" Caption="学生基本信息表" GridLines="Both" Height="13px"
```

```
Width="446px" RepeatColumns="4">
<ItemTemplate>
        <%# DataBinder.Eval(Container.DataItem, "userid" )%> <br>
   姓名: <%# DataBinder.Eval(Container.DataItem, "realname" )%> <br>
   性别: <%# DataBinder.Eval(Container.DataItem, "gender" )%>
</ItemTemplate>
<FooterTemplate>
   日期: <asp:Label ID="Label1" runat="server"
   Text="<%# DateTime.Now.ToLongDateString() %>"> </asp:Label>
</FooterTemplate>
<FooterStyle BorderColor="Black" BorderStyle="Solid" BorderWidth="1px"
HorizontalAlign="Right" BackColor="#FFC0C0" Font-Bold="True" Height=
"15px" />
<HeaderStyle BackColor="#FFC0C0" Font-Bold="True" HorizontalAlign=
"Left" Height="15px" />
<ItemStyle Height="15px" />
</asp:DataList></div>
</form>
</body>
```

小贴示: <%# DataBinder.Eval(Container.DataItem, "userid")%>用于绑定显示指定数据表中 userid 字段值, 可简写为<%# Eval("userid")%>。

8.3.5　捕获 DataList 中产生的事件

DataList 控件支持事件冒泡, 可以捕获 DataList 内包含的控件产生的事件, 并且通过普通的子程序处理这些事件。有了事件冒泡, 无论 DataList 的模板项中包含多少个控件, 只需要一个处理程序就可以了。DataList 控件支持以下 5 个事件。

（1）EditCommand: 由带有 CommandName="edit"的子控件产生。

（2）CancelCommand: 由带有 CommandName="cancel"的子控件产生。

（3）UpdateCommand: 由带有 CommandName="update"的子控件产生。

（4）DeleteCommand: 由带有 CommandName="delete"的子控件产生。

（5）ItemCommand: DataList 的默认事件。

有了以上 5 个事件, 当单击 DataList 控件中的某一个按钮时, 就会触发相应的事件。在 ASP.NET 中有 3 类控件带有 CommandName 属性, 分别是 Button、LinkButton 和 ImageButton, 可以设置它们的 CommandName 属性来表示容器控件内产生的事件类型。例如, 如果设置 DataList 中的一个 LinkButton 的 CommandName 属性为 update, 则单击此按钮时将会触发 DataList 的 UpdateCommand 事件, 可以将相关处理代码写到对应的事件处理程序中去。

与 DataList 关联的函数都带有一个 DataListCommandEventArgs 的参数, 该参数表示从 DataList 传递给该函数的信息。DataListCommandEventArgs 具有如下属性。

（1）CommandArgument: 表示来自于产生该事件的控件的 CommandArgument 属性值。

（2）CommandName：表示产生该事件的命令名称。

（3）CommandSource：表示产生该事件的 DataList 控件。

（4）Item：表示来自 DataList 的项，也即 DataList 中发生事件的那一项。

【例 8.5】 使用 DataList 控件显示 tbl_Studentinfo 数据表中学生的学号信息，如图 8-10 所示。当用户单击"详情"按钮时，在所选项模板中显示该学生的详细信息。控件属性设置及详细代码参见 ex8-5。

图 8-10　例 8.5 运行结果图——捕获 DataList 中产生的事件

操作提示：新建网站，向页面中添加 DataList 控件，编辑其 ItemTemplate 模板，在其中绑定显示学号字段，并添加一个 Button 控件。编辑其 SelectedItemTemplate 模板，在其中绑定显示学号、姓名、性别等字段信息，如图 8-10 所示。核心代码如下。

1）页面的 HTML 代码

```
<body>
  <form id="form1" runat="server">
    <div>
    <center> <asp:DataList ID="DataList1" runat="server" OnSelectedIndexChanged=
    "DataList1_SelectedIndexChanged" BorderWidth="1px" Caption="学生信息表"
    GridLines="Both">
    <SelectedItemTemplate>
     <span style="color:blue;"> 学号: </span>
     <%# DataBinder.Eval(Container.DataItem,"userid") %> <br>
     <span style="color:blue;"> 姓名: </span>
     <%# DataBinder.Eval(Container.DataItem,"realname") %> <br>
     <span style="color:blue;"> 性别: </span>
     <%# DataBinder.Eval(Container.DataItem,"gender") %> <br>
     <span style="color:blue;"> 出生日期: </span>
     <%# DataBinder.Eval(Container.DataItem,"birthday") %> <br>
     <span style="color:blue;"> 电话号码: </span>
     <%# DataBinder.Eval(Container.DataItem,"telephone") %> <br>
     <span style="color:blue;"> 家庭住址: </span>
     <%# DataBinder.Eval(Container.DataItem,"address") %> <br>
    </SelectedItemTemplate>
```

```
<ItemTemplate> 学号：
  <span style="color:Red;">
  <%# DataBinder.Eval(Container.DataItem,"userid") %></span>
  <asp:Button ID="Button1" runat="server" Text="详情" CommandName="select"/>
</ItemTemplate>
<SeparatorStyle BorderStyle="Solid" BorderWidth="1px" />
<SelectedItemStyle BackColor="LimeGreen" BorderStyle="Solid"
BorderWidth="1px" />
 </asp:DataList> </div>
 </form>
</body>
```

2）页面的功能代码

```
using System.Data.SqlClient;
public partial class _Default : System.Web.UI.Page
{
  public void bindData()     //自定义数据绑定函数
  {
    string constr = "server=(local);database=Student;trusted_connection=
    true";
    string sqlstr = "select * from tbl_Studentinfo";
    SqlConnection con = new SqlConnection(constr);
    con.Open();
    SqlDataAdapter myadpt = new SqlDataAdapter(sqlstr, con);
    DataSet myds = new DataSet();
    myadpt.Fill(myds, "tbl_Studentinfo");
    DataList1.DataSource = myds;
    DataList1.DataBind();
    con.Close();
  }
  protected void Page_Load(object sender, EventArgs e)
  {
    if (!IsPostBack)
    {
        bindData();
    }
  }
  protected void DataList1_SelectedIndexChanged(object sender, EventArgs e)
  {
    bindData();
  }
}
```

8.3.6　使用 DataList 编辑数据

【例 8.6】　使用 DataList 编辑 tbl_Studentinfo 数据表中的数据，实现更新和删除功能，
程序运行结果如图 8-11 所示。要求，在 DataList 中显示数据表中姓名 realname 和性别 gender

两个字段的值。当单击 Edit 按钮时，可在当前编辑项模板的文本框中修改姓名和性别两个字段的值，之后可单击 Update 或 Cancel 进行更新和取消修改。单击 Delete 按钮时，删除当前记录。详细代码参见 ex8-6。

图 8-11　例 8.6 运行结果图——DataList 应用示例

操作提示：新建网站，添加 DataList 控件。编辑其 ItemTemplate 模板，在其中绑定显示姓名 realname 和性别 gender 字段，并添加两个 Button 控件，CommandName 属性分别为 "edit"和"delete"。编辑其 AlternatingItemTemplate 模板，仍然绑定显示姓名和性别。编辑其 <SeparatorTemplate>模板，创建一条水平线作为分隔条。编辑其<EditItemTemplate>模板，在其中添加两个文本框 TextBox 控件绑定显示姓名和性别，并添加两个 Button 控件，CommandName 属性分别为"update"和"cancel"。为 DataList 的各个事件添加处理代码，完成数据的显示、更新和删除。核心 HTML 代码及功能代码如下。

1）页面的 HTML 代码

```
<html xmlns="http://www.w3.org/1999/xhtml" >
<head runat="server">
  <title>使用 DataList 编辑数据</title>
</head>
<body>
  <form id="form1" runat="server">
  <div>
  <center> <asp:DataList ID="DataList1" runat="server" BorderStyle="Solid"
  BorderWidth="1px" GridLines="Both" OnCancelCommand="DataList1_
  CancelCommand" OnDeleteCommand="DataList1_DeleteCommand" OnEditCommand=
  "DataList1_EditCommand" OnUpdateCommand="DataList1_UpdateCommand" >
<ItemTemplate>
  <div style="background-color:#FFC0CB;">
  <%# DataBinder.Eval(Container.DataItem,"realname")%>, 
  <%# DataBinder.Eval(Container.DataItem, "gender")%>  
  <asp:Button ID="Button1" CommandName="edit" runat="server" Text="Edit"/>
   
  <asp:Button ID="Button2" CommandName="delete" runat="server" Text="Delete"/>
  </div>
```

```
</ItemTemplate>
<AlternatingItemTemplate>
  <div style="background-color:#87CEEB;">
  <%# DataBinder.Eval(Container.DataItem,"realname")%>, 
  <%# DataBinder.Eval(Container.DataItem,"gender")%> 
  <asp:Button ID="Button3" CommandName="edit" runat="server" Text="Edit"/>
   
  <asp:Button ID="Button4" CommandName="delete" runat="server" Text=
  "Delete"/>
  </div>
</AlternatingItemTemplate>
<SeparatorTemplate>
  <hr style="height:1px; "/>
</SeparatorTemplate>
<EditItemTemplate>
  <div><asp:TextBox ID="TextBox1" runat="server"
  Text='<%# DataBinder.Eval(Container.DataItem,"realname") %>'>  
  </asp:TextBox><asp:TextBox ID="TextBox2" runat="server"
  Text='<%# DataBinder.Eval(Container.DataItem,"gender") %>'></asp:TextBox>
  <asp:Button ID="Button7" CommandName="update" runat="server" Text="Update"/>
  <asp:Button ID="Button8" CommandName="cancel" runat="server" Text="Cancel"/>
  </div>
</EditItemTemplate>
<HeaderTemplate >
  学生基本信息
  </HeaderTemplate>
  <HeaderStyle HorizontalAlign="Center" />
  </asp:DataList>
  </div>
  </form>
</body>
</html>
```

2）页面的功能代码

```
using System.Data.SqlClient;
public partial class _Default : System.Web.UI.Page
{
  static string constr = "server=(local);database=Student;trusted_
  connection=true";
  private SqlConnection con = new SqlConnection(constr);
  public void BindData()    //自定义数据绑定函数
  {
    string sqlstr = "select * from tbl_Studentinfo";
    SqlDataAdapter myadpt = new SqlDataAdapter(sqlstr, con);
    DataSet myds = new DataSet();
```

```
        myadpt.Fill(myds, "tbl_Studentinfo");
        DataList1.DataKeyField = "userid" ; //设置主键字段
        DataList1.DataSource = myds;
        DataList1.DataBind();
    }
    protected void Page_Load(object sender, EventArgs e)
    {
        con.Open();
        if (!IsPostBack)
        {
            BindData();
        }
    }
    protected void DataList1_CancelCommand(object source, DataListCommandEventArgs e)
    {
      DataList1.EditItemIndex = -1;
      BindData();
    }
    protected void DataList1_DeleteCommand(object source,
    DataListCommandEventArgs e)
    {
      string id = DataList1.DataKeys[e.Item.ItemIndex].ToString();
      SqlCommand cmd = new SqlCommand("Delete From tbl_Studentinfo Where
      userid=" + id, con);
      cmd.ExecuteNonQuery();
      DataList1.EditItemIndex = -1;
      BindData();
    }
    protected void DataList1_EditCommand(object source,
    DataListCommandEventArgs e)
    {
      DataList1.EditItemIndex = e.Item.ItemIndex;
      BindData();
    }
    protected void DataList1_UpdateCommand(object source,
    DataListCommandEventArgs e)
    {
      string username = ((TextBox)e.Item.FindControl("TextBox1")).Text;
      string usergender = ((TextBox)e.Item.FindControl("TextBox2")).Text;
      string id = DataList1.DataKeys[e.Item.ItemIndex].ToString();
                                        //取当前记录主键字段值
      SqlCommand cmd = new SqlCommand("Update tbl_Studentinfo Set
      realname='" + username + "', gender='" + usergender  + "' Where
      userid=" + id, con);
      cmd.ExecuteNonQuery();
```

```
        DataList1.EditItemIndex = -1;
        BindData();
    }
}
```

　　小贴示：本例中以姓名 realname 和性别 gender 两个字段为例展示了如何使用 DataList 实现删除和更新功能，实际应用中无论对多少个字段进行编辑操作，方法都类似。

　　注意：TextBox 控件放置在 DataList 的模板中，当获取 TextBox 中的值时必须使用 "((TextBox)e.Item.FindControl("TextBox1")).Text"，若直接使用"TextBox1.Text"将出现错误提示：CS0103：当前上下文中不存在名称"TextBox1"。

　　说明：DataList 控件的 DataKeyField 属性用于设置主键字段的值。

8.4　DetailsView 控件

8.4.1　DetailsView 简介

　　许多应用程序需要一次作用于一条记录。一种方法是创建单条记录的视图，但是这需要自己编写代码。首先，需要获取记录，然后，将字段绑定到数据绑定表单，选择性地提供分页按钮来浏览记录。另外一种方法是选择合适的数据服务控件。GridView 和 DataList 控件适合于显示多行数据，而当用户希望一次只看到某一行中所包含数据字段的详细数据，即页面一次只显示一条记录时，DetailsView 控件是一个不错的选择。DetailsView 控件的主要功能是以表格形式显示和处理来自数据源的单条数据记录，其表格只包含两个数据列。

　　DetailsView 有一个 DefaultMode 属性，可以控制默认的显示模式，该属性有 3 个可选值。

　　（1）DetailsViewMode.Edit：编辑模式，用户可以更新记录的值。

　　（2）DetailsViewMode.Insert：插入模式，用户可以向数据源中添加新记录。

　　（3）DetailsViewMode.ReadOnly：只读模式，这是默认的显示模式。

　　DetailsView 控件能够自动绑定到任何数据源控件，使用其数据操作集。此外，该控件能够自动分页、更新、插入和删除底层数据源的数据项，只要数据源支持这些操作，且多数情况下，建立这些操作无须编写代码。DetailsView 控件经常在主/详细方案中与 GridView 控件一起使用，是显示主/明细报表的一种方法。它在表格中显示数据源的单个记录，表格中每个数据行表示记录中的一个字段。一般情况下，使用可选的 GridView 来显示主要记录，并在同一个页面上用 DetailsView 显示有关选中主记录的详细信息。

　　说明：DetailsView 控件的常用属性及其列字段和模板的编辑方法与 GridView 控件以及 DataList 控件类似，使用 DetailsView 显示数据表中的数据信息方法也与 GridView 相同，此处不再赘述。

8.4.2　DetailsView 应用示例

　　【例 8.7】　使用 GridView 显示 tbl_Studentinfo 数据表中的学号信息（userid 字段），单

击"查看详情"链接时，在 DetailsView 中显示记录的详细信息，如图 8-12 所示。详细代码参见 ex8-7。

图 8-12   例 8.7 运行结果图——GridView 与 DetailsView 综合应用示例

操作提示：新建网站，在页面中添加 GridView 与 DetailsView 控件。为 GridView 控件添加一个 BoundField 列，绑定显示 userid 字段；添加一个 CommandField 中的"选择（Select）"命令列，创建一个超链接列用于查看记录详细信息。设置绑定列、命令列以及交替项的样式。当用户在 GridView 中单击"查看详情"时，在右侧的 DetailsView 控件中显示该条记录的详细信息。核心代码如下。

1）页面的 HTML 代码

```
<html xmlns="http://www.w3.org/1999/xhtml" >
<head runat="server">
  <title>DetailView 应用示例</title>
</head>
<body>
  <form id="form1" runat="server">
  <div> <div style="float:left; margin-right:20px"> <br>
  <asp:GridView ID="GridView1" runat="server" AllowPaging="True"
  AllowSorting="True" BorderStyle="Solid" BorderWidth="1px" DataKeyNames=
  "userid" OnSelectedIndexChanged="GridView1_SelectedIndexChanged"
  AutoGenerateColumns="False"  PageSize="5" OnPageIndexChanging="GridView1_
  PageIndexChanging" >
<Columns>
<asp:BoundField DataField="userid" HeaderText="学号" />
<asp:CommandField SelectText="查看详情" ShowSelectButton="True"  />
</Columns>
<SelectedRowStyle BackColor="#FFFF80" />
<HeaderStyle BackColor="#C04000" />
<AlternatingRowStyle BackColor="#FFC080" />
</asp:GridView>
</div> <div style="float:left">
<B> 详细信息如下 </B> <br>
<asp:DetailsView ID="DetailsView1" runat="server" Height="119px" Width=
```

```
    "259px" Font-Size="Medium">
    </asp:DetailsView> </div> </div>
    </form>
</body>
</html>
```

2）页面的功能代码

```
using System.Data.SqlClient;
public partial class _Default : System.Web.UI.Page
{
    string constr = "server=(local);database=Student;trusted_connection=
    true";
    public void BindData()  //自定义数据绑定函数 BindData
    {
        string sqlstr = "select * from tbl_Studentinfo";
        SqlConnection con = new SqlConnection(constr);
        con.Open();
        SqlDataAdapter myadpt = new SqlDataAdapter(sqlstr, con);
        DataSet myds = new DataSet();
        myadpt.Fill(myds, "tbl_Studentinfo");
        GridView1.DataSource = myds;
        GridView1.DataBind();
        GridView1.DataKeyNames = new string[] { "userid" };
        con.Close();
    }
    protected void Page_Load(object sender, EventArgs e)
    {
        if (!IsPostBack)
        {
            BindData();
        }
    }
    protected void GridView1_SelectedIndexChanged(object sender, EventArgs e)
    {
        SqlConnection con = new SqlConnection(constr);
        string sqlstr = "select userid as 学号,realname as 姓名, gender as 性
        别, telephone as 手机号码, address as 家庭住址 from tbl_Studentinfo where
        userid='" + GridView1.SelectedValue + "'";
        SqlCommand cmd = new SqlCommand(sqlstr, con);
        SqlDataAdapter adpt = new SqlDataAdapter(cmd);
        DataSet ds = new DataSet();
        adpt.Fill(ds, "tbl_Studentinfo");
        DetailsView1.DataSource = ds.Tables[0].DefaultView;
        DetailsView1.DataBind();
    }
```

```
protected void GridView1_PageIndexChanging(object sender,
GridViewPageEventArgs e)
{
    GridView1.PageIndex = e.NewPageIndex;
    BindData();
}
}
```

思考：如何将主信息与明细信息分别显示在两个不同的页面上。

8.5 FormView 控件

8.5.1 FormView 简介

1. FormView 的特点

FormView 是新的数据绑定控件，使用起来像是 DetailsView 的模板化版本。FormView 控件通常用于更新和插入新记录，并且通常在主/从应用中使用。在这些应用中，主控件的选中记录决定要在 FormView 控件中显示的记录。该控件具有以下特点。

（1）FormView 每次从相关数据源中选择一条记录显示，选择性地提供分页按钮，用于在记录之间移动。

（2）FormView 没有默认的显示布局，其图形化布局完全是通过模板自定义的。每个模板都包括特定记录需要的所有命令按钮，在任意形式的模板中依次呈现单个数据项。

（3）FormView 不使用数据控件字段，它允许用户通过模板定义每个项目的显示。

（4）FormView 支持其数据源提供的任何基本操作。

（5）FormView 控件具有 ItemTemplate、EditItemTemplate 和 InsertItemTemplate 等属性，而 DetailsView 一个也没有。

2. FormView 的模板类型

FormView 控件是作为通常使用的更新和插入结构而设计的，它不能验证数据源架构，不支持高级编辑功能，比如外键字段下拉。然而，使用模板也可轻松提供此类功能。FormView 控件支持的模板见表 8-10。

表 8-10 FormView 控件的模板类型及说明

模 板 类 型	说　　　明
EditItemTemplate	定义数据行在 FormView 控件处于编辑模式时的内容
EmptyDataTemplate	定义 FormView 控件绑定到不含任何记录的数据源时所显示的空数据行的内容
FooterTemplate	定义脚注行的内容
HeaderTemplate	定义标题行的内容
ItemTemplate	定义数据行在 FonnView 控件处于只读模式时的内容
InsertItemTemplate	插入记录时的模板，通常包含输入控件和命令按钮
PagerTemplate	启用分页功能时的模板，通常包含导航至另一记录的控件

　　FormView 和 DetailsView 对象模型在许多方面都非常类似，主要区别有以下几个方面。首先，FormView 控件具有 ItemTemplate、EditItemTemplate 和 InsertItemTemplate 等属性，而 DetailsView 一个也没有。其次，FormView 缺少命令行。再次，DetailsView 具有内置的表格呈现方式，而 FormView 需要用户自定义模板来呈现图形化布局。因此，每个模板都包括特定记录需要的所有命令按钮。对于 FormView 而言，大多数模板是可选的，但是必须为该控件的配置模式创建模板。例如，要插入记录的话，必须定义 InsertItemTemplate。

3. FormView 的数据绑定方式

　　使用 FormView 控件进行数据绑定的方式有两种。

（1）使用 DataSourceID 属性进行数据绑定。

（2）使用 DataSource 属性进行数据绑定。

8.5.2　FormView 应用示例

　　【例 8.8】　使用 FormView 控件显示 Student 数据库中 tbl_Studentinfo 数据表中的学号、姓名、性别和专业信息，并且可以进行插入、更新和删除操作。程序运行结果如图 8-13 所示。在图 8-13 所示的界面中，当用户单击"编辑"超链接时，弹出如图 8-14 所示的界面，用户可对数据进行修改和更新；当用户单击"删除"超链接时，可删除当前记录；当用户单击"新建"超链接时，弹出如图 8-15 所示的界面，用户可向数据表中插入数据。要求：对性别 gender 和专业 sepciality 两个属性分别用 RadioButtonList 和 DropDownList 控件实现，便于操作。详细代码参见 ex8-8。

图 8-13　例 8.8 运行结果图

图 8-14　例 8.8 运行结果图——使用 FormView 更新数据

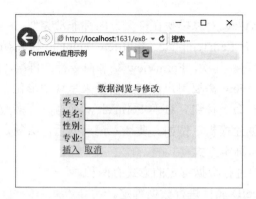

图 8-15　例 8.8 运行结果图——使用 FormView 插入数据

操作提示：新建网站，在页面中添加 1 个 FormView 控件。编辑控件的 ItemTemplate、EditItemTemplate、InsertItemTemplate 3 个模板，并设置 HeaderStyle、PagerStyle 等样式。添加 3 个 SqlDataSource 控件，设置其属性，分别用于查询数据表中所有字段、性别字段和专业字段信息，绑定到指定控件上。页面对应的 HTML 代码如下。

```
<%@ Page Language="C#" AutoEventWireup="true" CodeFile="Default.aspx.cs"
Inherits="_Default" %>
<html xmlns="http://www.w3.org/1999/xhtml" >
<head runat="server">
  <title>FormView 应用示例</title>
</head>
<body>
  <form id="form1" runat="server">
  <div style="font-weight: bold">
  <asp:FormView ID="FormView1" runat="server" AllowPaging="True"
DataKeyNames="userid"  DataSourceID="SqlDataSource1" Style="z-index:
42; left: 80px; position: absolute; top: 42px" CellPadding="4" Font-
Bold="False"  Width="246px" Caption="数据浏览与修改" >
<ItemTemplate>
学号: <asp:Label ID="stuIDLabel" runat="server" Text='<%# Eval("userid")
%>' /><br />
姓名: <asp:Label ID="stuNameLabel" runat="server" Text='<%# Bind
("realname") %>' /> <br />性别: <asp:RadioButtonList ID="RadioButtonList1"
runat="server"  DataSourceID="SqlDataSource2"  DataTextField="gender"
DataValueField="gender"  Height="1px"  RepeatDirection="Horizontal"
SelectedValue='<%# Bind("gender") %>'> </asp:RadioButtonList>专业:
<asp:DropDownList ID="DropDownList1" runat="server" DataSourceID=
"SqlDataSource3" DataTextField="speciality" DataValueField="speciality"
SelectedValue='<%# Bind("speciality") %>'></asp:DropDownList><br />
<asp:LinkButton ID="EditButton" runat="server" CausesValidation="False"
CommandName="Edit" Text="编辑" />  <asp:LinkButton ID="DeleteButton"
runat="server" CausesValidation="False" CommandName="Delete" Text="删
除" onclientclick="return confirm(&quot;你确实要删除这条记录吗?&quot;)"
```

```
/>  <asp:LinkButton ID="NewButton" runat="server" CausesValidation=
"False" CommandName="New" Text="新建" />
</ItemTemplate>
<EditItemTemplate>
学号: <asp:Label ID="stuIDLabel1" runat="server" Text='<%# Eval("userid")
%>' /><br>
姓名: <asp:TextBox ID="stuNameTextBox" runat="server" Text='<%# Bind
("realname") %>'></asp:TextBox><br />
性别: <asp:TextBox ID="stuSexTextBox" runat="server" Text='<%# Bind
("gender") %>'> </asp:TextBox><br />
专业: <asp:TextBox ID="stuSpecialityTextBox" runat="server" Text='<%#
Bind("speciality") %>'> </asp:TextBox><br />
<asp:LinkButton ID="UpdateButton" runat="server" CausesValidation=
"True" CommandName="Update" Text="更新"></asp:LinkButton> 
<asp:LinkButton ID="UpdateCancelButton" runat="server" CausesValidation=
"False" CommandName="Cancel" Text="取消"></asp:LinkButton>
</EditItemTemplate>
<InsertItemTemplate>
学号: <asp:TextBox ID="stuIDTextBox" runat="server" Text='<%# Bind("userid")
%>'> </asp:TextBox><br />
姓名: <asp:TextBox ID="stuNameTextBox" runat="server" Text='<%# Bind
("realname") %>'> </asp:TextBox><br />
性别: <asp:TextBox ID="stuSexTextBox" runat="server" Text='<%# Bind
("gender") %>'> </asp:TextBox><br />
专业: <asp:TextBox ID="stuSpecialityTextBox" runat="server" Text='<%#
Bind("speciality") %>'> </asp:TextBox><br />
<asp:LinkButton ID="InsertButton" runat="server" CausesValidation=
"True" CommandName="Insert" Text="插入"></asp:LinkButton>  
<asp:LinkButton ID="InsertCancelButton" runat="server" CausesValidation=
"False" CommandName="Cancel" Text="取消"></asp:LinkButton>
</InsertItemTemplate>
<FooterStyle BackColor="#507CD1" Font-Bold="True" ForeColor="White" />
<RowStyle BackColor="#EFF3FB" />
<PagerStyle BackColor="#2461BF" ForeColor="White" HorizontalAlign=
"Center" />
<HeaderStyle BackColor="#507CD1" Font-Bold="True" ForeColor="White" />
<EditRowStyle BackColor="#ECF5FF" />
</asp:FormView>
<asp:SqlDataSource ID="SqlDataSource1" runat="server" ConnectionString=
"Data Source=DESKTOP-LQVB2OC;Initial Catalog=Student;Integrated
Security=True"
SelectCommand="SELECT [userid], [realname], [gender], [speciality] FROM
[tbl_Studentinfo]" ProviderName="System.Data.SqlClient"
nsertCommand="insert into [tbl_Studentinfo]([userid], [realname],
[gender], [speciality]) values(@userid, @realname, @gender, @speciality)"
```

```
UpdateCommand="Update [tbl_Studentinfo] set [realname] = @realname,
[gender] = @gender, [speciality]=@speciality where [userid]=@userid"
DeleteCommand="Delete from [tbl_Studentinfo] where [userid]=@userid">
<InsertParameters>
        <asp:Parameter Name="realname" />
        <asp:Parameter Name="gender" />
        <asp:Parameter Name="speciality" />
        <asp:Parameter Name="userid" />
</InsertParameters>
<UpdateParameters>
        <asp:Parameter Name="realname" />
        <asp:Parameter Name="gender" />
        <asp:Parameter Name="speciality" />
        <asp:Parameter Name="userid" />
</UpdateParameters>
<DeleteParameters>
        <asp:Parameter Name="realname" />
        <asp:Parameter Name="gender" />
        <asp:Parameter Name="speciality" />
        <asp:Parameter Name="userid" />
</DeleteParameters>
</asp:SqlDataSource>
<asp:SqlDataSource ID="SqlDataSource2" runat="server" ConnectionString=
"Data Source=DESKTOP-LQVB2OC;Initial Catalog=Student;Integrated
Security=True"
SelectCommand="SELECT DISTINCT [gender] FROM [tbl_Studentinfo]"
ProviderName="System.Data.SqlClient"> </asp:SqlDataSource>
<asp:SqlDataSource ID="SqlDataSource3" runat="server" ConnectionString=
"Data Source=DESKTOP-LQVB2OC;Initial Catalog=Student;Integrated
Security=True"
SelectCommand="SELECT  DISTINCT  [speciality]  FROM  [tbl_Studentinfo]"
ProviderName="System.Data.SqlClient"> </asp:SqlDataSource>
</div>
</form>
</body>
</html>
```

说明：本例中后台没有编写任何代码，前台页面中通过设置 FormView 以及 SqlDataSource 控件的属性便可以实现数据的浏览与修改。

8.6 Repeater 控件

8.6.1 Repeater 简介

Repeater 控件和 DataList 控件类似，也是 Web 服务器控件中的一个基本容器控件，它可用来创建基本的数据绑定列表，显示页面中任何数据源的数据，例如可关联 SqlDataSource 控件或以 DataSet、DataTable 为数据源，也可以以数组作为数据源。该控件没有预先定义好（内置）的固有外观样式和布局，只有可用于自定义显示格式的可编辑模板。

Repeater 控件支持 5 种模板，即 ItemTemplate、AlternatingItemTemplate、SeparatorTemplate、HeaderTemplate 和 FooterTemplate，分别用于定义控件内的项、交替项、分隔符、表头和表尾的样式。这些模板与 GridView、DataList 等控件的模板使用方式相同。

可以使用 Repeater 控件的模板数据绑定列表生成一系列单个项，在模板内声明所有的 HTML 布局、格式设置和样式标记，定义网页上单个项的布局。这样，页面运行时，该控件为数据源中的每个项重复相应布局。该控件不同于其他数据列表控件之处在于，它允许用户在模板中放置 HTML 代码和标记，这样就可以创建复杂的 HTML 结构（如表格）。

8.6.2　Repeater 应用示例

【例 8.9】 以 SqlDataSource 为数据源，使用 Repeater 控件展示学生基本信息，如图 8-16 所示。

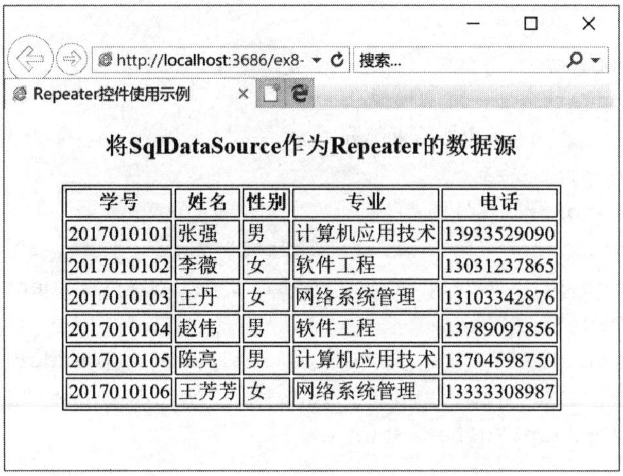

学号	姓名	性别	专业	电话
2017010101	张强	男	计算机应用技术	13933529090
2017010102	李薇	女	软件工程	13031237865
2017010103	王丹	女	网络系统管理	13103342876
2017010104	赵伟	男	软件工程	13789097856
2017010105	陈亮	男	计算机应用技术	13704598750
2017010106	王芳芳	女	网络系统管理	13333308987

图 8-16　例 8.9 运行结果图——Repeater 应用示例

操作提示： 新建网站，在页面中添加 1 个 Repeater 控件。编辑 Repeater 控件的 HeaderTemplate 和 ItemTemplate 模板。添加 1 个 SqlDataSource 控件，设置其属性，连接到 Student 数据库并查询学生基本信息表 tbl_Studentinfo 中的数据，将查询所得数据通过 Repeater 控件显示出来。页面的 HTML 代码如下：

```
<html xmlns="http://www.w3.org/1999/xhtml" >
<head id="Head1" runat="server">
    <title>Repeater 控件使用示例</title>
</head>
<body style ="text-align :center ">
    <form id="form1" runat="server"> <div>
    <h3>将 SqlDataSource 作为 Repeater 的数据源</h3>
```

```
<asp:Repeater ID="Repeater1" runat="server" DataSourceID="SqlDataSource1">
<HeaderTemplate ><!--头部模板,放表格开始及第一行标题-->
<table border="1"><!--只需插入两行,显示数据时根据数据表循环显示-->
<tr >
<th>学号</th>
<th>姓名</th>
<th>性别</th>
<th>专业</th>
<th>电话</th>
</tr>
</HeaderTemplate>
<ItemTemplate><!--项目模板,会进行循环显示,放置表格第二行-->
    <tr>
      <td> <%#Eval("userid") %> </td>
      <td> <%#Eval("realname")%> </td>
      <td> <%#Eval("gender")%> </td>
      <td> <%#Eval("speciality")%> </td>
      <td> <%#Eval("telephone")%> </td>
    </tr>
</ItemTemplate>
<FooterTemplate><!--底部模板-->
</table>          <!--表格结束部分-->
</FooterTemplate>
</asp:Repeater><br />
<asp:SqlDataSource ID="SqlDataSource1" runat="server" ConnectionString=
"Data Source=DESKTOP-LQVB2OC;Initial Catalog=Student;Integrated
Security=True"
SelectCommand="SELECT [userid], [realname], [gender], [speciality],
[telephone] FROM [tbl_Studentinfo]"  ProviderName="System.Data.
SqlClient"></asp:SqlDataSource>
    </div>
  </form>
</body>
</html>
```

注意: HTML 中插入其他代码需要用<% %>括起来。例如,<%Eval("数据库中的字段名")%>。

小贴士: Eval()方法表示将属性显示到指定的位置,例如<%#Eval("Name")%>表示在当前位置显示绑定到控件中数据源实体对象的 Name 属性的值。需要注意的是,在使用 Eval()方法时,需要在方法前添加 "#"。

注意: Eval()方法用于单向绑定,将数据字段的值作为参数并返回字符串显示到页面;而 Bind()方法支持读、写功能,可用于双向绑定,检索数据绑定控件的值并将更改提交回数据库。

思考: 怎样将 Repeater 控件中的数据隔行显示?

【例 8.10】　以 List 对象作为数据源，使用 Repeater 控件显示 List 对象列表中的信息，如图 8-17 所示。

图 8-17　例 8.10 运行结果图——Repeater 应用示例

操作提示：新建网站，添加 Repeater 控件，编辑其头模板、交替项模板等。创建 People 类，包含三个属性，分别为姓名、年龄和性别。创建 List 类的对象，向列表中添加 People 类的对象，使用 Repeater 控件显示 List 对象中的数据。核心代码如下。

1）页面的 HTML 代码

```html
<html xmlns="http://www.w3.org/1999/xhtml" >
<head runat="server">
    <title>Repeater 使用示例</title>
</head>
<body style="text-align:center ">
    <form id="form1" runat="server">
    <div>
    <h4>将 List 类作为 Repeater 的数据源</h4>
    <center>
    <asp:Repeater ID="Repeater1" runat="server">
      <HeaderTemplate>
         <table border="1" cellspacing="0">
            <tr style="background-color:#EA0000">
                <td>姓名</td>
                <td>年龄</td>
                <td>性别</td>
            </tr>
    </HeaderTemplate>
    <ItemTemplate>
            <tr>
                <td><%#DataBinder.Eval(Container.DataItem,"Name") %></td>
                <td><%#DataBinder.Eval(Container.DataItem,"Age") %></td>
```

```
                    <td><%#DataBinder.Eval(Container.DataItem,"Sex") %></td>
                </tr>
        </ItemTemplate>
        <AlternatingItemTemplate>
            <tr style="background-color:#ACD6FF">
                <td ><%#DataBinder.Eval(Container.DataItem,"Name") %></td>
                <td><%#DataBinder.Eval(Container.DataItem,"Age") %></td>
                <td><%#DataBinder.Eval(Container.DataItem,"Sex") %></td>
            </tr>
        </AlternatingItemTemplate>
        <FooterTemplate>
            </table>
        </FooterTemplate>
    </asp:Repeater>
   </div>
  </form>
</body>
</html>
```

2）页面的功能代码

```
using System.Collections.Generic;   //使用 List 类，需引入该命名空间
public class People                 //定义 People 类
{
  public People(string name, uint age, Gender sex) //People 类的构造方法
    {
        this.Name = name;
        this.Age = age;
        this.Sex = sex;
    }
    string name;
    public string Name   //声明 Name 属性
      {
        get { return name;}
        set { name=value;}
      }
    uint age;
    public uint Age   //声明 Age 属性
      {
        get { return age; }
        private set  { age = value; }
      }
    Gender sex;
    public Gender Sex   //声明 Sex 属性
      {
        get {return sex ;}
```

```
            private set { sex = value; }
        }
    }
    public enum Gender     //声明枚举类型 Gender，用来表示 Sex 属性的值
    {
        男 = 2,
        女 = 1,
    };
    public partial class _Default : System.Web.UI.Page
    {
        protected void Page_Load(object sender, EventArgs e)
        {
          List<People> peopleList = new List<People>();
          peopleList.Add(new People("李刚", 24, Gender.男));
          peopleList.Add(new People("陈晓华", 25, Gender.女));
          peopleList.Add(new People("张强", 20, Gender.男));
          peopleList.Add(new People("刘飞", 23, Gender.男));
          peopleList.Add(new People("李彤", 23, Gender.女));
          peopleList.Add(new People("王雨", 18, Gender.女));
          Repeater1.DataSource = peopleList;
          Repeater1.DataBind();
        }
    }
}
```

　　小贴示：也可使用 SqlConnection 对象连接数据库，将 DataSet 或 DataReader 作为
Repeater 控件的数据源。

　　小贴示：List 类是 ArrayList 类的泛型等效类，它的大部分用法都与 ArrayList 相似，
因为 List 类也继承了 IList 接口。最关键的区别在于，在声明 List 集合时，同时需要为其
声明 List 集合内数据的对象类型。使用 List 类时需引入 System.Collections.Generic 命名
空间。

 8.7　ListView 控件

8.7.1　ListView 简介

1. ListView 控件的使用

　　ListView 控件集成了 GridView、DataList、Repeater、DetailsView 和 FormView 控件的
所有功能，可以在页面上自定义多条记录的显示布局。ListView 控件允许用户编辑、插入
和删除数据，以及对数据进行排序和分页。该控件是一个数据绑定控件，可以快速地操作
数据，如果启用增删改功能后，页面中会自动生成大量的模板标签，主要模板标签的具体
说明见表 8-11。

表 8-11　ListView 控件的模板类型及说明

模 板 标 签	说　　明
SelectedItemTemplate	为选中项指定显示内容
EmptyDataTemplate	指定数据源为空时的内容
AlternatingItemTemplate	为交替项指定要显示的内容
LayoutTemplate	指定用来定义 ListView 控件布局的模板
ItemTemplate	为 TemplateField 对象中的项指定要显示的内容
EditItemTemplate	为编辑项指定要显示的内容
InsertItemTemplate	为插入项指定要显示的内容

注意：ListView 控件的 ItemTemplate 和 LayoutTemplate 是必选模板。

2. DataPager 控件的使用

ListView 控件本身没有分页功能，可以通过 DataPager 控件实现分页。DataPager 控件是一个专门用于分页的服务器控件，该控件与 ListView 控件一起使用时可以自动完成分页功能，并且数据在 ListView 中将以数据块的形式展示，DataPager 控件将为数据源中的数据生成页码。

在 VS2010 以前的版本中，DataPager 控件并未在工具箱中显示出来，需要执行"工具"|"选择工具箱项"菜单命令，在打开的对话框中，在.NET Framework 选项页中找到 DataPager 控件，选中控件前面的复选框即可将其显示在工具箱中。而在 VS2010 中，在工具箱的"数据"选项卡中可直接找到 DataPager 控件，将其添加至窗体中。

DataPager 控件支持内置的分页用户界面，可以使用 NumericPagerField 对象，使用户能够按页码选择一个数据页；也可以使用 NextPreviousPagerField 对象，使用户在浏览数据时，可以一次前翻或后翻一个数据页，也可以跳到数据的第一页或最后一页。数据页的大小通过 DataPager 控件的 PageSize 属性设置。此外，可以在一个 DataPager 控件中使用一个或多个页导航字段对象。

DataPager 控件最常用的属性有两个。

（1）PagedControlID：用来设置与其关联的需要分页控制的控件对象，该属性值一般是一个 ListView 对象。

（2）PageSize：用来设置每页显示的记录数目。

以下是一个 DataPager 控件对应的 HTML 源代码示例。

```
<asp:DataPager ID="DataPager1" runat="server" PagedControlID="ListView1"
PageSize="2">
    <Fields>
    <asp:NumericPagerField ButtonCount="2" NextPageText="下一页"
    PreviousPageText="上一页" />
    </Fields>
</asp:DataPager>
```

8.7.2　ListView 应用示例

【例 8.11】　使用 ListView 控件显示 Student 数据库中 tbl_Scoreinfo 数据表中的信息，

并结合 DataPager 控件实现成绩信息的分页显示，如图 8-18 所示。详细代码及对象属性设置参见 ex8-11。

图 8-18　例 8.11 运行结果图——ListView 使用示例

操作提示：新建网站，在页面中添加 1 个 ListView、1 个 DataPager 和 1 个 SqlDataSource 控件。设置 ListView 控件的 DataKeyNames 和 DataSourceID 属性，并在"源视图"中编辑该控件的 ItemTemplate、LayoutTemplate、EditItemTemplate、InsertItemTemplate、EmptyDataTemplate、AlternatingItemTemplate 和 SelectedItemTemplate 模板，实现数据的浏览以及增删改功能。设置 SqlDataSource 控件的 ConnectionString 和 SelectCommand 属性，完成数据源的连接以及数据的查询功能。设置 DataPager 控件的 PagedControlID 属性和 PageSize 属性，并添加<Fields>模板，设置分页器上显示的分页按钮样式。核心代码如下。

```
<html xmlns="http://www.w3.org/1999/xhtml" >
<head runat="server">
   <title>ListView 应用示例</title>
</head>
<body>
   <form id="form1" runat="server">
   <div> <center> <h3>学生成绩表</h3>
   <center> <asp:ListView ID="ListView1" runat="server" DataKeyNames=
   "userid" DataSourceID="SqlDataSource1">
   <AlternatingItemTemplate>
   <tr style="background-color: #FAFAD2;color: #284775;">
   <td><asp:Label ID="stuIDLabel" runat="server" Text='<%# Eval
   ("userid") %>' /></td>
   <td><asp:Label ID="englishscoreLabel" runat="server" Text='<%#Eval
   ("english") %>'/> </td>
   <td> <asp:Label ID="computerscoreLabel" runat="server" Text='<%#
   Eval("computer") %>' /> </td>
   <td><asp:Label ID="mathscoreLabel" runat="server" Text='<%# Eval
   ("math") %>' />
   </td>
   <td><asp:Label ID="languagescoreLabel" runat="server" Text='<%#
```

```
          Eval("language") %>' />
        </td>
      </tr>
  </AlternatingItemTemplate>
    <EditItemTemplate>
    <tr style="background-color: #FFCC66;color: #000080;">
    <td> <asp:Button ID="UpdateButton" runat="server" CommandName=
    "Update" Text="更新" /> <asp:Button ID="CancelButton" runat="server"
    CommandName="Cancel" Text="取消" /> </td>
    <td> <asp:Label ID="stuIDLabel1" runat="server" Text='<%# Eval
    ("userid") %>' /> </td>
    <td> <asp:TextBox ID="englishscoreTextBox" runat="server" Text='<%#
    Bind("english") %>' /> </td>
    <td> <asp:TextBox ID="computerscoreTextBox" runat="server" Text=
    '<%# Bind("computer") %>' /> </td>
    <td> <asp:TextBox ID="mathscoreTextBox" runat="server" Text='<%#
    Bind("math") %>' /> </td>
    <td> <asp:TextBox ID="languagescoreTextBox" runat="server" Text=
    '<%# Bind("language") %>' /> </td>
    </tr>
    </EditItemTemplate>
    <EmptyDataTemplate>
    <table id="Table1" runat="server" style="background-color: #FFFFFF;
    border-collapse: collapse;border-color: #999999;border-style:none;
    border-width:1px;">
      <tr>
       <td>未返回数据! </td>
      </tr>
       </table>
    </EmptyDataTemplate>
    <InsertItemTemplate>
     <tr style="">
      <td> <asp:Button ID="InsertButton" runat="server" CommandName=
      "Insert" Text="插入" /> <asp:Button ID="CancelButton" runat=
      "server" CommandName="Cancel" Text="清除" /> </td>
      <td> <asp:TextBox ID="stuIDTextBox" runat="server" Text='<%#
      Bind("userid") %>' /> </td>
      <td> <asp:TextBox ID="englishscoreTextBox" runat="server" Text=
      '<%# Bind("english") %>' /> </td>
      <td> <asp:TextBox ID="computerscoreTextBox" runat="server" Text=
      '<%# Bind("computer") %>' /> </td>
      <td> <asp:TextBox ID="mathscoreTextBox" runat="server" Text=
      '<%# Bind("math") %>' /> </td>
      <td> <asp:TextBox ID="languagescoreTextBox" runat="server"
      Text='<%# Bind("language") %>' /> </td>
```

```
      </tr>
    </InsertItemTemplate>
    <ItemTemplate>
      <tr style="background-color: #FFFBD6;color: #333333;">
        <td><asp:Label ID="stuIDLabel" runat="server" Text='<%# Eval
        ("userid") %>' />
        </td>
        <td><asp:Label ID="englishscoreLabel" runat="server" Text='<%#
        Eval("english") %>' /> </td>
        <td><asp:Label ID="computerscoreLabel"  runat="server"  Text='<%#
        Eval("computer") %>' /></td>
        <td><asp:Label ID="mathscoreLabel" runat="server" Text='<%# Eval
        ("math") %>' /> </td>
        <td><asp:Label  ID="languagescoreLabel"  runat="server"  Text='<%#
        Eval("language") %>' /> </td>
</tr>
    </ItemTemplate>
    <LayoutTemplate>
      <table id="Table2" runat="server">
        <tr id="Tr1" runat="server">
        <td id="Td1" runat="server">
        <table ID="itemPlaceholderContainer" runat="server" border="1"
        style="background-color: #FFFFFF; border-collapse: collapse;
        border-color: #999999; border-style:none; border-width:1px; font-
        family: Verdana, Arial, Helvetica, sans-serif;">
<tr id="Tr2" runat="server" style="background-color: #FFFBD6;color: #333333;">
        <th id="Th1" runat="server">学号</th>
        <th id="Th2" runat="server">英语</th>
        <th id="Th3" runat="server">计算机</th>
        <th id="Th4" runat="server">数学</th>
        <th id="Th5" runat="server">语文</th>
        </tr>
        <tr ID="itemPlaceholder" runat="server"> </tr>
        </table>
        </td>
        </tr>
        <tr id="Tr3" runat="server">
          <td id="Td2" runat="server" style="text-align: center;
          background-color: #FFCC66; font-family: Verdana, Arial, Helvetica,
          sans-serif;color: #333333;"> </td>
        </tr>
      </table>
    </LayoutTemplate>
    <SelectedItemTemplate>
      <tr style="background-color: #FFCC66;font-weight: bold;color: #000080;">
```

```
                <td><asp:Label ID="stuIDLabel" runat="server" Text='<%# Eval
                ("userid") %>' />
                </td>
                <td><asp:Label ID="englishscoreLabel" runat="server" Text='<%#
                Eval("english") %>' /> </td>
                <td> <asp:Label ID="computerscoreLabel" runat="server" Text='<%#
                Eval("computer") %>' /> </td>
                  <td> <asp:Label ID="mathscoreLabel" runat="server" Text='<%#
                  Eval("math") %>' /></td>
                  <td> <asp:Label ID="languagescoreLabel" runat="server" Text='<%#
                  Eval("language") %>' /> </td>
                  </tr>
                </SelectedItemTemplate>
           </asp:ListView>
            </div> <center>
           <asp:DataPager ID="DataPager1" runat="server" PagedControlID=
           "ListView1" PageSize="2">
           <Fields> <asp:NumericPagerField ButtonCount="2" NextPageText="下一
           页" PreviousPageText="上一页" /> </Fields>
           </asp:DataPager>
           <asp:SqlDataSource ID="SqlDataSource1" runat="server"
           ConnectionString="Data Source=DESKTOP-LQVB2OC; Initial Catalog=
           Student; Integrated Security=True"
           SelectCommand="SELECT [userid], [english], [math], [computer],
           [language] FROM [tbl_Scoreinfo]" ProviderName="System.Data.SqlClient">
           </asp:SqlDataSource>
              </form>
       </body>
       </html>
```

小贴示：也可在 Page 的 Load 事件中设置 SqlDataSource 的属性，关联至相关数据库。

注意：使用 ListView 控件进行增删改操作时，需要设置控件的 DataKeyNames 属性来指定主键字段，设置 DataSourceID 属性来指定关联的数据源对象。

注意：使用数据服务控件显示数据表中数据时，若要进行更新操作，需注意模板项中显示主键字段的控件一定是 Label 类的控件，用来显示只读信息。若使用了 TextBox 控件，需要将其 ReadOnly 属性设置为 true。

8.8 本章小结

本章重点介绍了 ASP.NET 中常用的数据绑定控件，如 GridView、DataList、DetailsView、FormView、Repeater 等。详细介绍了每个控件的常用属性和模板，包括如何使用模板实现整个布局中控件的美化，以及如何根据绑定到控件的数据自定义其外观样式等。然后通过实例展示了如何将这些控件绑定到数据源，并实现数据增删改查的操作。通过学习本章，读者应能掌握使用数据源和数据绑定控件实现数据增删改查的相关操作。

习题 8

1. 什么是数据绑定？常用的数据绑定方法有哪些？

2. 使用 GridView 控件进行数据分页和排序时，分别需要设置哪个属性？

3. 下面有关 SqlDataSource 控件的描述中错误的是（　　）。
 A．可连接 Access 数据库　　　　B．可执行 SQL Server 中的存储过程
 C．可插入、修改、删除和查询数据　　D．在操作数据时，不能使用参数

4. 如果希望在 GridView 中显示"上一页"和"下一页"的导航栏，则属性集合 PagerSettings 中的 Mode 属性值应设为（　　）。
 A．Numeric　　　B．NextPrevious　　C．NextPrev　　D．上一页，下一页

5. 如果对定制后的 GridView 实现排序功能，除设置 GridView 的 AllowSorting 属性为 True 外，还应该设置（　　）属性。
 A．SortExpression　B．Sort　　　C．SortField　　D．DataFieldText

6. 利用 GridView 和 DetailsView 显示主从表数据时，DetailsView 中插入了一条记录需要刷新 GridView，则应把 GridView 的 DataBind 方法的调用置于（　　）事件的代码中。
 A．GridView 的 ItemInserting　　　B．GridView 的 ItemInserted
 C．DetailsView 的 ItemInserting　　D．DetailsView 的 ItemInserted

7. 下列关于 Repeater 控件的描述正确的是（　　）。
 A．Repeater 控件用于提交表单数据
 B．Repeater 控件是一个数据验证控件
 C．Repeater 控件是数据绑定列表控件
 D．以上都不对

8. 下列关于 ListView 控件的标签描述正确的是（　　）。
 A．SelectedItemTemplate 为选中项指定显示内容
 B．EmptyDataTemplate 指定数据源为空时的内容
 C．AlternatingItemTemplate 为交替项指定要显示的内容
 D．LayoutTemplate 指定用来定义 ListView 控件的数据源

9. 下列关于 DataPager 控件描述正确的是（　　）。
 A．作用是为选中项指定显示内容
 B．作用是指定数据源为空时的内容
 C．作用是完成数据的自动分页功能
 D．作用是指定用来定义 ListView 控件的数据源

第9章
ASP.NET 网页布局与标准化

Web 应用程序中通常包含一系列页面，且很多页面中有可能会包含相同的模块元素或呈现内容，又或者要求所有页面具有类似的外观、操作方式以及样式等。为了实现这些功能，使网页布局更加合理、界面美观、风格一致，可以使用 DIV+CSS、母版页、内容页、主题和外观，以及站点地图和导航控件等对页面进行布局，使得页面内容更加标准、更易于管理。本章重点介绍母版页、主题以及站点导航的相关内容，掌握这些技术对于网页布局与标准化非常有帮助。

学习目标

☑ 掌握 DIV+CSS 布局方法。

☑ 了解母版页和内容页的创建与使用方法。

☑ 掌握使用母版页控制页面整体风格的方法。

☑ 了解主题和外观的使用方法。

☑ 了解站点地图的概念。

☑ 掌握导航控件 SiteMapPath 和 TreeView 的使用方法。

☑ 能够使用母版页和导航控件对 Web 页面进行布局与优化。

9.1 概述

大型系统对应用程序的统筹一般都有如下需求。

（1）Web 页面符合 W3C 标准（实质上是使用 HTML+CSS 设计页面内容并美化样式）。

（2）所有页面具有一个或者几个统一的布局（实质上是对母版页的设计）。

（3）网站具有多个风格并且风格可以切换（实质上是对主题和皮肤的设计）。

（4）网站中的一些元素可以被重用（实质上是对 Web 部件的设计）。

（5）网站具有多个语言并且可以根据用户浏览器设置的语言进行切换（实质上是对本地化和资源的设计）。

（6）网站的页面层次比较复杂，需要使用各种方式的导航提示信息（实质上是对导航控件和站点地图的设计）。

对于一些大型系统而言，对系统布局、语言、风格、导航进行整体规划控制，使得模块尽可能地被重用，以便于后期的系统维护，是非常有意义的。

为了在用户访问时提供一致的感受，每个网站都需要统一的布局和风格。例如，整个网站所有页面具有相同的网页头尾、导航栏、功能条以及广告区等。本书 6.3 节介绍了如何使用用户控件来实现网页局部风格的一致性，本章将重点介绍如何使用母版页整合应用程序中的公共元素，如网站 Logo、广告条、导航条、版权声明等内容，以提高网站开发效率、降低开发和维护强度，为应用程序提供统一的用户界面和样式。

9.2　DIV+CSS 布局

应用程序中的每一个网页都有自身的布局要求，例如一个页面，要求顶部是一张图片，左侧是功能菜单，右侧是内容页面，那么该如何实现呢？这实际上要求把页面分为三大模块，对于这类页面布局问题，最常用的方法就是 div 和 table。由于 div 灵活性高，因此页面局部中应用比较广泛，多采用 DIV+CSS 实现页面的布局分块，当然也可以综合使用 table 进行布局，后面还要用到模板页。

<div>标签是个块级元素，用于定义文档中的分区或节。它可以把文档分割为独立的、不同的部分，可以用作严格的组织工具，并且不使用任何格式与其关联。所有的主流浏览器都支持<div>标签，本小节通过小例子展示如何使用 DIV+CSS 实现简单的页面布局。

9.2.1　DIV 水平居中

（1）核心语句：margin:0px auto;
（2）示例：例 9.1 使用 DIV 实现模块水平居中，结果如图 9-1 所示，详细代码参见 ex9-1 例子中 Layout1.aspx 页面 HTML 源代码。

图 9-1　例 9.1 运行结果图——DIV 水平居中

核心代码：

```
<div style=" margin:0px auto; width:100px; height:100px; background:#FF0000;">
    水平居中
</div>
```

9.2.2 DIV 水平排列

（1）核心语句：float:left;

（2）示例：例 9.1 使用 DIV 实现模块水平排列，结果如图 9-2 所示，详细代码参见 ex9-1 例子中 Layout2.aspx 页面 HTML 源代码。

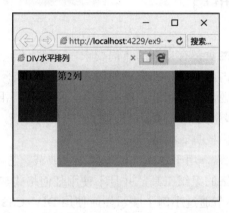

图 9-2 例 9.1 运行结果图——DIV 水平排列

核心代码如下：

```
<div style="float:left; width:20%; height:80px; background:#FF0000;">第 1
列</div>
<div style="float:left; width:60%; height:150px; background:#00FF00;">第
2 列</div>
<div style="float:left; width:20%; height:80px; background:#0000FF;">第
3 列</div>
```

说明：水平排列时可设置每一个<div>块的 width 和 height 属性来指定该块的宽度和高度。上述例子将整个页面水平划分为 3 块，每一块所占宽度通过 width 属性设定，可设定具体值或者宽度比例。

9.2.3 DIV 垂直排列

（1）核心语句：margin:0px auto; height:XXpx;

（2）示例：例 9.1 使用 DIV 实现模块垂直排列，结果如图 9-3 所示，详细代码参见 ex9-1 例子中 Layout3.aspx 页面 HTML 源代码。

核心代码如下：

```
<div style=" margin:0px auto; height:40px; background:#FF0000;">第1行</div>
<div style=" margin:0px auto; height:100px; background:#00FF00;">第2行</div>
<div style=" margin:0px auto; height:40px; background:#0000FF;">第3行</div>
```

说明：垂直排列时，缺省情况下，不设定 width 属性代表每一块水平方向上满屏显示，可设置每一个<div>块的 height 属性来指定该块的高度。上述例子将整个页面垂直方向划分为 3 块，每一块所占高度通过 height 属性设定，可设定具体值或者高度比例。

图 9-3　例 9.1 运行结果图——Div 垂直排列

　　小贴示：若希望模块垂直分列，水平方向居中，则可以同时设定 width 和 height 属性。即用 height 属性指定每一个块的高度，用 width 属性指定模块宽度，该宽度小于页面宽度时自动水平居中。

9.2.4　DIV 嵌套排列

　　（1）核心语句：底部 DIV 设置 clear:both;

　　（2）示例：例 9.1 使用 DIV 实现模块嵌套分块排列，结果如图 9-4 所示，详细代码参见 ex9-1 例子中 Layout4.aspx 页面 HTML 源代码。

图 9-4　例 9.1 运行结果图——DIV 嵌套排列

核心代码如下：

```
<div style=" margin:0px auto; width:200px; height:30px; background:#FF0000;">
顶部</div>
<div style="margin:0px auto; width:200px;">
    <div style="float:left; width:20%; height:100px; background:#00FF00;">
```

```
中部左侧</div>
<div style="float:right; width:80%; height:100px;">
    <div style="margin:0px auto; height:20px; background:#97CBFF;">
    中部右侧第 1 行
    </div>
    <div style="margin:0px auto; height:60px; background:#46A3FF;">
    中部右侧第 2 行
    </div>
    <div style="margin:0px auto; height:20px; background:#0072E3;">
    中部右侧第 3 行
    </div>
</div>
</div>
<div style="margin:0px auto; width:200px; height:30px; background:FF0000;
clear:both;"
    底部
</div>
```

9.2.5 DIV 位置固定

页面布局中经常需要在指定位置显示广告，或需要头部导航固定，不随滚动条滑动变化位置等，此时就需要将 DIV 固定到屏幕的指定位置。

（1）核心语句：position:fixed; left:XXpx; top:YYpx;

（2）示例：例 9.1 使用 DIV 实现广告位的设计，结果如图 9-5 所示，详细代码参见 ex9-1 例子中 Layout5.aspx 页面 HTML 源代码。

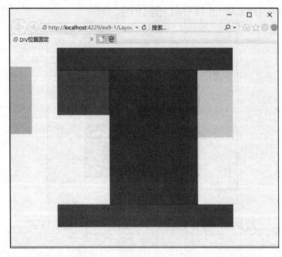

图 9-5 例 9.1 运行结果图——DIV 位置固定

核心代码如下：

```
<div style=" margin:0px auto; width:400px; height:50px; background:#FF0000;">
</div>
```

```
<div style="margin:0px auto; width:400px;">
    <div style="float:left; width:30%; height:100px; background:Green;">
    </div>
    <div style="float:left; width:50%; height:300px; background:Blue">
    </div>
    <div style="float:right; width:20%; height:150px; background:#F9F900">
    </div>
</div>
<div style=" margin:0px auto; width:400px; height:50px; background:#FF0000;
clear:both;">
</div>
<div style="width:50px; height:150px; background:#00FFFF; position:fixed;
    left:0px; top:50px;">
</div>
```

小贴士：其他模块固定位置显示的方法与广告位的设计相同，可根据需求自行变化成头部、底部固定布局等格式。

9.3　母版页与内容页

9.3.1　母版页

为了实现网站页面风格的一致，通常使用母版页和内容页。母版页类似于 Word 中的模板，允许在多个页面中共享相同的内容。例如，如果网站的 LOGO 需要在多个页面中重用，则可以将其放在母版页中。使用 ASP.NET 母版页可以为 Web 页面创建统一的布局，开发人员可以对网站中的选定页或所有页使用该页面布局，以提供统一的外观。

1. 母版页的优点

母版页由两部分组成，母版页本身和一个或多个内容页。内容页与母版页合并可以将母版页的布局和内容页的内容组合一起输出。使用母版页具有以下优点。

（1）可以集中处理页的通用功能，以便只在一个位置上进行更新，简化网站的维护和扩展过程，降低开发人员工作强度。

（2）母版页提供了高效的内容整合能力，可以使用它创建一组控件和代码，并将结果应用于一组页面。

（3）使用母版页的占位符可以在细节上控制最终页的布局。

（4）母版页提供了一个便于利用的对象模型，使用该模型可从各个内容页自定义母版页。

2. 创建母版页

在"解决方案资源管理器"窗口选中网站，右击，执行"添加新项"菜单命令，打开如图 9-6 所示对话框，在模板列表中选择"母版页"，在文件名称输入框中输入母版页的名称，单击"添加"按钮便可为当前网站添加母版页。

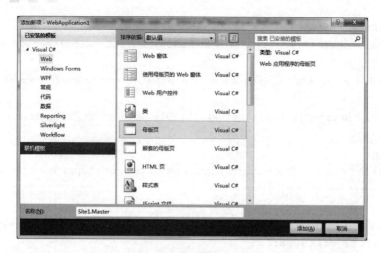

图 9-6　母版页的创建

以下是一个母版页对应的 HTML 源码。

```
<%@ Master Language="C#" AutoEventWireup="true" CodeFile="MasterPage.
master.cs" Inherits="MasterPage" %>
<div>
    <asp:contentplaceholder id="ContentPlaceHolder1" runat="server">
    </asp:contentplaceholder>
</div>
```

母版页的扩展名为.master，其使用方法与普通页面类似，可以在其中放置文件、图形、任何 HTML 控件、Web 控件、后置代码等。开发人员可根据需求在母版页上添加显示网站公共信息的控件。需要注意的是，母版页不能被浏览器直接查看，必须在被其他页面使用后才能显示。

注意：向母版页中添加控件或公共元素时，控件的标记一定放在< asp:contentplaceholder>标记之外，而内容页的控件标记要放在< asp:contentplaceholder>标记之内。

3. 母版页与普通页的区别

母版页与普通 Web 窗体的区别如下。

（1）页面代码声明不同。母版页使用@ Master 命令声明，普通页使用@ Page 命令声明。

（2）母版页文件名后缀为.master，普通页文件名后缀为.aspx。

（3）母版页中可使用一个或多个 ContentPlaceHolder 控件，普通页中不能使用该控件。

9.3.2　内容页

1. 创建内容页

在 ASP.NET 中，母版页封装了页面中的公共元素，内容页实际上就是扩展名为.aspx 的 Web 页面。创建完母版页之后，便可以创建基于该母版页的内容页。内容页的创建方法有两种，第一种是在母版页的 ContentPlaceHolder 控件上右击，选择"添加内容页"快捷

菜单命令。另一种方法与普通 Web 窗体的创建基本相似，在"解决方案资源管理器"窗口选中网站，执行"添加|新建项"菜单命令，在打开的对话框的模板列表中选择"使用母版页的 Web 窗体"，如图 9-7（a）所示，单击"添加"按钮，便打开如图 9-7（b）所示的"选择母版页"对话框。在该对话框的右侧，选择当前网站中可用的母版页，单击"确定"按钮便可创建基于该母版页的内容页。

（a）使用母版页的 Web 窗体

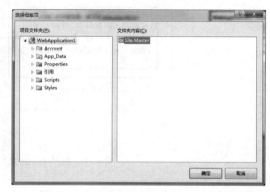
（b）"选择母版页"对话框

图 9-7　内容页的创建

注意：一个网站可以有多个母版页，内容页的创建是基于其中某一个母版页创建的。
以下是基于 MasterPage.master 母版页创建的一个内容页对应的 HTML 源码。

```
<%@ Page Language="C#" MasterPageFile="~/MasterPage.master" AutoEventWireup=
"true" CodeFile="Default1.aspx.cs" Inherits="Default1" Title="Untitled Page" %>
<asp:Content ID="Content1" ContentPlaceHolderID="ContentPlaceHolder1" Runat=
"Server">
</asp:Content>
```

2. 母版页与内容页的关系

ASP.NET 提供的母版页功能其应用过程可归纳为"两个包含，一个结合"。

（1）两个包含：指公共部分包含在母版页中，非公共部分包含在内容页中。页面内容中的非公共部分只需在母版页中使用一个或多个 ContentPlaceHolder 控件来占位即可。

（2）一个结合：指通过控件应用以及属性设置等行为，将母版页和内容页结合。例如，母版页中 ContentPlaceHolder 控件的 ID 属性必须与内容页中 Content 控件的 ContentPlaceHolderID 属性绑定。

母版页和内容页中控件的对应关系如图 9-8 所示。

3. 母版页与内容页运行原理

网站运行过程中，ASP.NET 将母版页和内容页文件合并执行，最后将结果发送给客户端浏览器。图 9-9 给出了一个母版页与内容页相结合运行的示意图。

运行母版页时，其处理过程如下：

（1）用户键入 URL 请求访问某内容页。

（2）系统获取内容页后，读取@Page 指令。若该指令引用了一个母版页，则也读取该母版页。

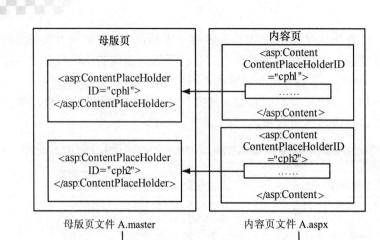

图 9-8　母版页和内容页中组件的对应关系

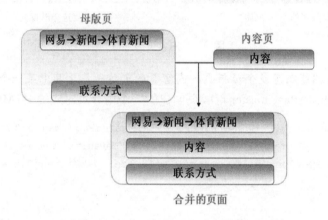

图 9-9　使用母版页的 Web 页面运行示意图

（3）系统将母版页合并到内容页的控件树中。

（4）系统根据各个 Content 控件的内容合并到母版页中对应的 ContentPlaceHolder 控件中。

（5）浏览器呈现合并之后得到的页面。

在运行时，母版页成为内容页的一部分显示在 Web 页面中，实际上母版页相当于内容页的一个容器。

注意：母版页不能单独运行，必须与内容页相结合。

4．设置母版页应用范围

ASP.NET 提供了将内容附加到母版页的三种级别，即母版页的三种应用范围。

1）页级

页级的母版页应用是指，针对网站中的每一个内容页，可以使用 Page 命令将该内容页绑定到一个特定的母版页，代码如下：

```
<%@ Page Language="C#" MasterPageFile="~/MasterPage.master" AutoEventWireup=
```

"true" CodeFile="Default1.aspx.cs" Inherits="Default1" Title="Untitled Page" %>

其中，MasterPageFile 属性用于指定当前内容页绑定的母版页。

2）应用程序级

应用程序级的母版页应用是指，通过在应用程序的配置文件 Web.config 中设置 pages 元素，将应用程序中所有的 Web 页面（.aspx 文件）都自动绑定到一个母版页。Web.config 中设置母版页应用级别的代码如下：

```
<system.web>
    <pages MasterPageFile="~/MasterPage.master" >
</system.web>
```

3）文件夹级

文件夹级的母版页应用与应用程序级的绑定方法类似，不同的是只需在网站的某个文件夹中的 Web.config 文件中进行设置，之后位于该文件夹中的所有的 asp.net 页面都会绑定到某个母版页，而文件夹以外的页面不受影响。

9.3.3　母版页使用示例

【例 9.2】　使用母版页设计网页的页头和页尾部分，在页头显示网站的 LOGO 以及系统当前的时间，在页尾显示网站的基本信息，如图 9-10 所示。在内容页中访问母版页中显示时间的控件，将控件上的内容展现在内容页。详细代码参见 ex9-2。

图 9-10　例 9.2 运行结果图——母版页应用示例

操作提示：新建网站，添加母版页，命名为 MasterPage.master。在母版页上方添加页头部分元素，例如显示 LOGO 的 Image 控件以及显示时间的 Label 控件 Lbl_master。在母版页下方添加页尾公共元素，例如显示基本信息的标签控件。编写代码，在母版页标签上显示系统当前时间。为网站添加基于上述母版页的内容页，命名为 Index.aspx。在内容页中添加一个 Label 控件 Lbl_content，用于访问母版页中显示时间的标签控件。在内容页中添加一个 Image 控件，用于显示图片。核心代码如下：

1）母版页 HTML 代码

```
<%@ Master Language="C#" AutoEventWireup="true" CodeFile="MasterPage.
master.cs" Inherits="MasterPage" %>
<html xmlns="http://www.w3.org/1999/xhtml" >
<head runat="server">
    <title>母版页使用示例</title>
</head>
<body>
    <form id="form1" runat="server">
    <div>
    <div style="margin:0px auto; width:80%; height:40px; background:#C4E1E1">
    <div style="float:left; width:40%;height:40px; ">
    <asp:Image ID="Image1" runat="server" ImageUrl="~/Pictures/Logo.jpg"
    width=100% Height =100%/>
    </div>
    <div style="float:right; width:20%; height:40px; text-align:right;
    vertical-align:baseline"><asp:Label  ID="Lbl_master"  runat="server"
    Text="Label" Font-Bold="True" Font-Size="Small"></asp:Label></div>
    </div> <asp:contentplaceholder id="ContentPlaceHolder1" runat="server">
    </asp:contentplaceholder>
    <div style="margin:0px auto; width:80%; height:28px; background:#C4E1E1;
    clear:both; text-align:center ">
    <asp:Label ID="Label2" runat="server" Text="地址：黑龙江省大庆市高新技术产
    业开发区学府街 99 号    邮政编码：163318" Font-Bold="True" Font-Size="Small" >
    </asp:Label>
    </div>
    </div>
    </form>
    </body>
    </html>
```

注意：母版页中放置的元素和控件位于 contentplaceholder 控件之外。

2）母版页功能代码

```
protected void Page_Load(object sender, EventArgs e)
{  //母版页标签 Lbl_master 中显示系统当前时间
   Lbl_master.Text = DateTime.Today.Year + "年" + DateTime.Today.Month +
   "月" + DateTime.Today.Day + "日";
}
```

3）内容页 HTML 代码

```
<%@ Page Language="C#" MasterPageFile="~/MasterPage.master" AutoEventWireup=
```

```
"true" CodeFile="Index.aspx.cs" Inherits="Index" Title="Untitled Page" %>
<asp:Content   ID="Content1"   ContentPlaceHolderID="ContentPlaceHolder1"
Runat="Server">
<div style="margin:0px auto; width:100%; height:50%; text-align :center "> <br />
<asp:Label ID="Lbl_content" runat="server" Text="欢迎访问东北石油大学主页"
Font-Bold="True" Font-Names="华文宋体" Font-Size="Larger" ForeColor="#408080">
</asp:Label>  <br /> <br />
<asp:Image ID="Image1" runat="server" ImageUrl="~/Pictures/College1.JPG"
Height="396px" Width="486px" /> <br /> <br />
  </div>
</asp:Content>
```

注意：内容页放置的元素放在<asp:Content>标记中，且通过 ContentPlaceHolderID 属性与母版页的 ContentPlaceHolder 控件相关联。

4）内容页功能代码

```
protected void Page_LoadComplete(object sender, EventArgs e)
{ //获取母版页标签 Lbl_Master 的 Text 属性并显示在内容页标签控件 Lbl_content 中
  Label lbl_message=(Label) this.Master.FindControl("Lbl_master");
  Lbl_content.Text=Lbl_content.Text+"<br>"+"今天是"+lbl_message.Text;
}
```

注意：在内容页访问母版页的控件步骤要比普通页稍微复杂一些，首先要创建该类的对象，之后使用 this.Master.FindControl("控件 ID")，依据母版页中控件的 ID 属性访问该控件。

9.4　主题与外观

主题是定义网站中页和控件的皮肤集合，包括皮肤文件、级联样式表文件 CSS、图像和其他资源。站点的外观主要与页面控件的样式属性有关，同时控件还支持将样式设置与控件属性分离的 CSS。在开发站点的过程中，开发人员可能需要为多数控件添加样式属性，这种做法很繁琐，并且不易保持站点外观的一致性和独立性。较为理想的方法是，只为控件定义一次样式属性，并将该样式应用到站点的所有页面中。

9.4.1　主题概述

主题是指页面和控件外观属性设置的集合。开发人员可以利用主题定义页面和控件的外观，还可以利用主题快速一致地设置所有应用程序的页面。主题包括外观、级联样式表、图像和其他资源。

1. 外观

外观又称皮肤，是具有扩展名为.skin 的文件，它包含各个控件的属性设置。外观文件是主题的核心内容，用于定义页面中服务器控件的外观。控件外观的设置与定义一个控件本身基本相同，所不同的是，它不包含控件的 ID 属性，只包含要作为主题的一部分来设置的属性，且它保存在 Themes 子文件中。

一个主题可以包含一个给定控件的多个外观，每个外观都用一个唯一的名称（SkinID 属性）标识。设置了 SkinID 属性的外观称为命名外观。控件的外观有两种类型，即"默认外观"和"命名外观"。

（1）默认外观。如果控件没有设置 SkinID 属性，则表示使用了默认外观。当向网站应用主题时，默认外观会自动应用于同一类型的所有控件。此外，默认外观严格按照控件类型来匹配，但不适应于 LinkButton 或从 Button 对象派生的控件。需要注意的是，针对一种类型的控件，仅能设置一个默认外观。

（2）命名外观。设置了 SkinID 属性的控件外观称为命名外观。SkinID 属性不能重复，且命名要唯一。命名外观不会自动按照类型应用于控件，只能通过设置控件的 SkinID 属性将命名外观应用于控件。在创建控件外观时，可以为同一类型的控件设置多个命名外观。例如，在相同主题中设置一个 Label 控件的两个命名外观，代码如下。

```
<asp:Label  runat="server" Text="" SkinID="small_font" Font-Size=Smaller/>
<asp:Label  runat="server" Text="" SkinID="large_font" Font-Size=XX-Large/>
```

控件外观设置的属性可以是简单属性，也可以是复杂属性，复杂属性主要包括集合属性、模板属性等类型。如果在控件代码中添加了与控件外观不同的属性，则最终显示的是页面中控件设置的效果。通过创建命名外观，可以为应用程序中同一类控件的不同实例设置不同的皮肤。

注意：如果为控件设置默认外观，则不要设置该控件的 SkinID 属性；如果为控件设置了命名外观，则需要设置控件的 SkinID 属性。

2. 级联样式表

主题还可以包含级联样式表，使用扩展名为.css 的文件在主题文件中定义样式表。将.css 文件放在主题目录中时，样式表将自动作为主题的一部分应用，一个主题中可以包含一个或多个级联样式表。

3. 图像和其他资源

主题还可以包括图形和其他资源，例如脚本文件或声音文件。主题的资源文件和该主题的外观文件位于同一文件夹中，但它们也可以位于 Web 应用程序中的其他地方。

9.4.2　创建主题与外观

1. 创建主题

为了给应用程序创建自己的主题，首先需要在应用程序中创建正确的文件夹结构，然后在文件夹中创建主题元素。主题中至少包含外观，主题文件必须存储在网站根目录的 App_Themes 文件夹下（除全局主题之外）。使用 VS.NET 集成开发环境可以自动创建 App_Themes 文件夹，在该文件夹下建议只存储主题文件夹以及与主题相关的文件，如外观文件、CSS 文件等。

在 VS2010 解决方案中，创建主题的具体步骤如下：

（1）新建网站，默认页面为 Default.aspx。

（2）创建主题文件夹。在"解决方案资源管理器"窗口选中网站名称，右击，在弹出的快捷菜单中选择"新建文件夹"命令，创建一个名为 App_Themes 的文件夹。右击 App_Themes 节点，在弹出的快捷菜单中选择"添加 ASP.NET 文件夹|主题"快捷菜单命令，创建一个名为 mytheme 的子文件夹。也可直接选中网站，执行"添加 ASP.NET 文件夹|主题"快捷菜单命令，便可自动生成 App_Themes 文件夹，并在该文件夹下创建一个主题，可对主题文件夹重新命名为 mytheme。

（3）添加外观文件。右击主题文件夹 mytheme，在弹出的快捷菜单中选择"添加新项"，在打开的对话框的"模板"列表中选择"外观文件"选项，并在名称输入框中输入外观的名字，如 Label.skin，单击"添加"按钮，便可将外观文件保存在 App_Themes 文件夹下的子文件夹 mytheme 中。

（4）在外观文件中添加相关代码，用来设置页面中该类控件的外观。例如 Label.skin 文件中创建了两个外观，外观的区别通过设置 SkinID 属性实现，源代码如下：

```
<asp:Label  runat="server" font-bold="true" forecolor="red"/>
<asp:Label  runat="server" SkinID ="Blue" font-bold="true" forecolor="blue"/>
```

上述代码中没有添加 SkinID 属性的 Label 将被设置为默认外观，字体是红色的，而将 SkinID 属性设置为 Blue 的 Label 控件将拥有命名外观，字体的颜色是蓝色的。

（5）按照上述方法可以为网站创建多个主题，在每个主题下可以创建多个外观文件，在外观文件中添加相关代码，控件外观的区别同样通过设置 SkinID 属性实现。

2．主题的应用

（1）在单个页面中应用主题。选中需要使用主题的网站页面，在"属性"窗口中找到 DOCUMENT 属性的 StyleSheetTheme 属性，在该属性值列的下拉列表中选择要应用的主题名称即可。也可直接编辑页面的@Page 指令来应用主题。例如：

```
<%@ Page Language="C#" AutoEventWireup="true" CodeFile="Default.aspx.cs"
Inherits="_Default" StylesheetTheme="mytheme" %>
```

上述代码在 Default.aspx 页面中应用了 mytheme 主题。此外，也可以设置页面的 Theme 属性或者在页面的<%@ Page%>标签中设置一个 Theme 属性值。

（2）在整个程序中应用主题。此时需要在 Web.config 文件中进行定义，将 system.web 节点中的 pagestheme 属性设置为要应用的主题名称即可。此时，当前网站的页面中就不需要再单独应用主题了。例如：

```
<configuration>
  <system.web>
    <pagesthemes="mytheme">
  </system.web>
</configuration>
```

以上代码是在 Web.config 文件中加入<pagesthemes="mytheme">代码行，这样就能在整个应用程序中使用定义的 mytheme 主题。

（3）在主题中使用 CSS 文件。除了在外观文件（.skin）中创建服务器控件的皮肤定义之外，还可以使用 CSS 进行进一步的定义。随之，HTML 服务器控件、HTML 以及原始文本都将根据主题发生改变。具体方法是，在"解决方案资源管理器"中选中主题文件夹，右击，选择"添加新项"，在打开的对话框的"模板"列表中选择"样式表"，在名称输入框中输入样式表的名称，单击"添加"便可为当前主题添加一个样式表。打开样式表文件进行定义，并在"属性"窗口将控件的 class 属性设置为样式表中定义的 class，即可在该控件中使用样式表中定义的样式。如果要在 ASP.NET 服务器控件中应用样式表，则在"属性"窗口将服务器控件的 CssClass 属性设置为样式表中定义的 class 即可。

小贴示：在主题中使用 CSS，不需要使用<link>标签来引入 CSS 文件，直接将 CSS 文件包含在主题文件夹下即可。

3. 主题的优先级

可以通过制定主题的应用方式来指定主题设置对于本地控件的优先级。

（1）如果通过设置页面的 Theme 属性来应用主题，则主题和页面中的控件外观设置将进行合并，以构成控件的最终外观设置。如果同时在控件和主题中定义了控件外观，则主题中的控件外观设置将重写页面控件中的任何页面外观设置。

（2）如果通过设置页面的 StyleSheetTheme 属性来将主题作为样式表主题来应用，则在这种情况下，本地页面外观设置优于主题中定义的外观设置。如果希望能够设置页面上各个控件的属性，同时还希望对整体外观应用主题，则可以将主题作为样式表主题来应用。

（3）全局主题元素不能由应用程序级主题元素进行部分替换。如果创建的应用程序级主题的名称与全局主题相同，则应用程序级主题中的主题元素不会重写全局主题元素。

小贴示：StyleSheetTheme 属性和 Theme 属性的工作方式相同，都可以将主题应用于页面，主要区别在于，当对页面上某个控件设置本地属性时，如果使用了 Theme 属性，则控件的本地属性将被覆盖，如果使用的是 StyleSheetTheme 属性，则控件的本地属性不会发生变化。

4. 禁用主题

可以设置页或控件属性使其忽略主题。默认情况下，主题将重写页和控件外观的本地设置。当控件或页已经有预定义的外观，而又不希望主题重写该外观时，禁用主题将十分有用。

（1）禁用页的主题。将@Page 命令的 EnableTheming 属性设置为 false 即可在该页禁用主题。

（2）禁用控件的主题。将控件的 EnableTheming 属性设置为 false 即可。

（3）在 Web.config 配置文件中禁用主题。只需将<pages>标签节点的 Theme 属性删除或设置为空，即可在整个应用程序中禁用主题。

9.4.3　主题与外观使用示例

【例 9.3】　创建两个不同的主题，并将其应用于两个不同的页面，用来设置当前页面中 Label 控件和 Calendar 控件的样式，如图 9-11 所示。详细代码参见 ex9-3。

图 9-11　例 9.3 运行结果图——主题和外观应用示例

操作提示：新建网站，为当前网站添加两个页面，分别为 Theme1.aspx 和 Theme2.aspx。在"解决方案资源管理器"窗口右击当前网站的名称，选择"添加 ASP.NET 文件夹|主题"快捷菜单命令，为当前网站添加两个主题 Theme1 和 Theme2。分别选中每个主题文件夹，右击，执行"添加新项"快捷菜单命令，在打开的对话框的"模板"列表中选择"外观文件"，为 Theme1 主题添加两个外观文件 Label1.skin 和 Calendar1.skin，为 Theme2 主题添加两个外观文件 Label2.skin 和 Calendar2.skin。在外观文件中书写代码用于设置控件的外观，详细代码如下。

1）Theme1 主题文件中的 Calendar1.skin 外观文件

```
<asp:Calendar  runat="server"  SkinID="BlueCalendar" BackColor="#ecf5ff"
ForeColor="blue" BorderWidth="3" BorderStyle="Solid" BorderColor="Black"
Height="283px" Width="230px" Font-Size="12pt" Font-Names="Tahoma,Arial"
Font-Underline="false" CellSpacing=2 CellPadding=2 ShowGridLines=true>
<SelectedDayStyle BackColor="#CCCCFF" Font-Bold="True" />
<SelectorStyle BackColor="#FFCC66" />
<OtherMonthDayStyle ForeColor="#CC9966" />
<TodayDayStyle BackColor="#FFCC66" ForeColor="White" />
 <NextPrevStyle Font-Size="9pt" ForeColor="#FFFFCC" />
<DayHeaderStyle BackColor="#FFCC66" Font-Bold="True" Height="1px" />
<TitleStyle BackColor="#990000" Font-Bold="True" Font-Size="9pt" ForeColor=
"#FFFFCC" />
</asp:Calendar>
<asp:Calendar runat="server" SkinID="SimpleCalendar1" BackColor="#ecf5ff"
BorderWidth="3" BorderStyle="Solid" BorderColor="Black" Height="283px"
Width="230px" Font-Size="12pt" Font-Names="Tahoma,Arial" Font-Underline=
"false" CellSpacing=2 CellPadding=2 ShowGridLines=true>
</asp:Calendar>
```

说明：Calendar1.skin 文件中定义了日历型控件的两种外观，SkinID 属性分别为 BlueCalendar 和 SimpleCalendar1。对于应用程序的界面，在应用了该主题后，日历类控件可使用该主题中定义的两种外观文件，通过在属性窗口设置日历控件的 SkinID 属性即可让该控件以该外观样式显示。需要注意的是，每个控件使用的外观要通过 SkinID 属性进行区分。

小贴示：当在页面中应用了某种主题之后，选中该页面上的控件，在属性窗口的 SkinID 属性值列的下拉列表中会自动显示该主题中定义的此类控件的外观样式，只需从列表中选择需要应用的外观 SkinID 属性值即可。

2）Theme1 主题文件中的 Label1.skin 外观文件

```
<asp:Label  runat="server" SkinID="SimpleLabel1" font-bold="false"
Font-Size=Smaller/>
<asp:Label  runat="server" SkinID ="BlueLabel" font-bold="true" forecolor=
"blue" Font-Size=XX-Large/>
```

说明：Label1.skin 文件中定义了标签型控件的两种外观，SkinID 属性分别为 BlueLabel 和 SimpleLabel1。对于应用程序的界面，在应用了该主题后，标签类控件可使用该主题中定义的这两种外观文件，通过在属性窗口设置标签控件的 SkinID 属性即可让该控件以该外观样式显示。

3）Theme2 主题文件中的 Calendar2.skin 外观文件

```
<asp:Calendar  runat="server" SkinID ="RedCalendar" BackColor="#FFECEC"
ForeColor="red" BorderWidth="3" BorderStyle="Solid" BorderColor="Black"
Height="283px" Width="230px" Font-Size="12pt" Font-Names="Tahoma,Arial"
Font-Underline="false" CellSpacing=2 CellPadding=2 ShowGridLines=true>
   <SelectedDayStyle BackColor="#666666" Font-Bold="True" ForeColor=
   "White" />
   <SelectorStyle BackColor="#CCCCCC" />
   <WeekendDayStyle BackColor="#FFFFCC" />
   <OtherMonthDayStyle ForeColor="#808080" />
   <TodayDayStyle BackColor="#CCCCCC" ForeColor="Black" />
   <NextPrevStyle VerticalAlign="Bottom" />
   <DayHeaderStyle BackColor="#CCCCCC" Font-Bold="True" Font-Size="7pt" />
   <TitleStyle BackColor="#999999" BorderColor="Black" Font-Bold="True" />
</asp:Calendar>
<asp:Calendar runat="server" SkinID="SimpleCalendar2" BackColor="#FFECEC"
BorderWidth="3" BorderStyle="Solid" BorderColor="Black" Height="283px"
Width="230px" Font-Size="12pt" Font-Names="Tahoma,Arial" Font-Underline=
"false" CellSpacing=2 CellPadding=2 ShowGridLines=true>
</asp:Calendar>
```

4）Theme2 主题文件中的 Label2.skin 外观文件

```
<asp:Label  runat="server" SkinID="SimpleLabel2" font-bold="false" Font-
Size=Smaller/>
<asp:Label  runat="server" SkinID="RedLabel" font-bold="true" forecolor=
"red" Font-Size=XX-Large/>
```

外观文件编辑好之后，在 Theme1.aspx 页面中添加两个日历控件 Calendar 和两个标签控件 Label，将该页面的 StyleSheetTheme 属性设置为 Theme1，主题 Theme1 便应用于该页面。将页面中的两个日历控件的 SkinID 属性分别设置为 BlueCalendar 和 SimpleCalendar1，将两个标签的 SkinID 属性分别设置为 BlueLabel 和 SimpleLabel1，即可在 Theme1.aspx 页面中应用主题 Theme1，同时为该页面的标签和日历控件设置了不同的外观。Theme2.aspx 页面应用主题 Theme2 的过程与上述过程类似，此处不再赘述。

5）Theme1.aspx 页面的 HTML 源码如下

```
<%@ Page Language="C#" AutoEventWireup="true" CodeFile="Theme1.aspx.cs"
Inherits="Theme1" StylesheetTheme="Theme1" %>
<html xmlns="http://www.w3.org/1999/xhtml" >
<head runat="server">
    <title>主题 1 应用示例</title>
</head>
<body>
  <form id="form1" runat="server">
  <div>
  <table style ="text-align:center">
   <tr>
    <td style="width: 60px">
    <asp:Calendar ID="Calendar1" runat="server" SkinID="BlueCalendar"/>
    </td>
    <td style="width: 60px">
    <asp:Calendar ID="Calendar2" runat="server" SkinID="SimpleCalendar1"
    /></td>
    </tr>
    <tr>
    <td style="width: 60px">
    <asp:Label ID="Label1" runat="server" Text="蓝色主题" SkinID="BlueLabel"/>
    </td>
    <td style="width: 60px">
    <asp:Label ID="Label2" runat="server" Text="简单样式" SkinID=
    "SimpleLabel1" />
    </td>
    </tr>
    </table>
    </div>
    </form>
</body>
</html>
```

6）Theme2.aspx 页面的 HTML 源码如下

```
<%@ Page Language="C#" AutoEventWireup="true" CodeFile="Theme2.aspx.cs"
Inherits="_Default" StylesheetTheme="Theme2" %>
<html xmlns="http://www.w3.org/1999/xhtml" >
<head runat="server">
```

```
        <title>主题 2 应用示例</title>
    </head>
    <body>
        <form id="form1" runat="server">
        <div>
        <table style="text-align:center">
         <tr>
          <td style="width: 60px">
          <asp:Calendar ID="Calendar1" runat="server" SkinID="RedCalendar"/>
          </td>
          <td style="width: 60px">
          <asp:Calendar ID="Calendar2" runat="server" SkinID="SimpleCalendar2"
          /></td>
         </tr>
         <tr>
          <td style="width: 60px">
          <asp:Label ID="Label1" runat="server" Text="红色主题" SkinID=
          "RedLabel"/></td>
          <td style="width: 60px">
          <asp:Label ID="Label2" runat="server" Text="简单样式" SkinID=
          "SimpleLabel2" /> </td>
         </tr>
        </table>
        </div>
        </form>
    </body>
</html>
```

9.5 站点地图和导航控件

在含有大量页面的站点中，构造一个可使用户随意在页面间切换的导航系统有一定难度，尤其是在更改站点时。使用 ASP.NET 提供的站点导航可以创建页面的集中站点地图，面向导航的服务器控件包括 Menu、TreeView、SiteMapPath 和 SiteMapDataSource。站点地图文件包含整个网站中各个页面间的层次关系，而导航控件则可以将站点地图文件中设置的层次关系显示出来。

9.5.1 站点地图概述

1. 站点地图文件

站点地图是一种扩展名为.sitemap 的标准 XML 文件，用来定义整个站点的结构、各页面的链接、相关说明和其他相关定义。

在"解决方案资源管理器"中右击 Web 站点的名称，选择"添加新项"快捷菜单命令，在打开的对话框"模板"列表中选择"站点地图"，便可以为当前网站创建站点地图文件。站点地图文件默认的名称为 Web.sitemap，以下为一个空白的站点地图文件的结构描述。

```xml
<?xml version="1.0" encoding="utf-8"?>
<siteMap xmlns="http://schemas.microsoft.com/AspNet/SiteMap-File-1.0" >
    <siteMapNode url="" title="" description="">
    <siteMapNode url="" title="" description="" />
    <siteMapNode url="" title="" description="" />
    </siteMapNode>
</siteMap>
```

Web.sitemap 文件的内容是以 XML 形式描述的树状结构文件，其中包括站点结构信息。它存储在应用程序的根目录下，TreeView、Menu、SiteMapPath 控件的网站导航信息和超链接的数据都是由.sitemap 文件提供的。

2. siteMapNode 节点的常用属性

站点地图的文档结构是由多个不同层级的节点元素组成的，该文件中包含一个根节点 siteMap，在根节点下包括多个 siteMapNode 子节点。siteMapNode 节点的常用属性见表 9-1。

表 9-1 siteMapNode 节点的常用属性

属 性 名 称	说 明
url	设置用于节点导航的 URL 地址
title	设置节点名称
description	设置节点说明文字
keyword	定义表示当前节点的关键字
roles	定义允许查看该站点地图文件的角色集合
siteMapFile	设置包含其他相关 SiteMapNode 元素的站点地图文件
Provider	定义处理其他站点地图文件的站点导航提供程序名称

3. 使用站点地图的注意事项

创建站点地图文件后，便可以根据文件架构需要来填写站点结构信息。如果 siteMapNode 节点的 URL 所指定的网页名称重复，则会造成导航控件无法正常显示，运行时将产生错误。使用站点地图时要注意以下几点。

（1）站点地图文件名必须为 Web.sitemap，且必须放在应用程序根目录下，它是一个 xml 文件。

（2）站点地图的根节点为<siteMap>元素，每个站点地图文件有且仅有一个根节点。

（3）<siteMap>下一级有且仅有一个<siteMapNode>节点，<siteMapNode>为对应于页面的节点，一个节点描述一个页面。

（4）<siteMapNode>下面可以包含多个新的<siteMapNode>节点。

（5）URL 用于描述文件在解决方案中的位置。同一站点地图中，同一个 URL 仅能出现一次。

9.5.2 使用 SiteMapPath 控件显示导航

1. SiteMapPath 控件概述

SiteMapPath 控件位于工具箱的"导航"选项页下，它用于显示一组文本或图像超链接，为站点提供"面包屑导航"的功能。该控件会显示一条导航路径，用于显示当前页的位置，并显示返回到主页的路径链接，使得用户可以轻松定位所在当前网站中的位置。它包含来自站点地图的导航数据，只有在站点地图中列出的网页才能在 SiteMapPath 控件中显示导航数据。如果将 SiteMapPath 控件置于未在网站图中列出的网页上，该控件将不会向客户端显示任何信息。

SiteMapPath 控件的使用方法非常简单，无需代码和绑定数据就能创建网站导航。将 SiteMapPath 控件添加至 Web 窗体之后，该控件将会根据默认的站点地图文件（Web.sitmap）中的数据自动读取并显示导航信息，因此使用该控件的应用程序中必须定义 Web.sitmap 文件的内容。

从工具箱的"导航"选项卡下将 SiteMapPath 控件添加至 Web 窗体中，单击控件右上角的智能标记（黑色三角箭头）可以打开"SiteMapPath 任务"窗口。在该窗口中可以编辑模板或者自动套用格式来设置 SiteMapPath 控件的格式、应用样式以及更改文本。SiteMapPath 控件提供了 4 种模板可分别对控件的普通节点、当前节点、根节点和节点分隔符进行定义。需要注意的是，如果为节点自定义了模板，则模板将自动覆盖节点定义的任何属性。

注意：SiteMapPath 控件允许用户向后导航，即从当前网页导航到网站层次结构中更高层的网页。但是，SiteMapPath 控件不允许向前导航，即不能从当前网页导航到网站层次结构中较低层的网页。

2. SiteMapPath 控件的常用属性

SiteMapPath 控件的常用属性见表 9-2。

表 9-2　SiteMapPath 控件的常用属性

属 性 名 称	说　　　明
CurrentNodeTemplate	获得或设置一个控件模板，用于代表当前显示页的站点导航路径节点
NodeStyle	获取用于站点导航路径中所有节点的显示文本样式
NodeTemplate	获取或设置一个控件模板，用于站点导航路径的所有功能节点
ParentLevelsDisplayed	获取或设置控件显示的相对于当前显示节点的父节点级别数
PathDirection	获取或设置导航路径节点的呈现顺序
PathSeparator	获取或设置一个字符串，该字符串在呈现的导航路径中分隔 SiteMapPath 节点
PathSeparatorTemplate	获取或设置一个控件模板，用于站点导航路径的路径分隔符
RootNodeTemplate	获取或设置一个控件模板，用于站点导航路径的根节点
SiteMapProvider	获取或设置用于呈现站点导航控件的 SiteMapProvider 的名称

下面介绍几个较为重要的属性。

（1）ParentLevelsDisplayed：用于获取或设置相对于当前节点显示的父节点级别数，默认值为−1，表示对父节点级别数没有显示，将节点完全展开。该属性值是一个整数，例如要在 SiteMapPath 控件的当前节点之前显示 3 级父节点，则将该属性设置为 3 即可。

（2）PathDirection：获取或设置导航路径节点的呈现顺序，默认值是 RootToCurrent，表示节点按照从最顶部的节点到当前节点的顺序，从左到右依次分层呈现。若将该属性设置为 CurrentToRoot，则显示顺序为从当前节点到最顶部节点。

（3）PathSeparator：获取或设置导航路径中节点间使用的分隔符，默认值为">"，也经常设置为"|"。

3. SiteMapPath 应用示例

【例 9.4】　使用 SiteMapPath 控件创建站点导航，完成在网站的新闻和娱乐两个模块以及子页面之间的自由定位，如图 9-12 所示，详细代码参见 ex9-4。

图 9-12　例 9.4 运行结果图——SiteMapPath 应用示例

操作提示：新建网站，建立页面文件 Index.aspx。在解决方案资源管理器中选中站点的名称，右击，执行"新建文件夹"命令，在网站文件根目录下创建两个文件夹 News 和 Happy。选中 News 文件夹，通过"添加新项"命令，在该文件夹下添加页面文件 News.aspx、InnerNews.aspx 和 OuterNews.aspx。同样地，在 Happy 文件夹下建立页面文件 Happy.aspx、TVHappy.aspx 和 FilmHappy.aspx。为网站建立站点地图文件 Web.sitemap，根据当前网站的结构以及各页面之间的链接关系修改站点地图文件，源代码如下。

```xml
<?xml version="1.0" encoding="utf-8"?>
<siteMap xmlns="http://schemas.microsoft.com/AspNet/SiteMap-File-1.0" >
    <siteMapNode url="~\Index.aspx" title="首页"  description="网站首页">
        <siteMapNode url="~/News/News.aspx" title="新闻首页"  description=
        "新闻首页">
            <siteMapNode url="~/News/InnerNews.aspx" title="校内新闻"
            description=""/>
            <siteMapNode url="~/News/OuterNews.aspx" title="校外新闻"
            description="" />
        </siteMapNode>
        <siteMapNode url="~/Happy/Happy.aspx" title="娱乐首页" description="娱
        乐首页" >
            <siteMapNode url="~/Happy/TVHappy.aspx" title="电视频道"
            description="" />
            <siteMapNode url="~/Happy/FilmHappy.aspx"  title="电影频道"
            description="" />
        </siteMapNode>
```

```
    </siteMapNode>
</siteMap>
```

最后，在每个页面文件中加入一个 SiteMapPath 导航控件，即可浏览每个页面的导航效果，如图 9-10 所示，单击导航条中的超链接可快速定位到其他页面。

9.5.3 使用 TreeView 控件显示导航

1. TreeView 控件概述

TreeView 控件用于以树型结构展现分层数据，如站点导航结构、目录或文件目录等。对于导航文字很多并且可以对导航内容进行分类的网站来说，可以将页面的导航文字以树形结构形式显示，这样既可以有效地节约页面，又可以方便用户查看。

TreeView 控件支持的主要功能如下。

（1）支持数据绑定。

（2）支持站点导航功能。

（3）其节点文本可以显示为普通文本，也可以显示为超链接文本。

（4）可自定义树型和节点的样式、主题等外观特征。

（5）可通过编程方式访问 TreeView 对象模型，以动态创建树、填充节点以及设置属性等。

（6）在客户端浏览器支持的情况下，可通过客户端到服务器的回调填充节点。

（7）在节点旁可以添加附加控件（如复选框）实现对节点的选择。

2. TreeView 控件的常用属性

TreeView 控件的常用属性及其说明见表 9-3。

表 9-3 TreeView 控件的常用属性

属 性 名 称	说 明
AutoGenerateDataBindings	是否自动生成树节点绑定
DataSourceID	获取或设置数据源对象，用于该控件从该数据源对象中检索其数据项列表
CollapseImageUrl	节点折叠时显示的指示符
ExpandedImageUrl	节点展开时显示的节点图标
ExpandDepth	显示 TreeView 控件时所展开的层次数。默认值为-1，表示显示所有节点
Nodes	获取控件中的根节点集合
SelectedNode	获取控件中选中节点的 TreeNode 对象。当节点显示为超链接文本时，该属性返回值为 null，不可用
ShowCheckBoxes	是否在控件的节点前显示复选框

说明：TreeView 控件位于工具箱的"导航"选项卡下，将控件添加至页面之后，可在属性窗口中单击 TreeView 控件的 Nodes 属性值列的省略号按钮，打开如图 9-13 所示的对话框来编辑 TreeView 控件中的根节点、父节点和子节点。

TreeView 控件中的节点具有如下特点。

（1）每个 TreeView 控件由一个或多个节点构成。

（2）树中的每一项都是一个节点，节点分成根节点、父节点和叶节点。

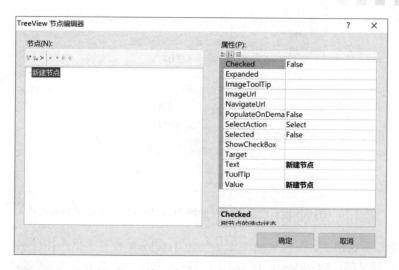

图 9-13　设置 TreeView 控件的 Nodes 属性——TreeView 节点编辑器

（3）根节点是顶级节点，它没有父节点。

（4）叶节点是底层的节点，它没有子节点。

（5）根节点和叶节点之外的节点都可称为父节点。

（6）每一个节点对象都有 Text 和 Value 属性。Text 属性可用来显示节点的名称信息，Value 属性用来存放节点的其他任何附加信息。

（7）每个节点还有常用的属性，如 Expanded、Selected、ShowCheckBox 等，分别用来表示节点是否被折叠、节点是否被选定以及节点前是否显示复选框等。

注意：一个节点可以同时是父节点和子节点，但是不能同时为根节点、父节点和叶节点。节点的类型决定了它的可视化属性以及行为属性。TreeView 控件允许向树形结构中添加多个根节点，若要在不显示单个根节点的情况下显示项列表，则该控件非常实用。

小贴示：使用 Nodes 属性可以获取一个包含树中所有根节点的 TreeNodeCollection 对象。Nodes 属性通常用于快速循环访问所有根节点，或者访问树中的某个特定节点，还可以使用 Nodes 属性以编程方式管理树中的根节点，就是在集合中添加、插入、移除和检索 TreeNode 对象。

3．TreeView 控件的常用事件和方法

（1）SelectedNodeChanged 事件。当在 TreeView 控件中选定某个节点时触发该事件。

（2）TreeNodeExpanded 事件和 TreeNodeCollapsed 事件。分别在 TreeView 控件的某个节点展开和折叠时发生。

（3）CollapseAll()方法和 ExpandAll()方法。分别用于折叠和展开 TreeView 控件中的所有节点。

（4）Nodes.Add()方法。向控件中添加节点。

（5）Nodes.Remove()方法。删除指定的节点。

4．使用 TreeView 控件动态添加、删除节点

【例 9.5】使用 TreeView 控件显示学校的结构设置情况，并能够动态添加和移除节点，如图 9-14 所示，详细代码参见 ex9-5。

图 9-14　例 9.5 运行结果图——使用 TreeView 动态添加或删除节点

操作提示：新建网站，在该页面中添加一个 TreeView 控件。单击控件右上角的三角符号（智能标记），打开"TreeView 任务"对话框，选择"编辑节点"。或者选中 TreeView 控件，在属性窗口中单击其 Nodes 属性值列的省略号按钮，也可打开"TreeView 节点编辑器"窗口，在该对话框中编辑控件的根节点、子节点等。向页面中添加 1 个 TextBox 控件，用于输入要添加的节点的名称信息。向页面中添加 2 个 Button 控件，用于单击时动态添加或删除节点。当用户在文本框中输入节点名称，并单击"添加节点"按钮时，可将该节点添加至 TreeView 控件中。当用户选中某节点并单击"移除当前节点"按钮时，该节点将从 TreeView 控件中移除。详细代码如下：

1）页面的 HTML 代码

```
<%@ Page Language="C#" AutoEventWireup="true"  CodeFile="Default.aspx.cs"
Inherits="_Default" %>
<html xmlns="http://www.w3.org/1999/xhtml">
<head runat="server">
    <title>使用 TreeView 动态添加删除节点</title>
</head>
<body>
    <form id="form1" runat="server">
    <div style="width: 350px">
    <table>
     <tr>
      <td style="width=200">
      <asp:TreeView ID="TreeView1" runat="server" ShowLines="True">
        <SelectedNodeStyle BorderStyle="Solid" />
        <Nodes>
        <asp:TreeNode Text="机构设置" Value="机构设置">
        <asp:TreeNode Text="教学单位" Value="教学单位">
        <asp:TreeNode Text="信息科学学院" Value="信息科学学院"></asp:TreeNode>
        <asp:TreeNode Text="电器工程学院" Value="电器工程学院"></asp:TreeNode>
        </asp:TreeNode>
        <asp:TreeNode Text="职能部门" Value="职能部门">
        <asp:TreeNode Text="科研处" Value="科研处"></asp:TreeNode>
```

```
            <asp:TreeNode Text="教务处" Value="教务处"></asp:TreeNode>
        </asp:TreeNode>
        </asp:TreeNode>
        </Nodes>
    </asp:TreeView>
    </td>
    <td valign=middle style="background-color:#aaeeff; border:1;
    width=150">
    <asp:TextBox ID="txtNode" runat="server" Width="120px">
    </asp:TextBox><br />
    <br />
    <asp:Button ID="btnAddNode" runat="server" OnClick="btnAddNode_
    Click" Text="添加节点" Width="120px" /> <br /> <br />
    <asp:Button ID="btnRemoveNode" runat="server"
OnClick="btnRemoveNode_Click" Text="移除当前节点" Width="120px" />
        </td>
        </tr>
    </table>
    </div>
    </form>
</body>
</html>
```

2）页面的功能代码

```
protected void btnAddNode_Click(object sender, EventArgs e)
{
//添加节点，当添加节点的值为空时返回
if (txtNode.Text.Trim().Length < 1)
{
    return;
}
//建立新节点 childNode，设置 Value 属性值
TreeNode childNode = new TreeNode();
childNode.Value = txtNode.Text.Trim();
if (TreeView1.SelectedNode != null)  //存在当前节点
  {
    //将 childNode 添加到当前节点
    TreeView1.SelectedNode.ChildNodes.Add(childNode);
  }
else  //不存在当前节点
  {
    //childNode 作为根节点添加到 TreeView1 中
    TreeView1.Nodes.Add(childNode);
  }
txtNode.Text = "";  //清除文本框
```

```
    }
    protected void btnRemoveNode_Click(object sender, EventArgs e)
    {
        if (TreeView1.SelectedNode != null)  //存在当前节点
        {
            //获取当前节点的父节点
            TreeNode parentNode = TreeView1.SelectedNode.Parent;
            //移除当前节点
            parentNode.ChildNodes.Remove(TreeView1.SelectedNode);
        }
    }
```

注意：添加节点前，先选中父节点，之后在输入框中输入节点名称，单击"添加节点"按钮后，新节点便会被添加到之前选中的父节点的子节点集中。若添加之前未选中任何节点，则默认添加的为根节点。

5. 使用 TreeView 控件显示导航

与 SiteMapPath 控件不同，TreeView 控件需要数据源控件的支持。TreeView 控件与 SiteMapDataSource 控件配合使用可以显示站点导航的树形结构。SiteMapDataSource 控件需要使用站点地图，该控件能自动绑定到 Web.sitemap。因此，建立站点地图之后，只需将 TreeView 控件的数据源属性（即 DataSourceID）设置为网站中当前的 SiteMapDataSource 控件，便可在网站中综合使用 TreeView 控件与 SiteMapDataSource 控件来显示站点导航的树形结构。

【例 9.6】 使用 TreeView 控件显示例 9.4 中创建的站点地图文件的导航功能，如图 9-15 所示，详细代码参见 ex9-6。

图 9-15   例 9.6 运行结果图——使用 TreeView 显示导航

操作提示：在例 9.4 的基础上，向网站首页 Index.aspx 页面上添加一个 TreeView 控件和一个 SiteMapDataSource 控件，将 TreeView 控件的 DataSourceID 属性设置为 SiteMapDataSource 控件的 ID，运行程序即可得到如图 9-15 所示的效果。

注意：使用 TreeView 控件显示导航时，必须创建站点地图，且配合使用 SiteMapDataSource 控件，才能实现树形导航功能。

小贴示：使用 Menu 控件显示导航的用法与 TreeView 控件基本类似，都是首先创建站点地图，并且添加 SiteMapDataSource 控件。SiteMapDataSource 控件会自动绑定到 Web.sitemap，因此只需将 Menu 和 TreeView 控件的 DataSourceID 属性设置为当前的 SiteMapDataSource 对象即可。此处不再对 Menu 控件的用法做详细介绍。

9.5.4　在母版页中使用网站导航

可以在母版页中创建包含导航控件的布局，再将母版页应用于所有的内容页，这样实现内容页头部的导航和左侧的树形目录导航。

【例 9.7】　在母版页中使用 SiteMapPath 和 TreeView 控件实现网站页面头部导航和左侧的树形目录导航，如图 9-16 所示，详细代码参见 ex9-7。

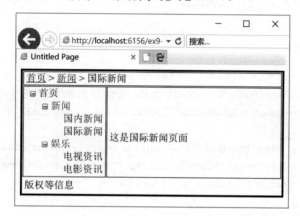

图 9-16　例 9.7 运行结果图——在母版页使用导航

操作提示：新建网站，添加母版页。在母版页上添加 SiteMapPath 控件、TreeView 控件以及 SiteMapDataSource 控件。将 TreeView 控件的 DataSourceID 属性设置为 SiteMapDataSource 控件的 ID。添加各个内容页，为网站添加站点地图，并依据各页面结构信息完成站点地图文件。运行网站首页即可得到如图 9-16 所示的效果，详细代码及属性设置参见 ex9-7。

母版页 HTML 代码如下。

```
<%@ Master Language="C#" AutoEventWireup="true" CodeFile="MasterPage.master.cs"
Inherits="MasterPage" %>
<html xmlns="http://www.w3.org/1999/xhtml">
<head runat="server">
    <title>在母版页使用导航</title>
    <style type="text/css">
        .style1
        {
            border-style: solid;
            border-width: 1px;
            padding: 1px 4px;
            width: 34px;
```

```
                }
            </style>
        </head>
        <body>
            <form id="form1" runat="server">
            <table cellpadding="3" cellspacing="1" width="100%" style="border-
            style: solid">
                <tr>
                    <td colspan="2" style="border-style: solid; border-width: 1px;
                    padding: 1px 4px">
                        <asp:SiteMapPath ID="SiteMapPath1" runat="server">
                        </asp:SiteMapPath>
                    </td>
                </tr>
                <tr>
                    <td class="style1"> <asp:TreeView ID="TreeView1" runat="server"
                    DataSourceID="SiteMapDataSource1"> </asp:TreeView>
                    <asp:SiteMapDataSource ID="SiteMapDataSource1" runat="server" />
                    </td>
                    <td style="border-style: solid; border-width: 1px; padding: 1px 4px">
                        <asp:ContentPlaceHolder ID="ContentPlaceHolder1" runat="server">
                        </asp:ContentPlaceHolder>
                    </td>
                </tr>
                <tr>
                    <td colspan="2">
                        版权等信息
                    </td>
                </tr>
            </table>
            </form>
        </body>
        </html>
```

注意：母版页使用了导航控件之后，内容页无须添加任何导航控件，只需设计内容页的详细信息即可。网站制作过程中，通常把网站页头的 LOGO、导航以及页尾的版权信息等公共元素放在母版页中，以简化设计，提高开发效率。

9.6 本章小结

本章首先介绍了 DIV+CSS 布局方式，接下来介绍了母版页和内容页的创建与使用，之后讲述了主题和外观的创建方法，最后在介绍站点地图概念的基础上讲述了导航控件 SiteMapPath 和 TreeView 的使用方法。通过本章学习，读者应能够在网站开发过程中用合理的布局方法来规划网站。

习题 9

1. 主题不包括（　　）。

　　A．skin 文件　　　　B．css 文件　　　　C．图片文件　　　　D．config 文件

2. 一个主题必须包含（　　）。

　　A．skin 文件　　　　B．css 文件　　　　C．图片文件　　　　D．config 文件

3. 母版页文件的扩展名是（　　）。

　　A．.aspx　　　　　　B．.master　　　　　C．.cs　　　　　　　D．.skin

4. 以下（　　）网站导航控件不需要添加数据源控件。

　　A．SiteMapPath　　B．TreeView　　　　C．Menu　　　　　　D．SiteMapDataSource

5. 母版页中使用导航控件，要求（　　）。

　　A．母版页必须在根文件夹下

　　B．母版页名字必须为 Web.master

　　C．与普通页一样使用，浏览母版页时就可以查看效果

　　D．必须有内容页才能查看效果

第10章

ASP.NET 程序设计综合实训

通过前面章节的学习，大家应该基本熟悉了 ASP.NET 应用程序开发的基本技术，在掌握 VS.NET 2010 集成开发环境以及 C#语法的基础上，运用常用的 ASP.NET 控件以及对象的属性、方法和事件，最终能够完成 ASP.NET Web 应用程序的开发，尤其是数据库应用程序的设计。同时，也可综合使用 HTML+CSS、母版页、站点地图等技术对网页进行综合布局，以达到用户界面的美观与标准化。本章是一个综合实训篇，主要通过三个经典的小例子运用前面章节所学的知识，展示使用 ASP.NET 进行 Web 应用程序及数据库应用程序开发的完整步骤。

学习目标

- ☑ 牢固掌握 ASP.NET 应用程序开发步骤
- ☑ 巩固 ASP.NET 内置对象以及服务器控件的使用方法
- ☑ 巩固数据验证控件的使用方法
- ☑ 进一步深化 ADO.NET 数据访问对象以及数据绑定控件的使用方法
- ☑ 巩固掌握 Web 页面布局与标准化技术
- ☑ 能够进行 ASP.NET 网站以及数据库应用程序的开发

10.1 经典案例 1——注册与登录模块

【例 10.1】 设计网站用户注册登录模块，详细代码参见 ex10-1。

10.1.1 任务描述

1. 实训目标

会员注册以及登录模块是网站开发中的经典案例，本实例的主要目标包含以下几方面。

（1）掌握常用的 ASP.NET 服务器控件的使用方法，如 TextBox、Button、DropDownList 等，能够使用该类控件为用户提供输入与输出。

（2）掌握常用的数据验证控件的使用方法，如 RequiredFieldValidator、CompareValidator、RangeValidator、RegularExpressionValidator 等，能够使用数据验证控件对数据进行有效

验证。

（3）掌握 ADO.NET 数据访问对象的使用方法，如 SqlConnection、SqlCommand、SqlDataAdapter 和 SqlDataReader 等，能够使用此类控件完成数据库的访问。

（4）巩固数据源控件 SqlDataSource 的使用方法。

（5）掌握登录模块中图文验证控件的使用方法。

（6）综合使用各类控件完成用户注册以及登录页面的设计，并实现相关功能。例如，对用户注册信息进行有效性验证、对已被注册的用户名进行检测、将注册用户信息提交至数据库中等。

2. 系统功能描述

本系统主要实现两个功能。

（1）新用户注册。使用数据访问对象检查注册时输入的用户名是否已经被注册，若用户名已被注册，则给出相应提示信息。使用验证控件检验用户两次输入的密码是否一致、年龄是否在 1～130 之间、手机号码和身份证号码格式是否有误等。验证通过后，将新用户的注册信息保存到用户表中。

（2）会员登录。完成登录界面的图文验证码功能。当用户登录时输入的用户名、密码以及验证码都正确时，成功登录系统。

10.1.2　系统设计

1. 数据库设计

使用 SQL Server 2005 创建名称为 Reg_Login 的数据库，设计名为 tbl_UserInfo 的数据表来存储网站注册用户的基本信息，该数据表结构设计见表 10-1 所示。

表 10-1　tbl_UserInfo（用户信息）数据表结构说明

字 段 名 称	数 据 类 型	说　　　　明
User_name	nchar(20)	注册用户的唯一标识（主键）
Pass_word	nchar(20)	登录密码（非空）
realname	nchar(20)	注册用户的真实姓名
sex	char(2)	用户性别
age	int	用户年龄
phone	char(11)	手机号码
idcode	char(18)	身份证号码

2. 用户界面设计

本系统共包含三个页面。

（1）图文验证码页面 CheckC.aspx。用于生成图形验证码。

（2）注册页面 Register.aspx。如图 10-1 所示，该页面用于通过验证控件来检验用户输入信息的合法性、检测用户名是否存在、保存注册信息到数据库。

（3）登录页面 Login.aspx。如图 10-2 所示，该页面用于检测用户登录时输入的用户名、密码以及验证码是否正确。

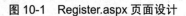

图 10-1　Register.aspx 页面设计　　　　图 10-2　Login.aspx 页面设计

10.1.3　代码实现

1. 图文验证码页面 CheckC.aspx 的实现

CheckC.aspx 页面不包含任何控件，主要用于生成图文验证码，页面的功能代码（CheckC.aspx.cs）如下：

```
using System.Drawing;  //引入命名空间
public partial class CheckC : System.Web.UI.Page
{
    protected void Page_Load(object sender, EventArgs e)
    {
      this.CreateCheckCodeImage(RndNum());
    }
    private string RndNum()   //自定义方法随机生成数字
    {
      int number;
      char code;
      string checkCode = String.Empty;
      System.Random random = new Random();
      for (int i = 0; i < 4; i++)
      {
          number = random.Next();
          if (number % 2 == 0)
            code = (char)('0' + (char)(number % 10));
          else
            code = (char)('A' + (char)(number % 26));
          checkCode += code.ToString();
      }
```

```
        Response.Cookies.Add(new HttpCookie("yzmcode", checkCode));
        Response.Cookies["yzmcode"].Expires = DateTime.Now.AddSeconds(30);
        return checkCode;
    }
    private void CreateCheckCodeImage(string checkCode)
    {
        if (checkCode == null || checkCode.Trim() == String.Empty)
            return;
        System.Drawing.Bitmap image =
        new System.Drawing.Bitmap((int)Math.Ceiling((checkCode.Length *
        12.5)), 22);
        Graphics g = Graphics.FromImage(image);
        try
        {
            //生成随机生成器
            Random random = new Random();
            //清空图片背景色
            g.Clear(Color.White);
            //画图片的背景噪音线
            for (int i = 0; i < 25; i++)
            {
                int x1 = random.Next(image.Width);
                int x2 = random.Next(image.Width);
                int y1 = random.Next(image.Height);
                int y2 = random.Next(image.Height);
                g.DrawLine(new Pen(Color.Silver), x1, y1, x2, y2);
            }
            Font font = new System.Drawing.Font("Arial", 12,
            (System.Drawing.FontStyle.Bold | System.Drawing.FontStyle.Italic));
            System.Drawing.Drawing2D.LinearGradientBrush brush = new
            System.Drawing.Drawing2D.LinearGradientBrush(new Rectangle
            (0, 0, image.Width, image.Height), Color.Blue, Color.DarkRed,
            1.2f, true);
            g.DrawString(checkCode, font, brush, 2, 2);
            //画图片的前景噪音点
            for (int i = 0; i < 100; i++)
            {
                int x = random.Next(image.Width);
                int y = random.Next(image.Height);
                image.SetPixel(x, y, Color.FromArgb(random.Next()));
            }
            //画图片的边框线
            g.DrawRectangle(new Pen(Color.Silver), 0, 0, image.Width - 1,
            image.Height - 1);
            System.IO.MemoryStream ms = new System.IO.MemoryStream();
```

```
      image.Save(ms, System.Drawing.Imaging.ImageFormat.Gif);
      Response.ClearContent();
      Response.ContentType = "image/Gif";
      Response.BinaryWrite(ms.ToArray());
   }
   finally
   {
      g.Dispose();
      image.Dispose();
   }
   }
}
```

2. 注册页面 Register.aspx 的实现

1）Register.aspx 页面运行结果

Register.aspx 页面运行结果如图 10-3 所示。

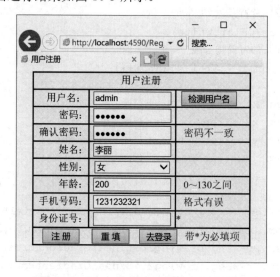

图 10-3　Register.aspx 页面运行结果图

2）Register.aspx 页面的 HTML 源代码

```
<%@ Page Language="C#" AutoEventWireup="true" CodeFile="Register.aspx.cs"
Inherits="Register" %>
<html xmlns="http://www.w3.org/1999/xhtml">
<head runat="server">
   <title>用户注册</title>
</head>
<body>
   <form id="form1" runat="server" >
   <div> <center>
   <table border="1" cellspacing="0" style="width:350px" bgcolor =#ecf5ff>
   <tr>
```

```
    <td align=center colspan=3 height=25>用户注册</td>
  </tr>
  <tr>
    <td width="150" align="right" height=25>用户名： </td>
    <td width="150" align="center"> <asp:TextBox ID="Txt_username"
    runat="server" Width="120px"></asp:TextBox></td>
    <td style="width: 100px"> <asp:RequiredFieldValidator ID=
    "RequiredFieldValidator1" runat="server" ControlToValidate=
    "Txt_username" ErrorMessage="必填项">* </asp:RequiredFieldValidator>
    <asp:Button ID="Button3" runat="server" OnClick="Button3_Click"
    Text="检测用户名" />    </td>
  </tr>
  <tr>
    <td align="right" width="150" height=25> 密码：</td>
    <td width="150" align="center" height=25> <asp:TextBox ID="Txt_pwd1"
    runat="server" TextMode="Password" Width="120px"></asp:TextBox></td>
    <td style="width: 100px"> <asp:RequiredFieldValidator ID=
    "RequiredFieldValidator2" runat="server" ControlToValidate="Txt_
    pwd1" ErrorMessage="必填项"> * </asp:RequiredFieldValidator> </td>
  </tr>
  <tr>
    <td align="right" style="height: 25px"  width="150"> 确认密码：</td>
    <td style="height: 25px" width="150" align="center"> <asp:TextBox
    ID="Txt_pwd2" runat="server" TextMode="Password" Width="120px">
    </asp:TextBox></td>
    <td style="height: 25px; width: 150px;"><asp:RequiredFieldValidator
    ID="RequiredFieldValidator3" runat="server" ControlToValidate="Txt_
    pwd2" ErrorMessage="必填项">*</asp:RequiredFieldValidator>
    <asp:CompareValidator ID="CompareValidator1" runat="server"
    ControlToCompare="Txt_pwd1" ControlToValidate="Txt_pwd2" ErrorMessage=
    "密码不一致"></asp:CompareValidator></td>
  </tr>
  <tr>
    <td align="right" width="150" height=25>姓名：</td>
    <td width="150" align="center" height=25> <asp:TextBox ID="Txt_
    realname" runat="server" Width="120px"></asp:TextBox></td>
    <td width="100"> </td>
  </tr>
  <tr>
    <td align="right" width="150"  height=25> 性别：</td>
    <td align="center" width="150" height=25><asp:DropDownList ID=
    "DropDownList1" runat="server" Width=120px> <asp:ListItem>男
    </asp:ListItem> <asp:ListItem>女</asp:ListItem> </asp:DropDownList> </td>
    <td width="100"> <asp:RequiredFieldValidator ID="RequiredFieldValidator7"
    runat="server" ControlToValidate="DropDownList1" ErrorMessage="必选
```

```
      项">*</asp:RequiredFieldValidator></td>
  </tr>
  <tr>
    <td align="right" width="150" height=25>年龄：</td>
    <td width="150" align="center"> <asp:TextBox ID="Txt_age" runat=
    "server" Width="120px"></asp:TextBox></td>
    <td style="width: 100px"> <asp:RequiredFieldValidator ID=
    "RequiredFieldValidator4" runat="server" ControlToValidate="Txt_age"
     ErrorMessage="必填项">*</asp:RequiredFieldValidator> <asp:RangeValidator
     ID="RangeValidator1" runat="server" ControlToValidate="Txt_age"
    ErrorMessage="年龄 0-130" MaximumValue="130" MinimumValue="0" Type=
     "Integer">0-130 之间</asp:RangeValidator></td>
  </tr>
  <tr>
    <td align="right" width="150"  height=25> 手机号码：</td>
    <td width="150" align="center"><asp:TextBox ID="Txt_phone" runat=
    "server" Width="120px"></asp:TextBox></td>
    <td style="width: 100px">
    <asp:RequiredFieldValidator ID="RequiredFieldValidator5" runat="server"
    ControlToValidate="Txt_phone" ErrorMessage="必填项">*</asp:
    RequiredFieldValidator>
    <asp:RegularExpressionValidator ID="RegularExpressionValidator1" runat=
    "server" ErrorMessage="格式有误" ControlToValidate="Txt_phone"
    ValidationExpression="^1\d{10}$">格式有误</asp:
    RegularExpressionValidator></td>
  </tr>
  <tr>
     <td align="right" width="150" height=25> 身份证号：</td>
     <td width="150" align="center"><asp:TextBox ID="Txt_idcode" runat=
     "server" Width="120px"></asp:TextBox></td>
     <td style="width: 100px"> <asp:RequiredFieldValidator ID=
     "RequiredFieldValidator6" runat="server" ControlToValidate=
     "Txt_idcode" ErrorMessage="必填项">*</asp:RequiredFieldValidator>
     <asp:RegularExpressionValidator ID="RegularExpressionValidator2"
     runat="server" ErrorMessage="格式错误" ControlToValidate="Txt_idcode"
     ValidationExpression="\d{17}[\d|X]|\d{15}">格式错误</asp:
     RegularExpressionValidator></td>
     </tr>
     <tr>
         <td align=center  height=25 colspan =3> <asp:Button ID="Button1"
         runat="server" Text="注 册" OnClick="Button1_Click" Width="60px" />
           <asp:Button ID="Button2" runat="server"Text="重填"
         Width="60px" OnClick="Button2_Click" />   <asp:
         Button ID="Button4" runat="server" OnClick="Button4_Click"
         Text="去登录" Width="60px" />  <asp:Label ID="Label1"
```

```
            runat="server" ForeColor="Red" Text="带*为必填项"></asp:Label>
          </td>
        </tr>
      </table>
      <asp:SqlDataSource ID="SqlDataSource1" runat="server"
        ConnectionString="Data Source=DESKTOP-LQVB2OC; Initial Catalog=
        Reg_Login; Integrated Security=True"
        InsertCommand="INSERT  INTO  tbl_UserInfo(User_name,  Pass_word,
        realname, sex, age, phone, idcode) VALUES (@User_name, @Pass_word,
        @realname, @sex, @age, @phone, @idcode)"
        SelectCommand="SELECT * FROM[tbl_UserInfo]"
        ProviderName="System.Data.SqlClient">
        <InsertParameters>
        <asp:Parameter Type="String" Name="User_name" />
        <asp:Parameter Type="String" Name="Pass_word" />
        <asp:Parameter Type="String" Name="realname" />
        <asp:Parameter Type="String" Name="sex"/>
        <asp:Parameter Type="Int32" Name="age" />
        <asp:Parameter Type="String" Name="phone" />
        <asp:Parameter Type="String" Name="idcode" />
        </InsertParameters>
        </asp:SqlDataSource>
    </div>
    </form>
</body>
</html>
```

3）Register.aspx 页面的功能代码

```
using System.Data.SqlClient;
public partial class Register : System.Web.UI.Page
{
    bool  Checkusername()  //自定义方法，检测用户名是否存在
    {
      string constr = "server=(local);database=Reg_Login;trusted_
      connection=true";
      SqlConnection con = new SqlConnection(constr);
      con.Open();
      SqlCommand cmd = new SqlCommand();
      cmd.Connection = con;
      cmd.CommandText = "SELECT * FROM tbl_UserInfo WHERE User_name='" +
      Txt_username.Text.Trim() + "'";
      SqlDataAdapter myadpt = new SqlDataAdapter(cmd);
      DataSet ds = new DataSet();
      myadpt.Fill(ds, "tbl_UserInfo");
        if (ds.Tables[0].Rows.Count > 0)
```

```
        {
            return false;
        }
        else
        {
            return true;
        }
    }
protected void Button3_Click(object sender, EventArgs e)
{ // "检测用户名" 按钮的单击事件
    if (Checkusername()==true)
        {
            Response.Write("<script language='javascript'>alert('该用户名尚
            未被注册!');
            script>");
        }
        else
        {
            Response.Write("<script language='javascript'>alert('该用户名已
            被注册!');
            </script>");
            Txt_username.Focus();
        }
    }
protected void Button1_Click(object sender, EventArgs e)
{ // "注册" 按钮的单击事件
    string username = Txt_username.Text.Trim();
    string pwd = Txt_pwd1.Text.Trim();
    string realname = Txt_realname.Text.Trim();
    string sex = DropDownList1.SelectedItem.Text;
    int age = Convert.ToInt32(Txt_age.Text.Trim());
    string phone = Txt_phone.Text.Trim();
    string idcode = Txt_idcode.Text.Trim();
    if (Checkusername()==true)
    {
        string str = "INSERT INTO tbl_UserInfo(User_name, Pass_word,
        realname, sex, age, phone, idcode) VALUES ('{0}','{1}','{2}','{3}',
        {4},'{5}','{6}')";
        str = string.Format(str, username, pwd, realname, sex, age, phone,
        idcode);
        SqlDataSource1.InsertCommand = "";
        SqlDataSource1.InsertCommand = str;
        SqlDataSource1.Insert();
        SqlDataSource1.DataBind();
        Response.Write("<script>alert('注册成功! ')</script>");
```

```
        }
      else
      {
       Response.Write("<script language='javascript'>alert('该用户名已经被
       注册!');
       </script>");
       Txt_username.Focus();
      }
  }
  protected void Button2_Click(object sender, EventArgs e)
  {    // "重填" 按钮的单击事件
    Txt_username.Text = "";
    Txt_pwd1.Text = "";
    Txt_pwd2.Text = "";
    Txt_age.Text = "";
    Txt_phone.Text = "";
    Txt_idcode.Text = "";
    Txt_realname.Text = "";
    Txt_username.Focus();
  }
  protected void Button4_Click(object sender, EventArgs e)
  {    // "去登录" 按钮的单击事件
    Response.Redirect("Login.aspx");
  }
}
```

3. 登录页面 Login.aspx 的实现

1）Login.aspx 页面运行结果图

Login.aspx 页面运行结果如图 10-4 所示。

图 10-4　Login.aspx 页面运行结果图

2）Login.aspx 页面的 HTML 代码

```
<%@ Page Language="C#" AutoEventWireup="true"  CodeFile="Login.aspx.cs"
Inherits="_Default" %>
```

```
<html xmlns="http://www.w3.org/1999/xhtml" >
<head runat="server">
    <title>登录系统</title>
    <style>
    body {
         text-align: center;
        }
    </style>
</head>
<body>
    <form id="form1" runat="server">
    <div>
    <center>
    <table bgcolor=#ecf5ff border="1">
        <tr><td colspan=2 align=center >用户登录</td></tr>
        <tr><td>用户名: </td> <td><asp:TextBox ID="Txt_username" runat=
        "server" Height=20 Width=145></asp:TextBox></td></tr>
        <tr><td>密   码: </td><td><asp:TextBox ID="Txt_password"
        runat="server" TextMode="Password" Height=20 Width=145></asp:TextBox>
        </td></tr>
        <tr><td> 验证码: </td> <td valign=middle align=center > <asp:TextBox
        ID="Txt_code" runat="server" Height=20 Width=100></asp:TextBox>
        <img src="CheckC.aspx" height=25 width=45 alt="code" align=
        absbottom > </td></tr>
        <tr><td colspan=2 align=center> <asp:Button ID="Btn_login"
        runat="server" Text="登  录" OnClick="Btn_login_Click" /> 
              <asp:Button ID="Btn_register" runat=
        "server" Text="去注册" OnClick="Btn_register_Click" /></td></tr>
      </table>
    </center>
    </div>
    </form>
</body>
</html>
```

3）Login.aspx 页面的功能代码

```
using System.Data.SqlClient;
public partial class _Default : System.Web.UI.Page
{
    protected void Page_Load(object sender, EventArgs e)
    {
      if (!IsPostBack)
      {
          Txt_password.Attributes.Add("value", "");
      }
```

```
    }
    // "注册"按钮的单击事件
    protected void Btn_register_Click(object sender, EventArgs e)
    {
        //跳转到注册页面
        Response.Redirect("Register.aspx");
    }
    // "登录"按钮的单击事件
    protected void Btn_login_Click(object sender, EventArgs e)
    {
        //读取用户名和密码
        string userName = Txt_username.Text.Trim();
        string userPwd = Txt_password.Text.Trim();
        string constr = "server=(local);database=Reg_Login;trusted_
        connection=true";
        SqlConnection con = new SqlConnection(constr);
        con.Open();
        SqlCommand cmd = new SqlCommand();
        cmd.Connection = con;
        cmd.CommandText = "SELECT * FROM tbl_UserInfo WHERE User_name=
        '"+userName +"' and Pass_word='"+userPwd +"'";
        SqlDataAdapter myadpt = new SqlDataAdapter(cmd);
        DataSet ds = new DataSet();
        myadpt.Fill(ds, "tbl_UserInfo");
        if (Txt_code.Text.Trim().ToLower() ==
        Request.Cookies["yzmcode"].Value.ToString().ToLower())
        {
            //用户名和密码存在
            if (ds.Tables[0].Rows.Count > 0)
            {
                //用 session 对象保存登录用户信息
                Session["userName"] = userName;
                Session["userPwd"] = userPwd;
                Response.Write("<script language='javascript'>alert('登录成
                功!');</script>");
            }
            else
            {
                Txt_username.Text = "";
                Txt_password.Text = "";
                Txt_code.Text = "";
                Txt_username.Focus();
            }
        }
        else
```

```
            {
                Response.Write("<script language='javascript'>alert('验证码错
                误!');</script>");
            }
        }
    }
```

10.2 经典案例 2——文件上传模块

【例 10.2】 设计网站中的文件上传模块，详细代码参见 ex10-2。

10.2.1 任务描述

1. 实训目标

对于新闻发布、信息服务与检索类网站，服务器端经常会有大量的文件需要上传与下载，为了使操作简单、管理方便，需要设计一个专门用于文件上传的模块。本任务主要介绍文件上传模块的设计过程、实现方法和技术，实训目标主要包含以下两方面。

（1）巩固掌握文件上传控件 FileUpLoad 的使用方法。

（2）巩固掌握 Response 和 Server 对象的使用方法。

2. 系统功能描述

本系统主要将所选文件上传至服务器上，并在浏览器端显示所上传的文件的基本信息，如文件名称、文件大小和保存路径等。

10.2.2 系统设计

1. 数据库设计

使用 SQL Server 2005 创建名称为 FileUploadDB 的数据库，设计名为 tbl_FileInfo 的数据表来存储上传的文件的基本信息，该数据表结构设计见表 10-2。

表 10-2 tbl_FileInfo（文件信息）数据表结构说明

字 段 名 称	数 据 类 型	说　　　明
FileID	int	被上传文件的唯一标识（主键，自增字段）
FileName	text	原文件名称
FileAllName	text	重命名后的文件名称
FileSize	numeric(18,0)	文件大小
FilePath	text	文件保存路径
FileUpTime	text	文件上传时间

2. 用户界面设计

本系统仅包含 1 个页面 FileUpload.aspx，其设计如图 10-5 所示。

图 10-5　FileUpload.aspx 页面设计

10.2.3　代码实现

1. FileUpload.aspx 页面运行结果

FileUpload.aspx 页面运行结果如图 10-6 所示。

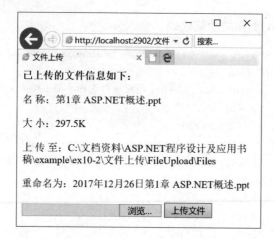

图 10-6　FileUpload.aspx 页面运行结果图

2. FileUpload.aspx 页面的 HTML 代码

```
<%@ Page Language="C#" AutoEventWireup="true" CodeFile="FileUpload.aspx.
cs" Inherits="_Default" %>
<html xmlns="http://www.w3.org/1999/xhtml" >
<head runat="server">
    <title>文件上传</title>
</head>
<body>
    <form id="form1" runat="server">
    <div>
    <asp:FileUpload ID="FileUpload1" runat="server" />
    <asp:Button ID="Btn_upload" runat="server" Text="上传文件"
```

```
        onclick="Btn_upload_Click" />
        <asp:SqlDataSource ID="SqlDataSource1" runat="server" ConnectionString=
        "Data Source=DESKTOP-LQVB2OC;Initial Catalog=FileUploadDB;Integrated
        Security=True"  InsertCommand="INSERT INTO tbl_FileInfo(FileName,
        FileAllName, FileSize, FilePath) VALUES(@fa,@fan,@fs,@fp)"
            SelectCommand="SELECT * FROM [tbl_FileInfo]"
            ProviderName="System.Data.SqlClient">
            <InsertParameters>
            <asp:Parameter Type="String" Name="fa" />
            <asp:Parameter Type="String" Name="fan" />
            <asp:Parameter Type="Double" Name="fs" />
            <asp:Parameter Type="String" Name="fp"/>
            </InsertParameters>
            </asp:SqlDataSource>
    </div>
    </form>
</body>
</html>
```

3. FileUpload.aspx 页面的功能代码

```
protected void Btn_upload_Click(object sender, EventArgs e)
    {   //"上传文件"按钮
        if (FileUpload1.HasFile)//判断是否选择了要上传的文件
        {
           string strFileSize;
           string fileName=FileUpload1.FileName;//获得文件名
           double fileSize= Math.Round(FileUpload1.PostedFile.ContentLength/
           1024.00, 2);
           //计算文件大小
            if (fileSize > 1024)
            //如果文件大于1024KB
            {
                strFileSize = Math.Round(fileSize/1024.00, 2).ToString()+"M";
                //将文件大小转化为 MB, 传入 strFileSize 变量中
            }
            else
            {
                strFileSize = fileSize.ToString()+"K";
             }
           string filePath = Server.MapPath("~/Files/");
           //获取文件在服务器中存放的位置
           string fileTimeName=DateTime.Now.ToLongDateString();
           //设置时间刻度
           string fileAllName=fileTimeName+fileName;
           //以时间刻度定义文件名
```

```
try
{    //将文件保存到服务器的指定位置
    FileUpload1.PostedFile.SaveAs(filePath + fileAllName);
    string str="INSERT INTO tbl_FileInfo(FileName, FileAllName,
    FileSize, FilePath) VALUES('{0}','{1}',{2},'{3}')";
    str = string.Format(str, fileName, fileAllName, fileSize,
    filePath);
    SqlDataSource1.InsertCommand = "";
    SqlDataSource1.InsertCommand = str;
    SqlDataSource1.Insert();
    SqlDataSource1.DataBind();
    //将信息插入到数据库表 tbl_FileInfo 中
    Response.Write("<script>alert('文件上传成功! ')</script>");
    Response.Write("<b>已上传的文件信息如下: </b><br><br>");
    Response.Write("名      称: " + fileName + "<br><br>");
    Response.Write("大      小: " + strFileSize + "<br><br>");
    Response.Write("上 传 至: " + filePath + "<br><br>");
    Response.Write("重命名为: " + fileAllName + "<br><br>");
}
catch (Exception ex)
{
    Response.Write(ex.Message.ToString());
}
}
}
```

10.3　经典案例 3——留言板

【例 10.3】制作一个留言板，实现留言的发布、查看和回复等功能，详细代码参见 ex10-3。

10.3.1　任务描述

1. 实训目标

留言板是各大网站的基本功能，主要用来实现网站的留言板功能。本实训模块的目的主要包含以下 3 方面。

（1）巩固 ADO.NET 数据库对象的使用方法，会使用 SqlConnection、SqlCommand、SqlDataAdapter、SqlDataReader 以及 DataSet 等数据库访问对象完成数据库的连接、SQL 命令的执行，以及数据的增删改查操作。

（2）巩固掌握 ASP.NET 中的内置对象的使用方法，会使用 Response 和 Request 完成页面之间参数的传递，会使用 session 对象保存参数。

（3）巩固掌握数据绑定控件 GridView 的使用方法，掌握数据绑定控件模块的设计方法，能够使用数据绑定控件实现数据的浏览显示。

通过本例的开发，能够使读者更加熟悉 ASP.NET 内置对象、数据访问对象以及数据绑定控件的使用方法。从系统的需求分析，数据库的设计到界面的设计和代码的实现，每一步都需要熟悉并牢记相关的方法、原则和步骤等，并将所学知识连贯起来，最终完成整个留言板模块的设计。

2．系统功能描述

本系统主要实现以下功能。

（1）查看留言。显示数据表中的留言信息，包括留言人、留言标题和留言时间，单击留言标题可以跳转至留言详情页面查看留言的详细内容。

（2）写留言。发表留言，将留言人、留言标题和留言内容提交至数据库中。

（3）回复留言。针对某条留言信息进行回复，并将回复人、回复内容、回复时间提交至数据库中。

10.3.2　系统设计

1．数据库设计

使用 SQL Server 2005 创建名称为 MessageBoard 的数据库来存储留言板系统中用到的数据。本系统共设计了两张表，即 tbl_Liuyan（留言信息）和 tbl_Huifu（留言回复信息）。数据表结构设计分别见表 10-3 和表 10-4。

表 10-3　tbl_Liuyan（留言信息）数据表结构说明

字 段 名 称	数 据 类 型	说　　明
id	int	留言信息的唯一 ID 值（自动编号）
name	nchar(20)	留言人姓名
time_	datetime	留言时间
content_	nvarchar(max)	留言内容
title	nvarchar(50)	留言标题

表 10-4　tbl_Huifu（留言回复信息）数据表结构说明

字 段 名 称	数 据 类 型	说　　明
id	int	留言回复信息的唯一 ID 值（主键）
name	nchar(20)	回复人姓名
time_	datetime	回复时间
content_	nvarchar(max)	回复内容

2．用户界面设计

本系统共设计了 4 个页面。

（1）留言板主页面 Look.aspx。

（2）查看留言详细内容页面 Detail.aspx。

（3）写留言页面 Write.aspx。

（4）回复留言页面 Reply.aspx。

10.3.3　代码实现

1. 留言板主页面 Look.aspx 的实现

1）Look.aspx 页面运行结果图

Look.aspx 页面运行结果如图 10-7 所示。

图 10-7　Look.aspx 页面运行结果图

2）Look.aspx 页面的 HTML 代码

```
<%@ Page Language="C#" AutoEventWireup="true"  CodeFile="Look.aspx.cs"
Inherits="_Default" %>
<html xmlns="http://www.w3.org/1999/xhtml">
<head runat="server">
    <title>留言板</title>
</head>
<body>
    <form id="form1" runat="server">
    <div>
    <table style="width: 400px; height: 305px" border=1 cellspacing=0>
    <tr><td align=center style="height:10"><b> 留言板</b></td></tr>
    <tr><td align=center > <asp:GridView ID="GridView1" runat="server"
Hcight="100px" Width="390px" AutoGenerateColumns="False" BorderColor=
"Black" BorderStyle="Solid" BorderWidth="1px" Font-Size="Small" Font-
Bold="False" AllowPaging="True" AllowSorting="True" PageSize="5">
    <Columns>
    <asp:BoundField DataField="name" HeaderText="发言人" />
    <asp:HyperLinkField DataTextField="title" HeaderText="标题" NavigateUrl=
"~/Detail.aspx" DataNavigateUrlFields="id"  DataNavigateUrlFormatString=
"~/Detail.aspx?id={0}" />
```

```
        <asp:BoundField DataField="time_" HeaderText="留言时间" />
        </Columns>
        <RowStyle BorderColor="Black" BorderStyle="Solid" BorderWidth="1px"
        Height="15px" Font-Size="Small" />
        <HeaderStyle BorderStyle="Double" BorderWidth="1px" backColor=
        #aaefee Height="15px" />
        <FooterStyle BorderStyle="Solid" BorderWidth="1px" Font-Bold="True"
        Font-Size="Small" Height="10px" HorizontalAlign="Center" />
        </asp:GridView></td></tr>
        <tr><td align=center style="height:10"  > <asp:Button ID="Btn_write"
        runat="server" Text="写留言" OnClick="Btn_write_Click" /></td> </tr>
      </table>
      </div>
    </form>
</body>
</html>
```

3）Look.aspx 页面功能代码

```csharp
using System.Data.SqlClient;
public partial class _Default : System.Web.UI.Page
{
    public void Bind()      //自定义绑定数据的方法
    {
        string constr = "server=(local);database=MessageBoard;trusted_
        connection=true";
        string sqlstr = "select * from tbl_Liuyan";
        SqlConnection con = new SqlConnection(constr);
        con.Open();
        SqlDataAdapter myadpt = new SqlDataAdapter(sqlstr, con);
        DataSet myds = new DataSet();
        myadpt.Fill(myds, "tbl_Liuyan");
        GridView1.DataSource = myds;
        GridView1.DataBind();
        con.Close();
     }
    protected void Page_Load(object sender, EventArgs e)
    {
        if (!IsPostBack)   //页面首次加载时调用 Bind()函数
        {
            Bind();
        }
    }
    protected void Btn_write_Click(object sender, EventArgs e)
    {
        //跳转到写留言页面
```

```
        Response.Redirect("Write.aspx");
    }
}
```

2. 查看留言详细内容页面 Detail.aspx 的实现

1）Detail.aspx 页面运行结果图

Detail.aspx 页面运行结果如图 10-8 所示。

图 10-8　Detail.aspx 页面运行结果图

2）Detail.aspx 页面的 HTML 代码

```
<%@ Page Language="C#" AutoEventWireup="true" CodeFile="Detail.aspx.cs"
Inherits="Detail" %>
<html xmlns="http://www.w3.org/1999/xhtml">
<head runat="server">
    <title>查看留言详情</title>
<head>
<body>
    <form id="form1" runat="server">
    <div>
    <table style="width: 500px; height: 337px" border="1" cellspacing="0">
    <tr><td colspan=2 height=15 align=center bgcolor="#AAEFEE"><b>留言详
    细信息<b></td></tr>
    <tr><td style="width: 100px" height=15>留言人：</td><td><asp:Label
    ID="Lbl_name" runat="server" Text="Label"></asp:Label></td></tr>
    <tr><td style="width: 100px" height=15>留言时间：</td> <td> <asp:Label
    ID="Lbl_time" runat="server" Text="Label"></asp:Label></td></tr>
     <tr><td style="width: 100px">留言内容：</td><td> <asp:Label ID="Lbl_
     content" runat="server" Height="153px" Text="Label" Width="290px">
     </asp:Label></td></tr>
```

```
<tr><td  colspan=2 align=center><asp:Button ID="Btn_reply" runat=
"server" OnClick="Btn_reply_Click" Text="回复留言" />   
<asp:Button ID="Btn_goback" runat="server" Text="返回" OnClick="Btn_
goback_Click" /></td></tr>
 <tr><td colspan=2 align=center bgcolor="#AAEFEE"><b>以下是本留言的相
 关回复</b> </td></tr>
 <tr><td colspan=2 align=center><asp:GridView ID="GridView2" runat=
 "server"  Height="1px" Width="499px" Font-Size="Small" AllowPaging=
 "True" PageSize="5">
 <RowStyle BorderColor="Black" BorderStyle="Solid" BorderWidth="1px"
 Height="15px" Font-Size="Small" />
 <HeaderStyle BorderStyle="Double" BorderWidth="1px" Font-Bold="True"
 foreColor=Red Height="15px" BorderColor=Black />
 <FooterStyle BorderStyle="Solid" BorderWidth="1px" Font-Bold="True"
 Font-Size="Small" Height="10px" HorizontalAlign="Center" />
 </asp:GridView></td> </tr>
 </table>
 </div>
   </form>
</body>
</html>
```

3）Detail.aspx 页面功能代码

```
using System.Data.SqlClient;
public partial class Detail : System.Web.UI.Page
{
    protected void Page_Load(object sender, EventArgs e)
    {   //查看留言详情
        string constr = "server=(local);database=MessageBoard;trusted_
        connection=true";
        SqlConnection con = new SqlConnection(constr);
        con.Open();
        SqlCommand cmd1 = new SqlCommand();
        cmd1.Connection = con;
        cmd1.CommandText = "select * from tbl_Liuyan where id="  +Convert
        .ToInt32(Request.QueryString["id"]);
        SqlDataReader dr=cmd1.ExecuteReader();
        while (dr.Read())
        {
          Lbl_name.Text = dr["name"].ToString();
          Lbl_time.Text = dr["time_"].ToString();
          Lbl_content.Text = dr["content_"].ToString();
        }
        dr.Close();
        con.Close();
        //查看该留言对应的回复信息
        if (!IsPostBack)
```

```
       {  string constr2 = "server=(local);database=MessageBoard;trusted_
          connection=true";
          SqlConnection con2 = new SqlConnection(constr2);
          con2.Open();
          SqlCommand cmd2 = new SqlCommand();
          cmd2.Connection = con2;
          cmd2.CommandText = "select name as 回复人,content_ as 回复内容,
          time_ as 回复时间 from tbl_Huifu where id="+Convert.ToInt32(Request
          .QueryString["id"]);
          SqlDataAdapter myadpt = new SqlDataAdapter(cmd2);
          DataSet myds = new DataSet();
          myadpt.Fill(myds, "tbl_Huifu");
          GridView2.DataSource = myds.Tables[0].DefaultView;
          GridView2.DataBind();
          con2.Close();
       }
   }
   protected void Btn_reply_Click(object sender, EventArgs e)
   {
       //跳转到回复留言页面
       Response.Redirect("Reply.aspx?id=" + Convert.ToInt32(Request
       .QueryString["id"]));
   }
   protected void Btn_goback_Click(object sender, EventArgs e)
   {
       //返回
       Response.Redirect("Look.aspx");
   }
}
```

3. 写留言页面 Write.aspx 的实现

1）写留言页面 Write.aspx 运行结果图

写留言页面 Write.aspx 运行结果如图 10-9 所示。

图 10-9 写留言页面 Write.aspx 运行结果图

2）写留言页面 Write.aspx 的 HTML 代码

```
<%@ Page Language="C#" AutoEventWireup="true" CodeFile="Write.aspx.cs"
Inherits="Write" %>
<html xmlns="http://www.w3.org/1999/xhtml">
<head runat="server">
    <title>我要留言</title>
</head>
<body>
    <form id="form1" runat="server">
      <div>
      <table style="width: 400px; height: 300px" border="1" cellspacing="0">
      <tr><td colspan=2 align=center>我要留言</td></tr>
      <tr><td style="width: 100px">发言人: </td> <td align=center> <asp:
      TextBox ID="Txt_name" runat="server" Width="290px"></asp:TextBox>
      </td> </tr>
      <tr><td style="width: 100px">标   题: </td><td align=center>
      <asp:TextBox ID="Txt_title" runat="server" Width="290px"></asp:TextBox>
      </td></tr>
      <tr ><td style="width: 100px; height:50; vertical-align:middle; "> 内
      容: </td> <td align=center  style="vertical-align:middle;"> <asp:
      TextBox ID="Txt_content" runat="server" TextMode="MultiLine" Height=
      "200px" Width="290px"></asp:TextBox></td> </tr>
      <tr><td  colspan=2 align=center style="height:15"><asp:Button ID=
      "Btn_post" runat="server" Text="提交留言" OnClick="Btn_post_Click"
      />    <asp:Button ID="Btn_rewrite" runat="server" Text=
      "重写"OnClick="Btn_rewrite_Click"/>    <asp:Button ID="Btn_
      goback" runat="server" Text="返回" OnClick="Btn_goback_Click" /> </td>
      </tr>
        </table>
      </div>
    </form>
</body>
</html>
```

3）写留言页面 Write.aspx 功能代码

```
using System.Data.SqlClient;
public partial class Write : System.Web.UI.Page
{
    protected void Btn_post_Click(object sender, EventArgs e)
    { //提交留言
        string constr = "server=(local);database=MessageBoard;trusted_
        connection=true";
        SqlConnection con = new SqlConnection(constr);
        con.Open();
```

```
                    SqlCommand cmd = new SqlCommand();
                    cmd.Connection = con;
                    cmd.CommandText = "insert into tbl_Liuyan(name,title,content_,time_)
                    values(' " + Txt_name.Text + "','" + Txt_title.Text + "','" + Txt_
                    content.Text + "','" + DateTime.Now + "')";
                    cmd.ExecuteNonQuery();
                    con.Close();
                    Response.Redirect("Look.aspx");
              }
         protected void Btn_rewrite_Click(object sender, EventArgs e)
         {   //重写
              Txt_content.Text = "";
              Txt_title.Text = "";
              Txt_content.Focus();
         }
         protected void Btn_goback_Click(object sender, EventArgs e)
         {   //返回查看留言页面
              Response.Redirect("Look.aspx");
         }
    }
```

4. 回复留言页面 Reply.aspx 的实现

1）回复留言页面 Reply.aspx 运行结果图

回复留言页面 Reply.aspx 运行结果如图 10-10 所示。

图 10-10　回复留言页面 Reply.aspx 运行结果图

2）回复留言页面 Reply.aspx 页的 HTML 代码

```
<%@ Page Language="C#" AutoEventWireup="true" CodeFile="Reply.aspx.cs"
Inherits="Reply" %>
<html xmlns="http://www.w3.org/1999/xhtml">
<head runat="server">
    <title>回复留言</title>
</head>
```

```html
<body>
    <form id="form1" runat="server">
        <div>
        <table style="width: 400px; height: 200px" border="1" cellspacing="0">
            <tr>
                <td colspan=2 align=center height=15>回复留言</td>
            </tr>
            <tr>
                <td align=left height=15 width=100>姓名：</td>
                <td><asp:TextBox ID="Txt_name" runat="server"></asp:TextBox>
                </td>
            </tr>
            <tr>
                <td align=left height=15 width=100>我想说：</td>
                <td><asp:TextBox ID="Txt_content" runat="server" Height=
                "100px" TextMode="MultiLine" Width=290></asp:TextBox></td>
            </tr>
            <tr>
                <td colspan=2 align=center  height=15> <asp:Button ID="Btn_
                post" runat="server" OnClick="Btn_post_Click" Text="提 交" />
                <asp:Button ID="Btn_rewrite" runat="server" OnClick="Btn_
                rewrite_Click"
                Text="重  写" />
                <asp:Button ID="Btn_goback" runat="server" OnClick="Btn_
                goback_Click"
                Text="返  回" /></td>
            </tr>
            </table>
        </div>
    </form>
</body>
</html>
```

3）回复留言页面 Reply.aspx 功能代码

```csharp
using System.Data.SqlClient;
public partial class Reply : System.Web.UI.Page
{
    protected void Btn_post_Click(object sender, EventArgs e)
    {    //提交留言
        if ((Txt_name.Text == "") || (Txt_content.Text == ""))
        {
            Response.Write("<script>alert('信息填写不完整！')</script>");
            Txt_name.Focus();
        }
        else
```

```
        {
            string constr = "server=(local);database=MessageBoard;trusted_
            connection=true";
            SqlConnection con = new SqlConnection(constr);
            con.Open();
            SqlCommand cmd = new SqlCommand();
            cmd.Connection = con;
            cmd.CommandText = "insert into tbl_Huifu(id,name,content_,time_)
            values(" + Convert.ToInt32(Request.QueryString["id"]) + ",'" +
            Txt_name.Text + "','" + Txt_content.Text + "','" + DateTime.Now + "')";
            cmd.ExecuteNonQuery();
            Response.Write("<script>alert('回复成功！')</script>");
            con.Close();
            Response.Redirect("Detail.aspx?id=" + Convert.ToInt32(Request
            .QueryString["id"]));
        }
    }
    protected void Btn_rewrite_Click(object sender, EventArgs e)
    {
        //重写
        Txt_name.Text = "";
        Txt_content.Text = "";
        Txt_name.Focus();
    }
    protected void Btn_goback_Click(object sender, EventArgs e)
    {
        Response.Redirect("Detail.aspx?id=" + Convert.ToInt32(Request.
        QueryString["id"]));
    }
}
```

10.4　本章小结

　　动态网站开发过程中经常要用到一些典型的技术或功能模块，例如图文验证码、用户注册与登录、文件上传、留言板等。本章通过三个典型的案例展示了如何使用 ASP.NET 中的服务器控件、内置对象、数据访问控件、数据绑定控件、数据验证控件等实现相关功能，并结合 HTML+CSS+JavaScript 完成网站界面的美化。在动态网站开发过程中，综合应用这些技术来拓展网站功能，能够实现经典的网站特效。通过本章的学习，使读者对于 ASP.NET 网站的开发有了更深入的认识。实际应用中，往往将这些经典模块与母版页、站点导航以及 CSS 页面布局综合起来，实现美观标准、功能强大的网站设计。

参 考 文 献

[1] 库波，余恒芳. ASP.NET 应用程序开发[M]. 北京：北京理工大学出版社，2013.

[2] 李学勇. ASP.NET Web 程序设计[M]. 长沙：国防科技大学出版社，2017.

[3] 刘艳丽，张恒. ASP.NET 4.0 Web 程序设计[M]. 北京：人民邮电出版社，2014.

[4] 董义革，王萍，刘杨. ASP.NET 网站建设项目实战[M]. 北京：北京邮电大学出版社，2013.

[5] 宁云智，刘志成，李德奇. ASP.NET 程序设计实例教程[M]. 2 版. 北京：人民邮电出版社，2012.

[6] 周虎，王彬，邢如意. ASP.NET 程序设计项目教程[M]. 北京：北京理工大学出版社，2017.

图 书 资 源 支 持

感谢您一直以来对清华版图书的支持和爱护。为了配合本书的使用,本书提供配套的资源,有需求的读者请扫描下方的"书圈"微信公众号二维码,在图书专区下载,也可以拨打电话或发送电子邮件咨询。

如果您在使用本书的过程中遇到了什么问题,或者有相关图书出版计划,也请您发邮件告诉我们,以便我们更好地为您服务。

我们的联系方式:

地　　址:北京海淀区双清路学研大厦 A 座 707

邮　　编:100084

电　　话:010－62770175－4604

资源下载:http://www.tup.com.cn

电子邮件:weijj@tup.tsinghua.edu.cn

QQ:883604(请写明您的单位和姓名)

用微信扫一扫右边的二维码,即可关注清华大学出版社公众号"书圈"。

资源下载、样书申请

书 圈